"十四五"时期国家重点出版物出版专项规划项目
工业人工智能前沿技术与创新应用系列丛书

深圳市产教融合促进会 组织编写
装备制造业数字孪生系列教材

数字孪生在智能制造中的工程实践

李双寿　高君 ◎ 主　编
曹其新　王杰　李擎 ◎ 副主编

参编 | 杨晖　张志辉　李鸿儒　许崇海　夏浩　许桢英　张小刚
主审 | 赵继

机械工业出版社
CHINA MACHINE PRESS

本书深入探讨了数字孪生与智能制造之间的紧密联系，全面解析了数字孪生的概念、架构及其在智能制造中的应用。

全书共8章，内容从理论到实践、层层递进，为读者呈现了一个完整的数字孪生知识体系。第1、2章从制造业发展历程出发，概括了智能制造和数字孪生的基本概念、数字孪生与智能制造的关系、数字孪生和其他技术的异同、数字孪生架构以及工程化设计原则等；第3～5章详细介绍了基于MBD技术的空间模型构建和基于内聚原则的行为模型构建这两个数字孪生核心技术的原理和设计流程；第6～8章介绍了数字孪生系统的通信与连接，以及数据采集、分析与数据可视化的工程实践。

本书既可作为初学者的入门指南，也可用于高职高专、本科及研究生数字孪生工程实践的专业教学。

图书在版编目（CIP）数据

数字孪生在智能制造中的工程实践 / 李双寿，高君主编 . —北京：机械工业出版社，2024.6（2025.6重印）

装备制造业数字孪生系列教材

ISBN 978-7-111-75834-1

Ⅰ.①数…　Ⅱ.①李…②高…　Ⅲ.①智能制造系统－教材　Ⅳ.① TH166

中国国家版本馆 CIP 数据核字（2024）第 098905 号

机械工业出版社（北京市百万庄大街22号　邮政编码 100037）
策划编辑：李馨馨　　　　　　责任编辑：李馨馨　尚　晨
责任校对：郑　雪　李　杉　　责任印制：张　博
固安县铭成印刷有限公司印刷
2025年6月第1版第2次印刷
184mm×260mm・21印张・482千字
标准书号：ISBN 978-7-111-75834-1
定价：79.00元

电话服务　　　　　　　　网络服务
客服电话：010-88361066　　机　工　官　网：www.cmpbook.com
　　　　　010-88379833　　机　工　官　博：weibo.com/cmp1952
　　　　　010-68326294　　金　书　网：www.golden-book.com
封底无防伪标均为盗版　机工教育服务网：www.cmpedu.com

装备制造业数字孪生系列教材编写委员会

主 任 委 员： 李双寿（清华大学）
副主任委员： 高　君（深圳市产教融合促进会）
委　　　员： 郭　耀（北京大学）　　　　　张志辉（吉林大学）
　　　　　　　王　杰（四川大学）　　　　　朱　峰（清华大学）
　　　　　　　曹其新（上海交通大学）　　　蒋建军（西北工业大学）
　　　　　　　潘旭东（哈尔滨工业大学）　　张祖涛（西南交通大学）
　　　　　　　李　昕（华中科技大学）　　　郭　帅（上海大学）
　　　　　　　付　铁（北京理工大学）　　　张小刚（湖南大学）
　　　　　　　郑志军（华南理工大学）　　　许家柱（湖南大学）
　　　　　　　吴宗泽（深圳大学）　　　　　王立欣（哈尔滨工业大学，深圳）
　　　　　　　钱　政（北京航空航天大学）　齐海涛（北京航空航天大学）
　　　　　　　刘能锋（哈尔滨工业大学，深圳）杨　晖（上海理工大学）
　　　　　　　李鸿儒（东北大学）　　　　　蔡　颖（深圳市产教融合促进会）
　　　　　　　李　擎（北京科技大学）　　　夏　浩（大连理工大学）
　　　　　　　孟小亮（武汉大学）　　　　　陈　宏（深圳大学）
　　　　　　　吴华春（武汉理工大学）　　　李卫国（太原理工大学）
　　　　　　　师占群（河北工业大学）　　　许崇海（齐鲁工业大学）
　　　　　　　黄　民（北京信息科技大学）　许祯英（江苏大学）
　　　　　　　陈　浩（上海工程技术大学）　左义海（太原工业学院）
　　　　　　　朱文华（上海第二工业大学）

序一

在制造业全球化、数字化、超连接和智能革命的浪潮下，工程教育正面临着许多新的现实挑战和发展机遇，面对未来新科技革命和产业变革的到来，工程教育应当走在教育改革的前列，应当有新的思维、理解和变革，以适应科技、产业、经济和社会发展的快速步伐。

在人工智能 ChatGPT、大模型等深度融入工程教育的背景下，需要更加突出培养学生的哪些思维和能力？仁者见仁，智者见智。但启迪学生的心智，帮助学生塑造正确的世界观、价值观和人生观，培养想象力、创造力、自主学习和实践能力，始终是工程教育最重要的方面。当前，制造业正经历一场深刻的变革，在传统制造技术迭代升级的基础上，又融入了新一代人工智能、工业互联网、工业大数据与云平台、高性能计算与边缘计算等新的技术，多种科技手段深度融入制造领域，使现代制造的概念发生了深刻变化，学科边界变得更加交叉和"模糊"。工程教育需要适应制造业技术的快速发展以及生产组织方式的变革，使制造工程教育的内容和方式更加贴近工程实际。利用现代数字化、网络化、智能化等赋能技术，改造制造工程学科乃至机械工程学科的课程内容和知识体系，并运用系统思维、创新思维、数字思维和实践思维等重塑工程实践教育体系，构建相关专业课程之间知识点的连接，建立更加科学的知识结构和组织方式。

对于一个复杂的工程技术系统，有关学科知识体系方面的规则、范式、概念、原理等浩如烟海，如果教育过程脱离具体工程实践，没有实现从"行之始"到"知之成"的知行合一转变，作为学生个体是难以完成技术认知过程的，而智能制造就是这样一个复杂系统。数字孪生作为智能制造的赋能技术和组成部分，以及 CPS（信息物理系统）融合体系的具体体现，在智能制造中占有重要地位。让学生们在大学期间接触和接受相关方面的教育，是一件很有意义的事情，特别是以接近实际或近似的"准工程项目"为依托，通过理论和实际结合的方式开展教学和实训，对于深入理解复杂装备数字孪生系统是一种较好的尝试。

在复杂装备数字孪生系统从设计、制造、集成到运维的整个生命周期中，模型和数据是基础和关键。其中，模型包括设计模型、制造模型、系统模型、生产支持模型、管理模型等；而数据包括 MBD 模型数据、生产过程数据、设备运行数据、工艺数据、生产流程数据和环境数据等。涉及了机械、控制、工业大数据、数据模型构建、人工智能等学科专业，既包括制造本体技术，也涵盖了很多赋能新技术。这些新技术中有很多是目前教材中还没有涉及的，需要通过多种渠道加以补充，或开辟知识和实践窗口，让学生对这些新的技术和方法有所了解。

深圳市产教融合促进会组织国内相关高校和产业从事智能制造（数字孪生）的学者、专家编写的《数字孪生在智能制造中的工程实践》教材，以基于模型的系统工程思想为指导，从产品协同设计到交付给客户的数据模型部署、数据可视化以及数字孪生系统建模、运维和数据流贯穿于产品全生命周期管理之中。教材从制造概念模型、典型制造业信息循环模型切入，介绍了有关国际组织对智能制造的定义，以一套智能分拣数字孪生系统为情景依托，以完成这套数字孪生系统的设计、数据模型部署以及数字孪生系统运维为课程训练目标，将实践训练任务分解成多个子项目，包括空间模型构建，行为模型构建，数字孪生体与物理实体的通信与连接，关系型数据库构建，跨行业的数据挖掘标准流程，采用机器学习算法的数据模型，数据可视化程序设计，数字孪生体采集物理实体运行、工艺、流程和环境数据及存储，数据分析和类比等。技术内容介绍翔实，技术运用贴近工程，是一本工程实践性较强的实训教材。

本教材编写委员会诚邀我担任这本书的主审，我感觉压力较大。这主要是因为我的学术专长所限，对数字孪生的发展了解深度不够，加之书中所涉及的具体技术较多，有些章节的工程实践部分程序冗繁，不可能对每段程序做细致的审核和校验。我只能根据自己对工程教育特别是工程训练的理解，向编者及编委会提出一些关于教材适用性方面的改进意见和建议。

希望本教材能够帮助师生深化理解数字孪生是智能制造的重要组成部分，认识复杂装备数字孪生系统内各个子系统之间的联系，在理清数字孪生系统设计架构的基础上，选择感兴趣的子系统（模块）进行学习训练，从而强化对装备数字孪生技术的理解。

赵继

2023 年 12 月于沈阳

序二

制造业由原始的加工生产方式，发展到数字化或者智能化制造，发生了质的变化，这种变化源自新技术的不断涌现，如数控加工技术、3D打印技术等，这些新技术催生了生产组织方式和营销管理模式的根本性变化，数字孪生就是一种新的、先进的生产方式和管理组织方式。

在智能制造领域，数字孪生是介于理论研究与工程应用之间，偏重于工程应用的技术。目前，在国际范围内，关于数字孪生的定义、体系结构还没有一个统一的标准。

基于复杂装备的数字孪生系统，是在MBD（基于模型的定义）技术日臻成熟的基础上，以MBSE（基于模型的系统工程）为技术指导思想，以模型和数据为核心，机械、控制、信息、数据、人工智能等多个学科领域和多种技术交叉融合的一种工程技术方法。

数字孪生技术已开始在制造业、城市管理、健康医疗、石油输送等行业得到了初步的应用。《数字孪生在智能制造中的工程实践》的出版，旨在建立和完善此项技术的知识内容和人才培养体系，推进数字孪生与工程教育有机融合，提高工程技术人员适应新技术发展需求的能力。

本教材中系统介绍了零件模型、特征加工、MBD数据包、虚拟装配、虚拟调试，以及机器视觉、运动控制等基础知识，给出连接与集成、数据模型、数据分析、数据可视化、人工智能等系统分析与实现等方面的丰富内容，涵盖了PLM（产品生命周期）中的产品协同设计开发、生产制造、设备运维和报废全生命周期。教材内容具有多学科交叉融合的特点。考虑到构建一个完整的数字孪生系统需要一个技术团队，本教材特别注重机械设计、制造、控制、通信、数据分析等多种技术开发人员团队协作、协调配合能力的培养。

教材第1、2章主要介绍数字孪生技术的结构框架和基础知识，从第3章开始，每章在简要讲述有关模型构建、虚实交互技术、孪生数据的一些理论后，依据一套智能分拣系统的数字孪生系统作为项目依托并贯穿于第3~8章，这是对以项目为驱动的学习模式的尝试，相信通过不断完善，能够达到培养学生认识和解决复杂工程问题能力的目的。

本教材可用于智能制造、机械、自动化类等专业本（专）科生的相关课程教学与实践训练。学生可在理解、掌握第2章所提出的数字孪生系统设计架构的基础上，根据专业培养目标和兴趣，选择性地学习一个或几个模块并予以融会贯通。

深圳市产教融合促进会组织编写这本数字孪生工程实践教材，对于推进相关专业更新知识体系、丰富教学内容无疑是具有重要意义的。

2023年12月于西安

序三

当前，新一轮信息革命催生了全球范围的数字经济浪潮。作为推动数字经济发展的重要力量，数字孪生已在产品设计制造、工程建设和其他学科分析等领域有较为深入的应用，有力推动了数字产业化和产业数字化进程，并在不断延伸应用空间，创造新的市场价值。

数字孪生是为物理世界"复制"一个虚拟数字分身，即在数字世界中建立与物理实体的形状、性能、状态完全一致且可对其进行实时仿真的模型，通过实时感知物理实体的状况和环境，在数字世界中仿真、推演和预测分析物理世界的状态和演变，并反过来作用于物理世界。数字孪生突破了物理世界的时空局限，通过虚实之间双向映射、动态交互，为更好地观察、认识、理解、控制和改造物理世界提供了一种有效手段。目前，数字孪生已在智能制造、航空航天、智慧城市、能源环境、交通、医疗、农业、电力等多个领域开展相应的实践工作，受到国内外学术界、产业界、政府部门和相关领域人士的广泛关注与高度重视。

面向不同领域、不同对象、不同应用、不同阶段的应用，数字孪生呈现出不同的特点。结合实际具体对象、具体应用与具体需求，数字孪生可划分为"以虚仿实、以虚映实、以虚控实、以虚预实、以虚优实、虚实共生"六个等级。以虚仿实是利用数字孪生模型从几何、物理、行为和规则的某个或多个维度对物理实体单方面或多方面的属性和特征进行描述和刻画，从而能够在一定程度上代替物理实体进行仿真分析或实验验证。以虚映实是利用数字孪生模型在真实且具有时效性的物理实体相关数据驱动下，输出与物理实体运行相同的结果，实时复现物理实体的实时状态和变化过程，从而在一定程度上突破时间、空间和环境约束对物理实体监测过程的限制。以虚控实是利用数字孪生模型间接控制物理实体的运行过程，实现虚实之间的实时双向闭环交互，从而赋予物理实体远程可视化操控的能力，进一步突破空间和环境约束对物理实体操控的限制。以虚预实是利用数字孪生模型，基于与物理实体的实时双向闭环交互预测物理实体未来一段时间的运行过程和状态，实现对物理实体未来运行过程的在线预演和对运行结果的推测，从而在一定程度上将未知转化为预知。以虚优实是在以虚预实的基础上利用策略、算法和前期积累沉淀的知识，实现具有时效性的智能决策和优化，并基于实时交互机制实现对物理实体的智能管控和优化。虚实共生是数字孪生的理想目标，指物理实体和数字孪生模型在长时间内同步运行，甚至是在全生命周期中通过动态重构保持虚实动态一致性，实现自主孪生，从而保证包括可视化、预测、决策、优化等诸多功能服务的有效性。

数字孪生的应用场景种类繁多，相信其未来的应用场景将越来越广泛，针对不同领域的不同对象，要实现不同等级的数字孪生应用需要可供参考的理论技术体系，一方面，为数字孪生应用顺利实施提供解决方案；另一方面，也可为数字孪生的持续发展提供指导，从而为数字孪生的落地应用提供有益借鉴和保障。数字孪生教材的编写无疑能够为试图深入认识数字孪生或深刻理解数字孪生某方面技术的人提供莫大帮助，并为数字孪生的落地应用提供理论指导。同时，数字孪生教材能够帮助学生建立完整的知识体系，有助于提高数字孪生领域的人才素质，对于数字孪生人才培养是一种非常有益的尝试。相信《数字孪生在智能制造中的工程实践》教材的出版也将会有力地推动我国数字孪生高素质人才的培养进程，并促进数字孪生领域的持续发展。

衷心祝愿教材出版获得成功！

2024 年 1 月于北京

序四

自本世纪初,我们国家提出了一个伟大的目标:将我国从"制造大国"建设成为"制造强国"。为了实现这一目标,教育部在过去的20多年里,启动了多轮次高等学校教学质量与教学改革工程项目,其中包括多次资助含全国大学生机械创新设计大赛在内的约二十项大学生竞赛,目的是进一步加强大学生创新精神、实践能力和团队精神的培养,为学生全面发展特别是创新人才的脱颖而出创造良好的竞赛平台,推动高等教育人才培养模式和实践教学的改革,不断提高人才培养质量。全国大学生机械创新设计大赛历经20多年、已成功举办10届,大赛以"实物参赛、机电结合、系统训练、创新应用、科技创业"的突出特色,获得了全国高校机械类、近机类及工程类等专业广大师生的高度赞誉和积极响应。全国参赛高校达730多所,累计参加省级以上赛事的作品达35000余项。大赛已在促进高校创新实验室建设、拓展实践教学内容的深度与广度、提升教师教学和工程实践能力、培养学生创新精神和实践能力、提高学校教学水平等方面发挥了积极的作用。

为实现"制造强国"的目标,高等教育不仅要培养学生的创新精神,更要培养学生的创新能力和做出创新业绩的本领。所以,培养一批具备自主创新能力的人才,提升国产机械、装备和工业产品的自主创新设计水平,高精尖制造技术水平和高性能运行水平是建设制造强国的根本工作。为此,大赛主办方自第九届大赛开始,在各届全国大学生机械创新设计大赛作品的设计和制作中,将逐步加入智能技术、数字(孪生)技术和5G通信技术,期望能为我国全面建成"制造强国"的宏伟目标贡献一份力量。

我们看到,在近三届大赛作品中,智能技术和5G通信技术的应用已经逐步得到推广,但还没有看到应用数字孪生技术完成作品设计、调试和改进的实例。数字孪生技术是一种使能技术,从装备制造业看,数字孪生技术是加工技术、信息技术、大数据、云计算和人工智能交叉、融合发展的必然产物,是智能制造的赋能技术。目前,我国大部分高校本科生课程设置中,缺少数字孪生技术相应的课程和实验;该技术相对比较新,高校也缺乏能承担该课程的教师。

《数字孪生在智能制造中的工程实践》是帮助广大学生学习掌握数字孪生技术的实用教程。它主要侧重产品的数字孪生设计技术,并在最后介绍了设备数字孪生系统的工程应用。通过本教材的学习并完成相关配套实验,就为学生掌握数字孪生技术提供了条件。进一步,将所学产品的数字孪生设计技术应用在机械创新设计大赛作品的开发设计中,必将提升参赛作品的质量,参赛学生自身的设计水平和能力也会有质的飞跃。

在第九届大赛全国决赛开幕式上,大赛组委会主任在贺信中指出,"我们正在进入新

数字孪生在智能制造中的工程实践

工业革命的时代,数字经济、数字社会已经成为国家战略发展方向和行动纲领,正在全国范围内全面落实。数字世界与物理世界的深度融合将催生一系列的数字化、智能化机器与装置,这正是机械专业学生创新的舞台。"相信掌握数字孪生技术并经过机械创新设计大赛锻炼出的广大学子必将成为把我国全面建成"制造强国"的中坚力量。

2024 年 1 月于西安

前言

制造业是立国之本，是国民经济的主要支柱、技术创新的重要来源、人民生活的物质保障。制造强国战略以体现信息技术与制造技术深度融合的智能制造为主攻方向，高端装备制造更是强国之基，代表着国家工业制造的先进水平和实力。数字孪生是智能制造的基础和关键技术之一。数字孪生通过对实体物体的全方位建模，实现对物体的仿真、优化和预测等操作，支持全生命周期管理，包括产品设计、制造、运营和维护等环节的数据管理和分析，帮助制造企业进行生产调度和流程优化，提高制造过程的效率和质量，最终实现智能制造。

数字孪生的研究始于20世纪70年代。近年来，随着世界各国大力推进数字化、网络化、智能化制造，数字孪生理论和技术也在不断丰富和深化，在众多行业领域的实际应用开始大量涌现，世界各国纷纷出台对数字孪生的定义和标准。我国也将数字孪生纳入智能制造的标准体系框架中，明确了数字孪生是智能制造关键赋能技术的作用和地位。2022年6月，人力资源和社会保障部向社会公示了18个新职业信息，其中就包括数字孪生应用技术员。

数字孪生应用已经进入各行各业，并悄然影响着人们的衣食住行，产业界对数字孪生技术人才的需求也在急速增长。但是，目前在国内尚缺乏专业化、系统化的数字孪生技术人才培养体系，特别是在师资、教材、课程、工程实践等诸多方面明显匮乏。本书由深圳市产教融合促进会发起组织编写，编委会集中了国内一流大学及地方院校的数十位专家学者和一线专业教师，以及国家级高新技术企业中长期从事数字孪生技术研究和开发的高级资深设计研发人员，希望可以填补数字孪生工程教育资源的部分欠缺。

本书基于智能制造框架，探讨数字孪生在装备制造业中的工程实践，力图实现理论与实践的有机融合，将复杂的概念依托具体的情景进行深入浅出的解读和剖析。本书围绕数字孪生是智能制造的关键赋能技术，模型和数据是数字孪生的核心和基础展开阐述，通过梳理数字孪生发展历程及架构，依托真实的物理情景，将装备制造业数字孪生的技术脉络、核心功能及实现途径系统地呈现出来。

本书既考虑了工程实践的实用性，又兼顾理论上的普适性。为此，参考了众多业内专家、学者的研究成果和论述。所引用参考文献的作者或编者，在本书中均已加注了引用说明，在此深表感谢！本书在编写过程中，赵继、刘丁、陶飞对整体架构、理论和技术细节给予了重要的指导；清华大学基础工业训练中心朱峰参与了教材理论部分的编写工作以及部分章节（第6章虚实交互技术基础）的教学架构设计与理论指导工作。另外，本书在编写过程中得到了很多教学团队的大力支持和帮助，主要有：北京理工大学工程训练中心付铁、谢剑及其团队，华南理工大学工程训练中心，河北工业大学实验实训中心数字孪生课程团队，其相关教学理念、技术方法、软硬件设施在本科生工程创新实践教学中得到了充分体现和应用，作为智能制造实践教学体系的重要组成部分，在工程实践育人领域特色鲜明，取得了突出成效；华北电力大学工创中心王秀梅老师带领团队建设了数字孪生创新实践基地，开设了相关课程和创新设计项目；通过多学科交叉、多技术融合的创新实践教学，突出培养了学生解决工程问题的能力；太原工业学院工程训练中心左义海老师创新团队将数字孪生技术融入学科竞赛项目，高质量优化了参赛项目方案，有效提升了参赛项目质量，提高了学生的工程实践和科技创新能力。新技术、新力量的融合更好地激发了学生的创新思维和团队合作精神，不断提高学生在未来工作中应对复杂工程问题的能力。本书在编写过程中，还得到了深圳大学机电与控制工程学院的陈宏、吴玉斌老师的大力支持和帮助，深圳大学机电与控制工程学院以项目成果和实验设备为基础建设了实习实训基地，并应用于校企共建的装备制造业数字孪生微专业的本科生实践教学中，通过多学科交叉、多技术融合的创新实践教学，突出培养了学生的工程实际经验和解决复杂工程问题的能力。在各位专家、老师的指导、参与和支持下，本书的理论框架、逻辑结构得以不断完善，工程实践内容得以充分验证。在此一并致谢！

  本书受篇幅及笔者水平所限，疏漏之处在所难免，还望广大读者不吝赐教，以便再版时做进一步修订和完善。

编者

2024 年 5 月于深圳

目录

序一
序二
序三
序四
前言
第1章　概论 ··· 1
  1.1　智能制造的基本内涵 ··· 3
    1.1.1　智能制造的定义与理解 ·· 3
    1.1.2　澄清智能制造的认知误区 ·· 6
    1.1.3　智能制造的概念和三个基本范式 ··· 7
    1.1.4　智能制造实现的基础和前提 ·· 9
  1.2　智能制造中的数字孪生 ·· 22
    1.2.1　数字孪生的价值视角 ·· 23
    1.2.2　数字孪生的概念、模型和架构 ··· 25
    1.2.3　制造业数字孪生技术体系框架 ··· 32
    1.2.4　建模的相关工具 ·· 33
  1.3　数字孪生与其他相关技术的关系 ·· 35
    1.3.1　数字孪生与仿真技术 ·· 35
    1.3.2　数字孪生与信息物理系统（CPS） ··· 35
    1.3.3　数字孪生与数字线程 ·· 37
    1.3.4　数字孪生与工业4.0的管理壳 ·· 38
  1.4　习题 ··· 38
第2章　数字孪生系统工程化设计 ··· 39
  2.1　数字孪生与产品生命周期 ·· 40
    2.1.1　产品数字孪生 ·· 41
    2.1.2　生产数字孪生 ·· 41
    2.1.3　设备数字孪生 ·· 42
  2.2　工程化实践中的情景依赖 ·· 43
    2.2.1　陈述性知识与程序性知识 ·· 44
    2.2.2　情景依赖中的数字孪生平台功能需求 ······································· 45
    2.2.3　学习的目标是具备知识迁移能力 ·· 47
  2.3　数字孪生系统工程化设计的架构 ·· 47
    2.3.1　整体原则 ·· 48
    2.3.2　架构设计 ·· 48
    2.3.3　数字孪生系统架构 ·· 49
    2.3.4　功能分解 ·· 50

2.4　模型构建技术 ··· 51
　　　　2.4.1　数字孪生与模型 ··· 53
　　　　2.4.2　机械产品三维建模体系 ·· 54
　　　　2.4.3　数字孪生模型构建理论体系 ··· 63
　　　　2.4.4　模型构建的先进技术及工具 ··· 68
　　2.5　习题 ··· 72
第3章　空间模型的构建 ··· 73
　　3.1　概述 ··· 75
　　　　3.1.1　物理实体（智能分拣系统）功能描述 ·· 75
　　　　3.1.2　物理实体（智能分拣系统）硬件构成 ·· 76
　　　　3.1.3　模型构建对象的选择 ·· 76
　　3.2　基于MBD技术的零件模型构建的工程实践 ··· 78
　　　　3.2.1　零件模型构建流程 ··· 79
　　　　3.2.2　零件建模 ··· 81
　　3.3　基于MBD技术的部件虚拟装配的工程实践 ··· 90
　　　　3.3.1　装配目录树 ·· 90
　　　　3.3.2　子装配体 ··· 91
　　　　3.3.3　外购件模型导入 ·· 93
　　　　3.3.4　总装配体 ··· 93
　　3.4　基于模型的轻量化应用技术的工程实践 ·· 97
　　　　3.4.1　零件技术数据包的发布 ··· 98
　　　　3.4.2　装配体技术数据包格式 ··· 102
　　3.5　基于MBD技术的工艺设计的工程实践 ·· 103
　　　　3.5.1　MBD工艺设计原理 ·· 104
　　　　3.5.2　MBD工艺设计过程 ·· 105
　　　　3.5.3　MBD工艺设计综述 ·· 113
　　3.6　习题 ··· 113
第4章　数字样机与虚拟调试 ··· 115
　　4.1　数字样机 ··· 116
　　　　4.1.1　数字样机定义及分类 ·· 117
　　　　4.1.2　数字样机的要求 ·· 118
　　　　4.1.3　各种数字样机的关系和定位 ··· 119
　　4.2　创建数字样机的工程实践 ··· 119
　　　　4.2.1　设定基本机电对象 ··· 119
　　　　4.2.2　运动与仿真 ·· 124
　　4.3　虚拟调试的工程实践 ··· 133
　　　　4.3.1　需求分析 ··· 133
　　　　4.3.2　软件在环虚拟调试 ··· 135
　　　　4.3.3　硬件在环虚拟调试 ··· 153
　　4.4　习题 ··· 156
第5章　行为模型的构建 ··· 157
　　5.1　概述 ··· 159

5.1.1　行为模型的基本认知……………………………………………………159
　　　5.1.2　物理实体的行为逻辑和规则……………………………………………162
　5.2　机器视觉系统的工程实践………………………………………………………166
　　　5.2.1　通信程序设计………………………………………………………………166
　　　5.2.2　检测及数据收发程序设计…………………………………………………169
　5.3　运动控制系统的工程实践………………………………………………………171
　　　5.3.1　系统构成……………………………………………………………………172
　　　5.3.2　硬件组态……………………………………………………………………173
　　　5.3.3　控制程序设计………………………………………………………………179
　5.4　虚拟调试的工程实践……………………………………………………………193
　　　5.4.1　需求分析……………………………………………………………………193
　　　5.4.2　硬件在环调试………………………………………………………………193
　5.5　习题………………………………………………………………………………201

第6章　虚实交互技术基础……………………………………………………………202

　6.1　概述………………………………………………………………………………204
　6.2　通信………………………………………………………………………………204
　　　6.2.1　通信接口……………………………………………………………………205
　　　6.2.2　通信协议……………………………………………………………………208
　6.3　OPC数据采集的工程实践………………………………………………………210
　　　6.3.1　OPC技术综述………………………………………………………………211
　　　6.3.2　控制器程序仿真与网络扩展………………………………………………213
　　　6.3.3　OPC服务器变量配置………………………………………………………216
　　　6.3.4　虚拟端信号映射……………………………………………………………218
　　　6.3.5　通信测试……………………………………………………………………220
　6.4　数字孪生系统调试工程实践……………………………………………………221
　　　6.4.1　网络配置及参数调整………………………………………………………222
　　　6.4.2　系统调试……………………………………………………………………229
　6.5　习题………………………………………………………………………………231

第7章　数字孪生数据……………………………………………………………………232

　7.1　概述………………………………………………………………………………234
　　　7.1.1　制造业数据窘境……………………………………………………………235
　　　7.1.2　制造业数据分析的典型主题………………………………………………236
　　　7.1.3　制造业数据分析的典型手段………………………………………………237
　　　7.1.4　数据分析工具软件…………………………………………………………240
　　　7.1.5　数据赋智数字孪生…………………………………………………………242
　7.2　数据采集…………………………………………………………………………243
　　　7.2.1　数据采集方式………………………………………………………………244
　　　7.2.2　数据采集的难点……………………………………………………………245
　7.3　数据传输…………………………………………………………………………246
　　　7.3.1　概述…………………………………………………………………………246
　　　7.3.2　数据传输方式………………………………………………………………247
　　　7.3.3　数据交换方式………………………………………………………………249

7.4 数据存储 250
　　7.4.1 概述 250
　　7.4.2 关系型数据库 252
　　7.4.3 常用关系型数据库 255
7.5 数据分析 255
　　7.5.1 概述 256
　　7.5.2 数据分析框架 257
　　7.5.3 机器学习 259
7.6 预测性维护的工程实践 262
　　7.6.1 数据采集 263
　　7.6.2 基于OPC服务器的数据传输 272
　　7.6.3 关系型数据库构建和数据存储 272
　　7.6.4 构建数据模型和数据分析 278
7.7 习题 288

第8章 设备数字孪生系统的工程应用 290

8.1 概述 292
　　8.1.1 DIKW（数据、信息、知识、智慧）模型 293
　　8.1.2 CRISP-DM（跨行业数据挖掘标准流程）体系的工程应用 294
8.2 数据模型评估 297
　　8.2.1 原始评估法 297
　　8.2.2 留出法 298
　　8.2.3 交叉验证法 298
8.3 数据可视化 298
　　8.3.1 数据可视化分类 299
　　8.3.2 数据可视化与其他数据技术 301
　　8.3.3 数据可视化软件与开发工具 302
8.4 数字孪生赋能制造 304
　　8.4.1 数字孪生赋能技术的基础 304
　　8.4.2 设备交付运行后的数字孪生系统架构 305
8.5 智能分拣数字孪生系统的数据可视化的工程实践 305
　　8.5.1 设备运行数据可视化 306
　　8.5.2 故障诊断及反馈控制 311
8.6 习题 318

参考文献 319

第 1 章
概 论

　　本章概述了智能制造的基本内涵及其三个基本范式,强调了智能制造的基础和前提是制造业自动化、数字化和信息化。通过探讨制造的概念模型和典型制造业信息处理循环模型,讲述了制造业从自动化到数字化的演进过程。从价值视角论述了数字孪生在智能制造体系中的地位和作用。在此基础上,介绍了数字孪生的系统架构、制造业数字孪生的技术体系以及数字孪生与其他相关技术的关系。

本章目标

- 理解智能制造的三个基本范式。
- 了解制造业数字化发展脉络及进程。
- 把握数字孪生与智能制造之间的关系。
- 理解数字孪生概念、本质及其技术体系。
- 认识 MBD 是制造业数字孪生的基础、MBSE 是制造业数字孪生的技术思想。
- 理解数字孪生与仿真技术之间的关系,以及与 CPS 的异同。

制造业是强国之基、立国之本，我国是一个制造业大国，但还不是制造业强国，很多关键技术依然受制于人，我国制造业数字化转型迫在眉睫。大力发展先进制造业，加速制造业数字化转型，已成为我国重大发展战略。数字孪生是数字化技术，是装备制造业⊖数字化转型主要技术路径之一。

数字孪生属于智能制造的赋能技术，因此应该在智能制造的框架下学习和理解。通过学习智能制造的三个基本范式，可以对智能制造有整体性的了解，厘清对智能制造的认知误区，进而理解数字孪生和智能制造的关系，明确学习装备制造业数字孪生的重要性。通过了解工业革命的发展脉络和制造由自动化到数字化再到智能化的发展路径，可以更好地理解数字孪生诞生的基础。

图 1-1 展示了一个原始的加工厂在经历第二次、第三次工业革命后，正在向第四次工业革命迈进。随着新技术的不断涌现，以及生产组织和管理方式的不断改进、完善，最终实现了工厂的数字化制造。

（数字化制造工厂）

（原始加工厂）

图 1-1　制造的质变

图 1-2 展示了四次工业革命的发展历程。第一次工业革命起源于英国，发生在 1760—1830 年，有四个标志性事件：1764 年，詹姆斯·哈格里夫斯发明了纺织机；1775 年，约翰·威尔金森发明了镗床，出现了机械加工；1776 年，瓦特改良了蒸汽机；1797 年，伊莱·惠特尼提出了标准化生产。在第一次工业革命期间，人们开始使用水和蒸汽动力实现机械化生产。第二次工业革命发生在美国，时间为 19 世纪的中后期，主要标志是电气化。第二次工业革命对生产系统的影响，主要体现在以下四个特征上：动作研究（发现操作某一项任务的最佳方法）、时间研究（建立规范的工作标准）、工业标准得到广泛应用，以及计件工资等劳动力激励制度的出现。第三次工业革命发生在 20 世纪中后期，以原子能、电子计算机、空间技术和生物工程的发明和应用为主要标志，是涉及信息技术、新能源技术、新材料技术、生物技术、空间技术和海洋技术等诸多领域的一场信息控制技术革命，其标志为信息技术。第四次工业革命是德国在发布工业 4.0 战略规划的同时提出的，其核心是数字化和智能化。

进入 20 世纪，随着 CAD、CAE 等技术的日臻完善，出现了三维模型构建和仿真技术。1960 年左右在模型构建和仿真技术的基础上出现了 MBSE（基于模型的系统工程）；2002 年，密歇根大学的迈克尔·格里夫斯（Michael Grieves）教授在与 NASA 的研讨会上第一次提出了"信息镜像模型"这个数字孪生的理念。随着 MBD（基于模型的定义）、MBSE（基于模型的系统工程）、MBE（基于模型的企业）、数字线程等技术的应用，制造进入了数字化、智能化的时代。

⊖ 装备制造业是为经济各部门进行简单生产和扩大再生产提供装备的各类制造业的总称，是工业的核心部分。具体包括金属制品业，通用设备制造业，专用设备制造业，汽车制造业，铁路、船舶、航空航天和其他运输设备制造业，电气机械和器材制造业，计算机、通信和其他电子设备制造业，仪器仪表制造业等 8 个行业大类中的重工业。

图 1-2 四次工业革命的发展历程

1.1 智能制造的基本内涵

智能制造是一种"超级"系统工程,其复杂性和广泛性使得任何一个单一学科都难以全面覆盖。有关国家和标准化组织已制定了智能制造的模型和架构(见表 1-1),从而以标准化的手段来统一认识并引领其发展。

表 1-1 有关国家和标准化组织已制定的智能制造模型和架构

模 型 名 称	发 布 组 织	应 用 领 域	发 布 时 间
① RAMI4.0	德国工业 4.0 平台	制造	2015 年 4 月
② 智能制造生态系统(SMS)	美国国家标准与技术研究院(NIST)	制造	2016 年 2 月
③ 工业互联网参考架构(IIRA)	工业互联网联盟(IIC)	能源等、公共部门	2017 年 1 月
④ 智能制造系统架构(IMSA)	中国国家智能制造标准化总体组	智能制造(十大重点)	2015 年 12 月
⑤ 物联网概念模型	ISO/IEC JTC1/WG10 物联网工作组	城市、能源等多方面	2015 年 10 月
⑥ IEEE 物联网参考模型	IEEE P2413 物联网工作组	智能自动化、电网等	2015 年 10 月
⑦ ITU 物联网参考模型	ITU-T SG20 物联网及其应用	交通、点往、医疗等	2012 年 6 月
⑧ 物联网架构参考模型	oneM2M 物联网协议联盟	能源、交通、医疗等	2015 年 6 月
⑨ 全局三维图	ISO/TC184 自动化系统与集成	航空、汽车、食品等	2016 年 12 月
⑩ 智能制造标准路线图框架	法国国家制造创新网络(AIF)	制造	2016 年 12 月
⑪ 工业价值链参考架构(IVRA)	日本工业价值链计划(IVI)	制造	2016 年 12 月

1.1.1 智能制造的定义与理解

1. 中国对智能制造的定义

2015 年 5 月中国公布的对智能制造的定义是:

基于新一代信息技术，贯穿设计、生产、管理、服务等制造活动各个环节，具有信息深度自感知、智慧优化自决策、精准控制自执行等功能的先进制造过程、系统与模式的总称。具有以智能工厂为载体，以关键制造环节智能化为核心，以端到端数据流为基础、以网络互联为支撑等特征，实现智能制造可以缩短产品研制周期、降低资源能源消耗、降低运营成本、提高生产效率、提升产品质量。

所强调的是信息深度自感知、智慧优化自决策、精准控制自执行。

2. 美国对智能制造的定义

2012年2月美国国家科学技术委员会发布了《国家先进制造技术战略规划》，2014年10月27日，美国先进制造业联盟发布了《振兴美国先进制造业》报告2.0版。对智能制造的定义是：

是先进传感器、仪器、检测、控制和过程优化的技术和实践的组合，它们将信息和通信技术与制造环境融合在一起，实现工厂和企业能量、生产率和成本的实时管理。智能制造需要实现的目标有四个：产品的智能化、生产的自动化、信息流和物资流合一、价值链同步。

所强调的是信息、通信技术与制造环境融合，实现对生产各流程的实时管理。

3. 德国对智能制造的理解

2013年4月德国在汉诺威工业博览会上发布了《德国工业4.0战略计划实施建议》，对工业4.0的理解是：

在一个"智能的、网络化的世界"中，物联网与服务联网无处不在。在制造环境中，由不断增加的智能产品和系统构成的垂直网络、端到端的工程、跨越整条价值网络的水平集成，开启了第四次工业革命——"工业4.0"。

（1）工业4.0工作框架

如图1-3所示，工业4.0制定了工作框架。

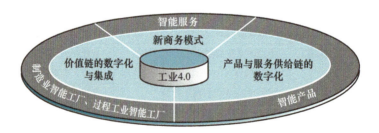

图1-3 工业4.0工作框架

（2）工业4.0的目标

工业4.0的目标是建立一个高度灵活的个性化和智能化的产品与服务的生产模式。智能工厂是工业4.0的关键特征，在集中式控制向分散式增强型控制转变的基础上，创建智能生产方法、流程，生产智能产品，同时进一步向智能产品可以自适应、自生产的方向发展、演进。

(3)端到端的连接

如图 1-4 所示,工业 4.0 打破了自动化阶段现场设备→控制设备→车间→工厂→企业的分级结构,强调端到端的连接。

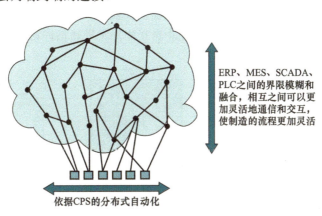

图 1-4　端到端的连接

(4)工业 4.0 参考框架模型

工业 4.0 制定了参考框架模型(RAMI4.0),RAMI4.0 在 1.1.4 节中进行简要介绍(见图 1-18)。RAMI4.0 覆盖工业网络通信、信息数据、价值链、企业分层等领域。对现有标准的采用将有助于提升参考架构的通用性,从而能够更广泛地指导不同行业/企业开展工业 4.0 实践。

(5)数字映射

工业 4.0 强调物理世界进入信息世界的数字映射,如图 1-5 所示。

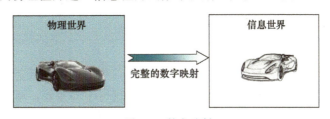

图 1-5　数字映射

工业 4.0 创造了一种方法,使得物质世界和信息世界能畅通无阻地互联互通。映射,所描述的是数据形式,表示的是现实在信息世界中生成一个数字镜像的过程。具体包含:

◆ 描述物理世界,以达到将其映射到信息世界的目的。
◆ 将物理世界映射到信息世界。
◆ 体现信息世界中的物理世界。
◆ 构件识别。
◆ 构件协同。
◆ 创建网络结构和数据格式,以进行构件之间的信息交换。

◆ 提出实现目标的最低设定值。
◆ 其他。

（6）工业 4.0 数字映射的基本思想——管理壳

工业 4.0 中物理世界进入信息世界是通过"管理壳"实现的，如图 1-6 所示。其中，资产是物理部分，管理壳是数字部分，通过 I4.0 构件实现通信连接。

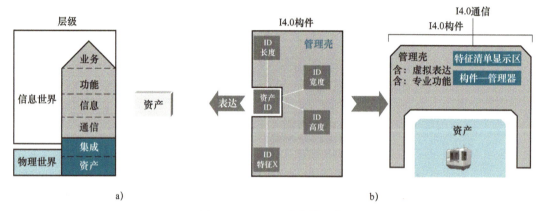

图 1-6　工业 4.0 中的管理壳

管理壳可以是一种理念，一个软件，一个文档，一项服务或者任何一个物体。在虚拟世界中是通过它在信息世界表达为 I4.0 构件来描述的。

1.1.2　澄清智能制造的认知误区

因为智能制造"太热"，一些人将智能制造"神化"，大谈特谈"智能"，而忽略了"制造"的本质。"智能"最终是为"制造"服务的，通过智能化技术在制造中的应用来达到提升产品质量、提高效率、降低成本、缩短周期、降低能耗的目的。以下是常见的一些对智能制造的认知误区：

1. 智能制造 = 无人工厂

机器或"机器人"是一种自动化或智能化设备，生产现场人员必须监控和检测系统是否正常工作，故障发生时，他们必须及时介入并进行手动接管，即使在高度自动化或智能制造的现场，仍然需要人对生产的各个环节进行监控、干预。

2. 智能制造 = 自动化 + 软件

自动化和软件是实现智能制造的必要条件但不是充分条件。智能制造强调自动化系统和工业软件的集成与纵横协同，并体现先进的工艺技术和管理理念。除此之外，更需要植入先进的感知系统、控制手段、网络技术和云计算等技术，进行长时间的数据收集积累，开展数据分析和建模，并不断迭代优化，以实现生产过程快速有效的运行，这样才能支撑先进的制造方式实现自适应，进而应对复杂的生产环境。

3. 智能制造 = 互联网 + 大数据

互联网和大数据只是提升智能化水平的手段之一，智能制造的本体是"制造"，制造装备和生产过程的数字化是基础。没有制造装备与系统的数据采集、互联互通，互联网、云、大数据都将是无源之水。

1.1.3 智能制造的概念和三个基本范式

2017年12月7日，时任中国工程院院长周济院士在"2017世界智能制造大会"上作了《关于中国智能制造发展战略的思考》的报告，提出了中国智能制造发展的三个基本范式。三个基本范式是对智能制造体系、架构、模式的凝练和提升，指明了中国智能制造的发展方向和路径，既具有前瞻性、系统性，也具有务实性。现对"三个基本范式"的有关基本思想、架构摘录如下⊖。

1. 正确理解智能制造

广义而论，智能制造是一个大概念，是先进制造技术与新一代信息技术的深度融合，贯穿于产品、制造、服务全生命周期的各个环节及制造系统集成，实现制造的数字化、网络化、智能化，不断提升企业的产品质量、效益、服务水平推动制造业创新、绿色、协调、开放、共享发展。

数十年来，智能制造在实践演化中形成了许多不同的范式，包括精益生产、柔性制造、并行工程、敏捷制造、数字化制造、计算机集成制造、网络化制造、云制造、智能化制造等，在指导制造业智能转型中发挥了积极作用。但同时，众多的范式不利于形成统一的智能制造技术路线，给企业在推进智能升级的实践中造成了许多困扰。面对智能制造不断涌现的新技术、新理念、新模式，迫切需要归纳总结出基本范式。

2. 智能制造的三个基本范式

综合智能制造相关范式，可以总结、归纳和提升出三种智能制造的基本范式，也就是：数字化制造、数字化网络化制造、数字化网络化智能化制造（新一代智能制造）。如图1-7所示。

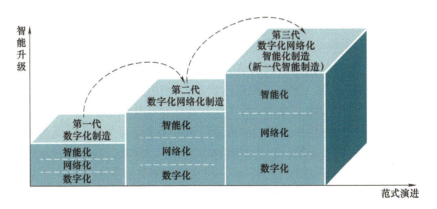

图1-7 智能制造的三个基本范式

智能制造的三个基本范式次第展开、迭代升级。一方面，三个基本范式体现了国际

⊖ 标题根据教材的需要，与报告的标题略有不同。

上智能制造发展历程中的三个阶段；另一方面，对中国而言，必须发挥后发优势采取三个基本范式"并行推进、融合发展"的技术路线。

（1）数字化制造

数字化制造是智能制造的第一种基本范式，也可称为第一代智能制造。以计算机数字控制为代表的数字化技术广泛应用于制造业，形成了"数字一代"创新产品，覆盖全生命周期的制造系统和以计算机集成制造系统（CIMS）为标志的集成解决方案。

20世纪80年代以来，我国企业逐步推进应用数字化制造，取得了巨大的技术进步。同时，我们必须清醒地认识到，我国大多数企业，特别是广大中小企业，还没有完成数字化制造转型。面对这样的现实，我国在推进智能制造过程中必须实事求是，踏踏实实地完成数字化"补课"，进一步夯实智能制造发展的基础。

需要说明的是，数字化制造是智能制造的基础，其内涵不断发展，贯穿于智能制造的三个基本范式和全部发展历程。这里定义的数字化制造是作为第一种基本范式的数字化制造，是相对狭义的定位，国际上也有关于数字化制造比较广义的定位和理论。

（2）数字化网络化制造

数字化网络化制造是智能制造的第二种基本范式，也可称为"互联网＋制造"或第二代智能制造。20世纪末互联网技术开始广泛应用，"互联网＋"不断推进制造业和互联网融合发展，网络将人、流程、数据和事物连接起来，通过企业内、企业间的协同和各种社会资源的共享与集成，重塑制造业的价值链，推动制造业从数字化制造向数字化网络化制造转变。

德国"工业4.0"和美国"工业互联网"完整地阐述了数字化网络化制造范式，完美地提出了实现数字化网络化制造的技术路线。

过去这几年，我国工业界大力推进"互联网＋制造"，一方面，一批数字化制造基础较好的企业成功转型，实现了数字化网络化制造；另一方面，大量原来还未完成数字化制造的企业，则采用并行推进数字化制造和数字化网络化制造的技术路线，完成了数字化制造的"补课"，同时跨越到数字化网络化制造阶段。今后一个阶段，我国推进智能制造的重点是大规模推广和全面应用数字化网络化制造——第二代智能制造。

（3）新一代智能制造——数字化网络化智能化制造

数字化网络化智能化制造是智能制造的第三种基本范式，也可称为新一代智能制造。近年来，人工智能加速发展，实现了战略性突破，先进制造技术与新一代人工智能技术深度融合，形成了新一代智能制造——数字化网络化智能化制造。

新一代智能制造的主要特征表现在制造系统具备了"学习"能力。通过深度学习、增强学习、迁移学习等技术的应用，制造领域的知识产生、获取、应用和传承效率将发生革命性变化，将显著提高创新与服务能力。新一代智能制造是真正意义上的"智能制造"。

（4）"并行推进、融合发展"的技术路线

智能制造在西方发达国家是一个"串联式"的发展过程，数字化、网络化、智能化是西方顺序发展智能制造的三个阶段。我国不能走西方顺序发展的老路："他们是用几十年时间充分发展数字化制造之后，再发展数字化网络化制造，进而发展新一代智能制造"，如果是这样，我们就无法完成制造业转型升级的历史任务。

一方面我国必须坚持"创新引领",直接利用互联网、大数据、人工智能等最先进的技术,瞄准高端方向,加快研究、开发、推广、应用新一代智能制造技术,走出一条推进智能制造的新路,实现我国制造业的换道超车。

另一方面我们必须实事求是、循序渐进,分阶段推进企业的技术改造、智能升级。针对我国大多数企业尚未实现数字化转型的"基本国情",各个企业都必须补上"数字化转型"这一课,补好智能制造的基础。当然,在"并行推进"不同的基本范式的过程中,各个企业可以充分应用成熟的先进技术,根据自身发展的实际需要,"以高打低,融合发展",在高质量完成"数字化补课"的同时实现向更高的智能制造水平迈进。

1.1.4 智能制造实现的基础和前提

从上述对工业革命发展进程、各国及标准组织对智能制造的定义及智能制造三个基本范式的了解中,可以明确智能化的基础是数字化,而制造业数字化的基础和前提则是自动化。

1. 深入理解自动化

自动化是指应用机械、电子和计算机系统去管理和控制生产的相关技术。

首先,需要理解制造概念模型和典型制造业的信息处理循环模型,以下所讲述的是企业在"自动化"阶段的生产组织和管理方式。企业制造产品需要一个生产系统,生产系统是指组织企业生产运作的人、机器设备以及各种流程的集合(见图1-8)。

生产系统
- **生产系统设施**(制造系统) 由工厂、工厂中的机器设备以及机器设备的组织方式构成。
- **制造支持系统** 用于管理生产、解决原材料采购、物料搬运过程中遇到的技术和物流问题,以确保产品的质量达到标准的流程,同时也包括产品设计以及其他的业务功能。

图1-8 生产系统

(1)制造的概念模型

企业生产产品需要一个流程,原材料进入生产系统,生产系统设施直接作用于原材料,改变原材料的形状、化学成分等。为了生产的高效运行,必须对所有的资源进行组织,这些资源包括设计生产工艺、生产设备,以及订单管理等,这些功能由制造支持系统完成。如图1-9所示,制造的概念模型概括了生产系统设施和制造支持系统作用于原材料最终形成产品的过程,模型起始于第三次工业革命。

在理解了制造概念模型的基础上,

图1-9 制造的概念模型

进一步理解生产系统的自动化,包括生产系统设施的自动化和制造支持系统的计算机化,如图 1-10 所示。一个现代化的生产系统中,制造系统的自动化与制造支持系统的计算机化很大程度上是交叉的,运行在生产车间层面的制造系统的自动化经常是由计算机系统实现的,同时需要与工厂级(如 MES)、企业级(如 ERP)的制造支持系统和管理系统通信连接,实现计算机集成制造。

(2)典型制造业信息处理循环

一个现代化企业的高效运行,对订单、生产调度、能源采购、产品设计、生产控制等环节必须进行有效的组织,这些是由制造支持系统来完成的。制造支持系统需要处理的是各种信息,这些信息构成了一个循环。如图 1-11 所示,典型制造业信息处理循环包括以下内容。

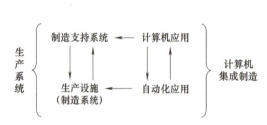

图 1-10　生产系统中自动化和计算机化应用

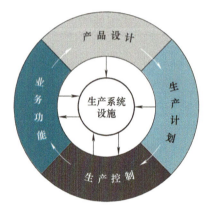

图 1-11　典型制造业信息处理循环

业务功能:与客户沟通既是信息处理循环的起点,也是终点。包括销售、销售预测、订单、成本、核算、成本分析等。

产品设计:如果产品是由客户设计的,制造商只是"代工",产品设计就不包括在信息处理循环内。如果产品是基于市场预测,通常新产品的设计则是由市场和销售部门发起的。

生产计划:生产计划部门制定的生产活动计划的信息和文件,其中包括工艺计划、主生产计划、能源采购计划、物料需求、产能计划等。工艺计划确定制造零件和产品的各个子过程以及装配的顺序等。

生产控制:通过控制和管理工厂的物理加工来实现生产计划,如图 1-11 中的信息流是由计划到控制,信息在生产控制和工厂之间传输。生产控制一般包括质量控制、库存控制、车间控制等。

(3)制造系统(生产系统设施)的自动化

自动化制造系统作用的对象是物理产品,完成加工、装配、检验以及物料搬运

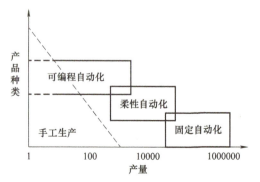

图 1-12　自动化制造系统的三种类型

的操作，可以同时完成多种任务。如图 1-12 所示，自动化制造系统可以分为固定自动化、可编程自动化、柔性自动化三种基本类型。采用哪一种类型，与工厂所生产的产品种类和产品产量有直接关系。

- 固定自动化：操作顺序由设备结构决定，由每个比较简单的操作顺序叠加，使之变为复杂。具有高效率、低柔性、高投资的特点。用于自动化生产线、自动化装配线等。
- 可编程自动化：操作顺序根据程序确定，典型的有数控机床、工业机器人等。比固定自动化效率低，具有柔性、高投资、适合批量生产等特点。
- 柔性自动化：可编程自动化的扩展，可以重新编程和更换物理设置（如工具、夹具、机器设置等），以制造不同的产品。投资较高，用于不同混合比的连续生产，中等的生产效率。柔性制造系统属于这类。

以下是一些自动化制造系统的实例：

➢ 加工零件的自动化设备；
➢ 完成一系列加工操作的自动化生产线；
➢ 自动化装配系统；
➢ 用工业机器人完成的加工或装配操作的制造系统；
➢ 集成了各种生产操作的自动化物料搬运和储存系统；
➢ 用于质量控制的自动检验系统。

（4）制造支持系统的计算机化（计算机集成制造系统）

计算机集成制造系统（CIMS）将各自动化技术单元或称自动化子系统有机地结合起来，充分利用与制造相关的一切信息资源，在动态的竞争环境中寻求优化方案。其主要目的在于集自动化技术大成，创造一种整体优化的生产模式。如图 1-13 所示，CIMS 模式主要由产品设计、产品加工和生产管理等行为组成。

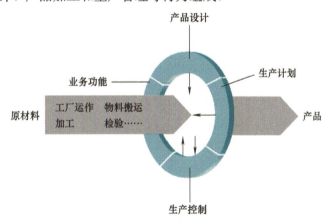

图 1-13　描述信息处理活动的制造概念模型

CIMS 工作的自动化支持系统主要有计算机辅助办公（CAO）系统、管理信息系统（MIS）、决策支持系统（DSS）、办公室信息系统、智能管理系统等。工程设计工作的自动化支持系统主要有计算机辅助设计（CAD）、计算机辅助工艺规划（CAPP）、计算机辅助工程（CAE）和计算机辅助制造（CAM）等。

（5）ISA-95（企业系统与控制系统国际标准）

一个企业所生产的产品、服务以及如何实现自动化生产，需要遵守很多行业、国家、国际标准，中国国家标准化管理委员会在 GB/T 20000.1—2014《标准化工作指南 第 1 部分：标准化和相关活动的通用术语》条目 5.3 中对标准描述为：通过标准化活动，按照规定的程序经协商一致制定，为各种活动或其结果提供规则、指南或特性，供共同使用和重复使用的一种文件。

ISA-95 是由美国仪表、系统和自动化协会（ISA）颁布的企业系统与控制系统的国际标准，1995 年通过，也是 ISA 的第 95 个标准项目（见图 1-14）。该标准主要分为三个层次，即企业功能部分、信息流部分和控制功能部分。

ISA-95 是美国仪表、系统和自动化协会的编号。国际电工委员会（IEC）对应的编号为 IEC 62264，IEC 62264 是工业 4.0 参考框架模型（RAMI4.0）分级层次维度所依据的重要国际标准。中国国家标准化管理委员会的标准编号为 GB/T 20720.1—2019/IEC 62264-1:2013，如图 1-15 所示。有关国际组织正在依据 ISA-95 制定数字孪生方面的国际标准。

图 1-14　ISA-95　　　　　图 1-15　GB/T 20720.1—2019 企业控制系统集成

ISA-95 标准定义了工厂级制造运行、控制集成和公司级业务管理系统使用的术语和模型，是制造执行系统（MES）参考的通用标准。

ISA-95 标准的功能层级如图 1-16 所示，标准中将功能分为 5 个层级。

Level 0 ～ Level 2 用于制造的控制，其中，Level 0 用于控制实际的生产过程，Level 1 用于控制和感知生产过程，Level 2 负责生产过程的监督和自动化控制。

Level 3 负责制造的运行管理，包括生产调度、生产计划、物料跟踪、设备管理等，这个层级是制造执行系统（MES）所关注的。

Level 4 为公司层级，负责生产计划的制定、原材料的采购和运输等。

Level 0 ～ Level 2 属于生产设施系统（制造系统），Level 3 和 Level 4 属于制造支持系统。

Level 4 公司层级以 Level 3 制造运营层级作为信息支撑，两者之间需要进行信息交换，如图 1-17 所示。

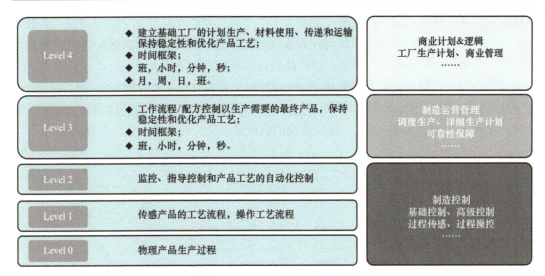

图 1-16 ISA-95 功能层级模型

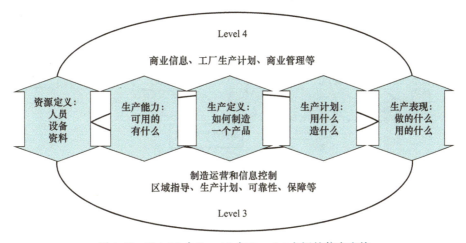

图 1-17 ISA-95 中 Level 3 与 Level 4 之间的信息交换

ISA-95 在第一部分第六章中,定义了功能数据流模型,主要描述与制造有关的企业功能和跨越企业的控制接口的各种功能之间的信息流,如图 1-18 所示。

(6) 自动化是制造业数字化的基础和前提

德国的工业 4.0 和起源于美国的数字孪生都属于数字化技术,应用于制造业的目的都是促进制造业的数字化转型,二者在理念上有很大的相似性,因为工业 4.0 的普适度较高,以下从工业 4.0 的角度来说明为什么要理解自动化。

对于工业 4.0 和我国所强调的智能制造,不能误解为智能制造就是将人工智能应用于制造业。工业 4.0 是以第三次工业革命中自动化和迅猛发展的数字化为基础的,脱离自动化和数字化妄谈智能制造只会使智能制造成为"空中楼阁"。

工业 4.0 或智能制造的实现以电子信息、通信技术应用于制造业并成功实施自动化为前提。如图 1-19 所示,工业 4.0 体系中,有一个非常重要的模型——工业 4.0 参考框架模型(RAMI4.0)。工业 4.0 或数字化需要从模型中所示的三个维度来理解。第一个"分级层次"维度是在自动化层级的基础上加上了"产品"和"互联世界"两项内容,依据的标准为 IEC 62264(ISA-95 企业系统与控制系统国际标准)和 IEC 61512(ISA-88 批量控制);第二个"生命周期与价值流"维度,是产品由虚拟样机开发到投入实际生产,涵盖了产品的全生命周期和价值链,依据的标准为 IEC 62890(工业过程测量控制和自动化系统和产品生命周期管理);第三个"层级"维度是工业 4.0 的核心,实现了物理世界和信息世界的互联,通过第三维度将第一维度、第二维度的资产数字化,使之进入信息世界。

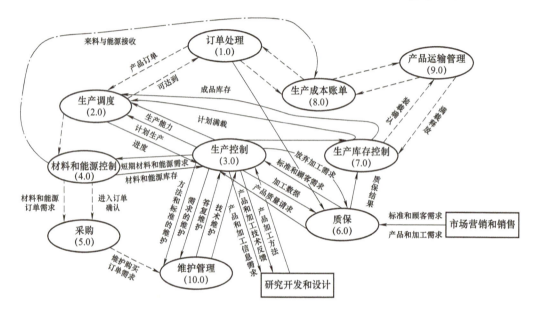

图 1-18　功能数据流模型

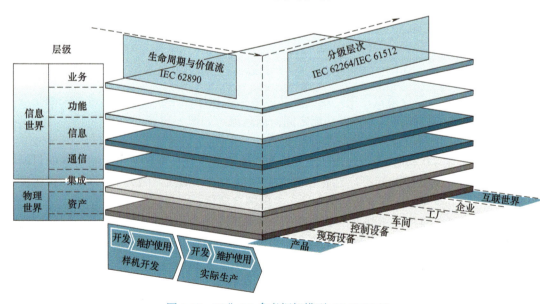

图 1-19　工业 4.0 参考框架模型(RAMI4.0)

IEC 62264、IEC 61512、IEC 62890 三个国际标准都属于自动化范畴,其中 IEC 62264 为基础。处于分级层次维度中的最下方,蓝色四边形内的现场设备→控制设备→车间→工厂→企业,就是自动化层级。

基于上述论述,可以看出制造业的数字化是以自动化为基础和前提的,离开了自动化,数字化无从谈起,所以学习数字孪生,一定要对自动化有一个基本的认知和理解。

2. 全面理解数字化

数字化是将复杂多变的信息转换为计算机可以识别、处理的"0""1"代码,形成数字、数据的过程。数字化已经不知不觉地伴随着我们,进入吃、穿、住、行、工作、娱乐等人类社会的方方面面。

麻省理工斯隆管理学院和凯捷咨询在 2011 年联合发布的报告中对制造业数字化转型做了如下描述:数字化转型是指使用数字化技术从根本上提高企业的绩效或者提高企业绩效可以达到的高度。数字化转型不但关注企业运营的全部环节,也需要关注上下游,即价值链。工业 4.0 推出的目的是驱动德国企业进行数字化转型。根据麻省理工斯隆管理学院和凯捷咨询对全球 50 家大型传统企业 157 位高管的调查和研究,将制造业数字化转型划分为客户体验、运营流程、合作伙伴协同、业务模型四个方面、12 个领域,如图 1-20 所示。本书所讲述的是装备制造业数字孪生,在制造业数字化转型中属于数字化制造技术。

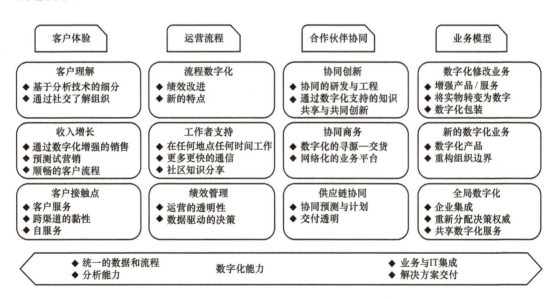

图 1-20 数字化转型的 12 个领域

数字化制造技术就是指制造领域的数字化,它是制造技术、计算机技术、网络技术与管理科学的交叉、融合、发展与应用的结果,也是制造企业、制造系统与生产过程、生产系统不断实现数字化的必然趋势,其内涵包括三个层面:以设计为中心的数字化制造技术、以控制为中心的数字化制造技术、以管理为中心的数字化制造技术。

(1) 数字化制造技术发展的历史
- ◇ CAD/CAM 一体化：出现于 20 世纪 80 年代末。
- ◇ CIMS（计算机集成制造系统），出现于 20 世纪 80 年代中期。
- ◇ CAD/CAM 融合：出现于 20 世纪 70 年代，美国波音公司与 GE 公司制定了 CAD、CAM 不同数据格式的交换规范。
- ◇ FMS（柔性制造系统）诞生：1967 年美国出现了将多台数控机床连接在一起的加工系统。
- ◇ CAD 软件的应用：1963 年美国出现了商品化的计算机绘图设备，可实现二维绘图；20 世纪 70 年代初出现了三维绘图；70 年代中期出现了实体造型。
- ◇ 加工中心问世：1958 年美国 K&T 公司研制出带 ATC（自动刀具交换装置）的加工中心。同年，美国 UT 公司首次把铣钻等多种工序集中于一台数控铣床中，通过自动换刀方式实现连续加工，成为世界上第一台加工中心。
- ◇ CAM 利用 APT 语言自动编程：1955 年麻省理工学院（MIT）组织各航空公司合作开发了数控编程的自动编程技术，编程人员将加工部位和加工参数以一种限定格式的语言（自动编程语言）写成所谓源程序，然后由专门的软件转换成数控程序。
- ◇ 数控机床（NC 机床）投入使用：1952 年麻省理工学院（MIT）首先实现了三坐标铣床的数控化，数控装置采用真空管电路。1955 年第一次进行了数控机床的批量制造，主要用于对直升机的旋翼等自由曲面的加工。

(2) 数字化制造技术主要软件和生产组织、管理方式

① CAD（Computer Aided Design，计算机辅助设计）

产品的结构设计、变形设计及模块化产品设计。可以实现计算机绘图、产品数字建模及真实图形显示、动态分析与仿真、生成材料清单（BOM）。

② CAE（Computer Aided Engineering，计算机辅助工程）

用计算机辅助求解复杂工程和产品结构强度、刚度、屈曲稳定性、动力响应、热传导、三维多体接触、弹塑性等力学性能的分析计算以及结构性能的优化设计等问题的一种近似数值分析方法。

③ CAM（Computer Aided Manufacture，计算机辅助制造）：广义定义指的是通过直接的或间接的计算机与企业的物质资源或人力资源的连接界面，将计算机技术有效地应用于企业的管理、控制和加工操作。狭义定义是指在机械制造业中利用计算机通过各种数值控制机床和设备，自动完成离散产品的加工、装配、检测和包装等制造过程。

④ CAPP（Computer Aided Process Planning，计算机辅助工艺计划）：通过计算机进行工艺路线制定、工序设计、加工方法选择、工时定额计算，包括工装、夹具设计、刀具和切削用量选择等，且能生成必要的工艺卡和工艺文件。

⑤ PDM（Product Data Management，产品数据管理）：管理所有产品相关信息（包括零件信息、配置、文档、CAD 文件、结构、权限信息等）和所有产品相关过程（包括过程定义和管理）的技术。通过实施 PDM，可以提高生产效率，有利于对产品的全生命周期进行管理，加强对于文档、图纸、数据的高效利用，使工作流程规范化。

⑥ MES（Manufacturing Execution Systems，制造执行系统）：应用于车间层面的一

套管理系统，是 IT 与 OT 两化融合的产物，其关键点在于数据采集。国际制造执行系统协会（MESA）的定义是：MES 能通过信息的传递，对从订单下达开始到产品完成的整个产品生产过程进行优化的管理，对工厂发生的实时事件，及时做出相应的反应和报告，并用当前准确的数据进行相应的指导和处理。

要理解 MES 定义中的 3 个主要特征：
- 是对整个车间制造过程的优化，而不是单一地解决某个生产瓶颈。
- 必须提供实时收集生产过程中数据的功能，并做出相应的分析和处理。
- 需要与计划层和控制层进行信息交互，通过企业的连续信息流来实现企业信息全集成。

⑦ ERP（Enterprise Resource Planning，企业资源计划）：建立在信息技术基础上，对企业的所有资源（物流、资金流、信息流、人力资源）进行整合集成管理，采用信息化手段实现企业供应链管理，从而达到对供应链上的每一环节实现科学管理。ERP 系统集信息技术与先进的管理思想于一身，成为现代企业的运行模式，反映时代对企业合理调配资源，最大化地创造社会财富的要求，成为企业在信息时代生存、发展的基石。在企业中，一般的管理主要包括三方面的内容：生产控制（计划、制造）、物流管理（分销、采购、库存管理）和财务管理（会计核算、财务管理）。

⑧ RE（Reverse Engineering，逆向工程）：逆向工程也称反求工程、反向工程，对实物做快速测量，并反求为可被 3D 软件接受的数据模型，快速创建数字化模型（CAD）。进而对样品做修改和详细设计，达到快速开发新产品的目的。属于数字化测量领域。

⑨ RP（Rapid Prototyping，快速成型）：是在现代 CAD/CAM 技术、激光技术、计算机数控技术、精密伺服驱动技术以及新材料技术的基础上集成发展起来的。不同种类的快速成型系统因所用成型材料不同，成型原理和系统特点也各有不同，但是，其基本原理都是一样的，那就是"分层制造，逐层叠加"，类似于数学上的积分过程。形象地讲，快速成型系统就像是一台"立体打印机"。

（3）数字化制造技术的应用方法

随着 CAX（CAD、CAE、CAM、CAPP 的统称）在制造业中的广泛应用，以及计算机图形学等技术的不断发展，数字样机不但与物理样机做到了形似，也做到了神似，已达到了数字孪生之父——密歇根大学的迈克尔·格里夫斯（Michael Grieves）教授所谓的"完美虚拟"。那么究竟使用了哪些方式、方法使 CAX 与其他的技术相融合并应用于制造业，是本小节将要讲述的内容。

① MBD（Model Based Definition，基于模型的定义）

MBD 是一个用集成的三维实体模型来完整表达产品定义信息的方法体，它详细规定了三维实体模型中产品尺寸、公差的标注规则和工艺信息的表达方法。MBD 改变了由二维工程图纸来描述几何形状信息的传统模式，采用以三维实体模型来定义尺寸、公差和工艺信息的分步产品数字化定义方法。同时，MBD 使三维实体模型作为生产制造过程中的唯一依据，改变了传统以工程图纸为主，以三维实体模型为辅的制造方法。（在第 5 章详细讲述）

MBD 技术应用案例如下：

波音 787 客机的研发、生产遍布世界多个国家和地区，零部件成千上万，如何设计、装配、调试？

如果采用基于文本格式的工程图纸设计、装配方式，设计、装配等生产环节将非常困难，如图 1-21 所示。

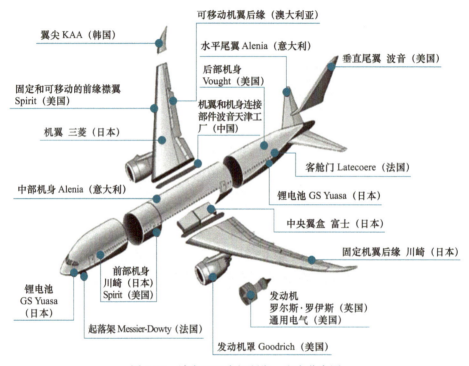

图 1-21　波音 787 客机研发、生产分布图

波音 787 首次应用 MBD 技术，建立了基于 MBD 的产品设计、工艺、制造、维护和交付的一体化工作模式，采用了准确、直观且经过定义的三维模型作为传递设计思想和生产依据的全数字化表达手段，实现飞机研制中的单一数据源、三维数据共享和真正的并行协同。

如图 1-22 所示，国内 C919 等飞机研制也已普遍采用 MBD 技术，提升了航空行业的快速设计、精益制造及设计制造协同研制的整体能力和水平。

MBD 是走出传统产品研发困境不可或缺的技术。传统产品研发模式存在诸多问题。例如在设计环节，缺乏完整、规范、准确的三维模型定义；三维模型中需要填写更多的零件基本信息；当三维模型在设计阶段发生更改时，无法及时传递至后续环节；企业内部全三维设计规范尚未建立；缺少研发过程协同与知识共享管理平台等。在工艺与制造环节，工艺与制造

图 1-22　C919 客机

部门难以方便快捷地获取和浏览所需要的三维模型,难以与设计环节开展并行协作;工艺部门难以充分利用三维模型的数据进行装配、加工、检验等工艺规程的制作以及工装设计;工艺、工装、检验等业务过程中基于三维模型产生的衍生数据无法得到统一、有效的管理;相关操作人员在生产现场无法基于三维模型的数据进行制造、装配、检验工作。

MBD 的运用是对以"二维图纸或二维图纸 + 三维模型"为依据进行数据传递的传统产品研发模式的巨大变革,其影响包括对产品设计、工艺设计、产品制造、质量检测等关键业务过程的影响,也包括对供应商、合作伙伴及客户之间的上下游协同的影响,还包括对标准化、档案、信息化等管理的影响。

基于模型的 MBD 技术,其标准、规范作为唯一的数据来源,贯穿于企业的设计部门、工艺部门、生产制造部门等,同时链接了价值链,贯穿于产品生命周期(见图 1-23)。是多种数字化技术的应用,是一种方法论。MBD 是装备制造业数字孪生的非常重要的基础和支撑技术。

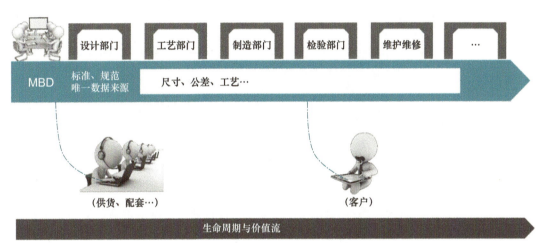

图 1-23 MBD 技术贯穿于产品生命周期

② MBSE(Model-Based Systems Engineering,MBSE,基于模型的系统工程)

系统工程(Systems Engineering,SE)是为了更好地实现系统的目的,对系统的组成要素、组织结构、信息流、控制机构等进行分析研究的科学方法。它运用各种组织管理技术,使系统的整体与局部之间的关系协调和相互配合,从而实现总体的最优运行。系统工程不同于一般的传统工程学,它所研究的对象不限于特定的工程物质对象,而是任何一种系统。它是在现代科学技术基础之上发展起来的一门跨学科的边缘学科。

中国航天之父、功勋科学家钱学森教授在 1982 年出版的《论系统工程》一书中对系统工程进行了定义:系统工程是组织管理系统的规划、研究、设计、制造、实验和使用的科学方法,是一种对所有系统都具有普遍意义的科学方法。

系统工程方法的主要特点是:

- 把研究对象作为一个整体来分析,分析总体中各个部分之间的相互联系和制约关系，使总体中的各个部分相互协调配合，服从整体优化要求；在分析局部问题时，是从整体协调的需要出发，选择优化方案，综合评价系统的效果。

- 综合运用各种科学管理的技术和方法，定性分析和定量分析相结合。
- 对系统的外部环境和变化规律进行分析，分析它们对系统的影响，使系统适应外部环境的变化。

系统工程是方法论，是思想，也是相关流程、方法和工具的集合，图 1-24 展示了系统工程的 V 形流程图。

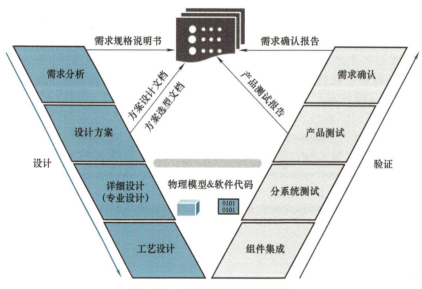

图 1-24　系统工程 V 形流程图

随着武器、航空航天等系统功能越来越强，产品的复杂度越来越高，交付期限越来越短，传统的系统工程模式使研发、制造、集成越来越难，处理复杂问题能力的提升速度跟不上系统复杂度的增速，新的系统工程工作模式的产生迫在眉睫。随着模型构建技术日渐完美，计算机算力遵从摩尔定律的发展，有限元方法、有限差分法、边界元方法、有限体积法的数值分析等工具日臻成熟，工程中所遇到的大量问题得以解决，在需求的推动下，MBSE 就诞生了。

MBSE 依然是系统工程，将传统系统工程中以人工为主的方式，转变为可全过程基于模型化、数字化表达和运行的方式，核心是"数字化模型+数字化过程"驱动的研发模式。

MBSE 同系统工程一样是一套方法论和流程体系，而不是特指某个工具或某些工具，其实现需要大量工具和流程集成协同服务，凡是符合 MBSE 思想的工具和流程，都可以成为构建 MBSE 体系的组成部分。

基于模型的系统工程（MBSE，Model-Based Systems Engineering）是一种使用模型作为系统信息的主要媒介来支持系统工程活动的方法。它的目的是提高系统的理解、设计、分析、验证和操作的效率和效果，通过创建、管理和利用系统模型来支持整个系统开发生命周期。MBSE 的实施通常遵循几个关键步骤和最佳实践，以确保其有效性和对组织目标的贡献。如图 1-25 所示,并遵从以下三大原则:统一建模语言和工具、研发过程中实现全过程虚拟验证,以及对模型和数据进行全生命周期管理。

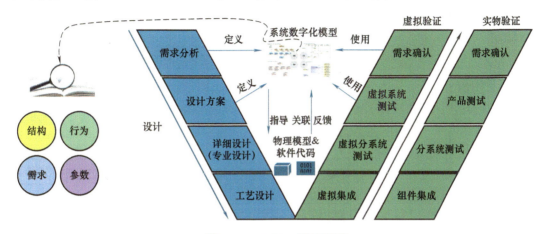

图 1-25　MBSE V 形流程图

数字化模型是实现 MBSE 的基础,具体包括:
- 系统需求模型:从需求文本格式向 SYSML[⊖]模型的转变。
- 总体设计模型:系统工程研发过程中,尤其是航天、兵器等传统以总体设计部门为牵引的研究院所中,总体设计参数是总体设计的核心,但往往只能以参数表、设计文档等方式传递和表达,并未实现数字化和模型化,导致总体设计模型无法进入 MBSE 过程。
- CAD/EDA 模型:CAD/EDA 模型是过去数十年模型化的核心,大部分企业已经实现了三维 CAD/EDA 参数化模型的构建,甚至过渡到了 MBD 的阶段,是当前最成熟的模型之一。
- 功能虚拟样机:用数学模型搭建的复杂系统模型,用来确认系统的功能可实现。
- 性能虚拟样机:解决性能模型的精确化、结构化问题,从而确保数字化可实施。
- 设计工艺性模型:打通设计制造一体化,利用面向 CAD 模型的 DFX 工艺检查软件系统,可以在 CAD 设计早期就完成数字化工艺性审查。
- 数字化加工模型:CAM 模型可以解决数字化加工模型的问题,该领域目前成熟度较高,可以做到基于 CAD 模型的全虚拟加工过程设计。

实施 MBSE 非常复杂,如图 1-26 所示,首先要分析需求和对其进行管理,然后对功能进行建模,对逻辑进行建模,对行为进行建模,以及变更管理等。

MBSE 和数字孪生两者都不是某种具体技术,而是多种技术集成应用的一种方法、流程,需要多种理论、技术作为支撑。

1957 年美国密歇根大学高德教授和迈克教授写了第一本《系统工程——大系统导论》,1965 年美国学者编写了《系统工程手册》,至此系统工程已经初步形成了比较完整的理论体系。MBSE 是在传统系统工程基本思想上采用"数字化模型+数字化过程"驱动。

⊖ SYSML(Systems Modeling Language)是一种对象管理组织确定的系统工程的标准建模语言。

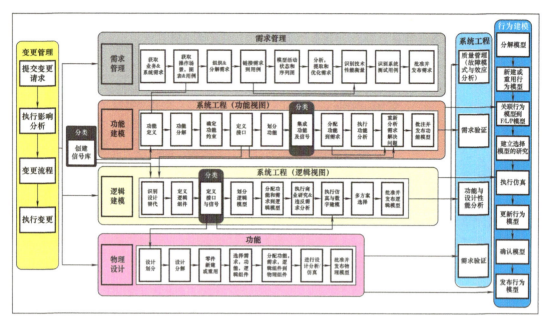

图 1-26　MBSE 完整流程图

数字孪生理论体系要比 MBSE 理论体系晚得多，MBSE 对数字孪生来讲是一种思想指导，确保数字孪生与最初确定的系统功能不会出现背离、偏差，并有助于确定数字孪生的成熟度和标准是否达到自适应、智能化的水平。

1.2 智能制造中的数字孪生

数字孪生不是一个具体的技术，而是数字化、仿真、通信、数据分析、人工智能等多种技术的融合应用，是方法论，是一种使能技术⊖。2021 年，由工业和信息化部、国家标准化管理委员会组织编制的《国家智能制造标准体系建设指南（2021 版）》正式发布，对国家智能制造的基础共性标准、关键技术标准、行业应用标准进行了说明，如图 1-27 所示。

具体而言，A 基础共性标准包括通用、安全、可靠性、检测、评价、人员能力六大类，位于智能制造标准体系结构的最底层，是 B 关键技术标准和 C 行业应用标准的支撑。

B 关键技术标准，主要聚焦于资源要素、系统集成、新兴业态、融合共享、互联互通等。

C 行业应用标准位于智能制造标准体系结构的最顶层，面向行业具体需求，对 A 基础共性标准和 B 关键技术标准进行细化和落地，指导各行业推进智能制造。

从这张智能制造标准体系结构图中可以看到，数字孪生是智能制造的关键技术，处于智能赋能技术之列，广泛应用于各行业的智能装备系统。

⊖ 使能技术具有多学科特性，一般而言是为完成目标而使用的一项或一系列技术的总称。

第1章 概 论

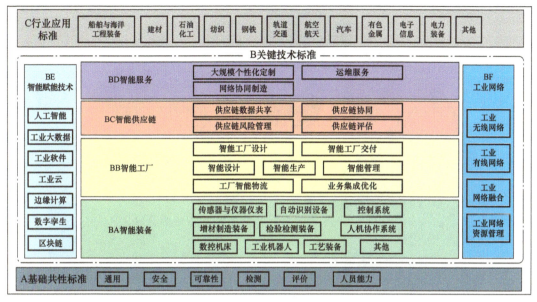

图1-27 智能制造标准体系结构图

1.2.1 数字孪生的价值视角

数字孪生具有使能技术的典型特征，在众多领域具有应用价值。

1. 数字孪生应用类别

如图1-28所示，数字孪生广泛应用于制造业、电力、健康医疗、石油天然气等众多行业。

美国NASA是世界上最早应用数字孪生技术的，用于航天器的设计、制造、运行控制、维修维护等。在生产制造领域，美国GE公司将数字孪生技术应用于航空发动机的引擎、涡轮，以及核磁共振设备的生产和制造过程中，让每一台设备都拥有一个数字孪生体，实现运维过程的精准监测、故障诊断、性能预测和控制优化。

在产品开发领域，英国劳斯莱斯汽车公司在设计和生产喷气发动机中，通过模拟物理对象在各种场景下的性能，验证产品的功能、安全性和质量，避免多个原型的重复开发，并降低了25%的燃油消耗率。

在系统集成领域，英国葛兰素史克公司将数字孪生技术用于疫苗研发及实验室的建设，使复杂的疫苗研发与生产过程实现完全虚拟的全程"双胞胎"监控，企业的质量控制开支减少13%，返工和报废成本减少25%，合规监管费用甚至减少了70%。

在产品销售领域，世界最大的轴承制造商瑞典SKF集团公司将数字孪生模型应用到分销网络中，模型包含800个库存单位的主要数据，使供应链管理人员能够基于数字孪生的可视化和完整视图，进行全球化供应链管理决策。

在城市管理领域，荷兰鹿特丹，利用该市的数字孪生系统，来改善基础设施维护、能源效率、道路和水上交通等。

数字孪生在智能制造中的工程实践

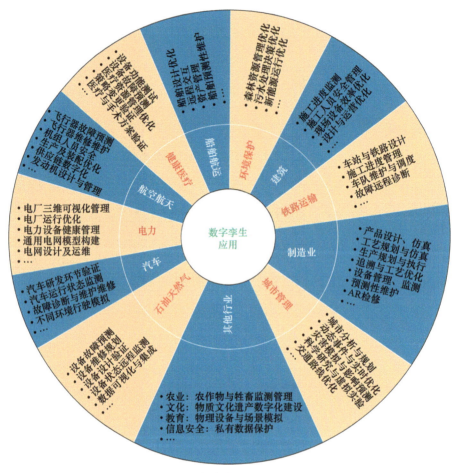

图 1-28 数字孪生应用的行业

在国内石化领域,中俄东线天然气管道工程,建成了全方位、全周期的监控"数字孪生体",为管道的运营运维、风险排查提供精准、实时的信息数据。成为中国"智能管道"的样板工程,实现了在统一的数据标准下开展科研、设计、采办和施工等生产活动。

2. 装备制造业数字孪生的功能

装备制造业是国民经济的核心,承担着为国民经济各部门提供工作母机、带动相关产业发展的重任,是工业的心脏和国民经济的生命线,是支撑国家综合国力的重要基石。数字孪生应用于装备制造业具有广阔的前景。

图 1-29 给出了数字孪生应用于装备制造业的价值视角,在产品研发阶段,利用数字孪生技术进行设计、虚拟调试;在产品制造阶段,进行工艺数字孪生和生产数字孪生;在设备运行阶段,利用数字孪生技术进行故障诊断和预测性维护等,提高产品质量和降低企业运营成本;利用数字孪生技术进行产品个性化定制,优化产品设计,对产品全生命周期进行管理和服务,增加盈利机会;数字孪生技术还可以优化资源配置,促进供应链的高效协同,提高工作效率,增强绩效。

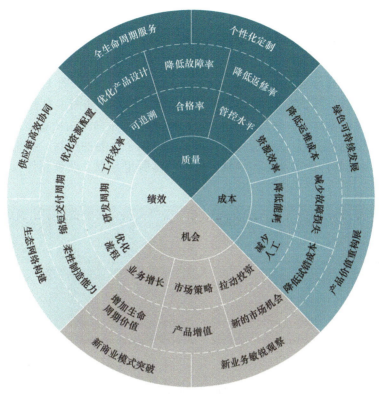

图 1-29 数字孪生应用于装备制造业的价值视角

数字孪生应用于装备制造业具有以下基本功能：
- 模型映射：建立实体的三维模型，运用装配、动画等方式模拟零部件的运动方式。模型映射是数字孪生的最底层技术。
- 监控和操控：数字孪生体实现对物理设备的监控和操控。实时获取监控系统的数据，实现故障预判和预测性维护。监控是数字孪生技术的基础应用，操控是数字孪生体对物理设备的闭环控制。
- 诊断：监控与诊断（预测）区别是，监控允许调整控制输入，系统获得响应，但在过程中无法改变系统自身的设计，而诊断允许调整设计输入，通过诊断找出设备发生偏离的根本原因。
- 预测：合理规划产品或设备，预测潜在风险。数字孪生体在虚拟的空间进行试验、调试，将最优的方案用于物理实体，以节约调试等方面的成本。

1.2.2 数字孪生的概念、模型和架构

在过去的几十年间，CAD/CAE/CAM 技术日臻成熟，模型从形似达到了神似的地步，实现完美虚拟。MBD 技术也随之出现，随着 MBD 的发展又诞生了 MBSE。在 MBSE 实施过程中产生了大量的空间模型、行为模型、数据模型，奠定了数字孪生产生的基础。

1. 起源

目前，普遍认为具有数字孪生功能的系统（那时还不能称为数字孪生，因为数字孪生概念还没有诞生）是出自一个"最成功的失败任务"。1970年4月11日NASA发射了阿波罗13号载人登月飞船，并对发射进行了电视全程直播，如图1-30所示。飞船在距离地球33万千米时，阿波罗13号二号氧气罐发生了爆炸。如图1-31所示，爆炸致使阿波罗13号主引擎严重损毁，突然之间失去了供电和维系生命的主要物质来源。电力系统被迫关闭，飞船缺少动力且无法保持舱内的热量。由于飞船的密封，航天员的视角受到了限制，只是看到舱内的警示灯不停地闪烁，具体哪里受损、严重到什么程度，航天员无法知晓。

图1-30　电视正在直播阿波罗13号登月

图1-31　阿波罗13号损毁状况

NASA在航天飞机设计、集成、运维这种非常复杂的系统工程中，在地面安装了15个模拟训练器，如图1-32所示，这些模拟训练器是阿波罗计划中非常复杂的技术组合，在航天员训练时，除机组人员、驾驶舱和指挥中心的人员外，其余的一切都是通过一个超级计算机群组和大量的算法，由众多的科学家、工程技术人员在计算机中"虚拟"出来的。

这些模拟训练器本身并不是一个完整的数字孪生系统。能让阿波罗13号任务如此与众不同，并被视为是世界上第一个数字孪生应用案例的原因在于，NASA使用了当时最先进的通信技术与阿波罗13号航天器中的各种设备及宇航员们持续保持联系，而这些通信数据则被地面控制人员用于快速修改、调整模拟训练器环境参数，以匹配现实中受损航天器的实际情况，经过四昼夜的反复试验，他们和宇航员共同探讨、筛选并完善出最终方案，成功地将宇航员安全带回地球，如图1-33所示。

图1-32　模拟训练器

图1-33　三位航天员回到地面

2. 数字孪生概念的提出

（1）镜像世界

1992年耶鲁大学的哥伦特（Gelernter）教授在《镜像世界》一书中描述了由计算机软件所定义的虚拟世界：它们是计算机屏幕上显示的代表真实世界的软件模型，海量的信息通过软件接口源源不断地涌入模型，如此多的信息使模型可以模拟现实世界每时每刻的状态。

（2）信息镜像模型

2003年密歇根大学迈克尔·格里夫斯（Michael Grieves）在产品生命周期管理（PLM）课程上提出了数字孪生概念的雏形——信息镜像模型，如图1-34所示，2011年在《智能制造之虚拟完美模型》中提出了虚拟空间里的虚拟产品，以及物理空间的物理产品与虚拟空间里虚拟产品信息和数据的交互。

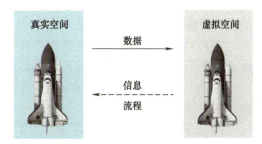

图1-34 信息镜像模型

虚拟产品的前提：
- 物理对象具有信息的等效性。
- 信息是被浪费的物理资源的替代品。
- 直到最后一刻，只要可能，用字节代替所用的实物。
- 产品在本质上具有双重性——它们既是物理的，也是虚拟的。
- 不断完善用于仿真的物理世界模型。
- 信息可以用来减轻风险。

信息镜像模型由3部分构成：真实空间、虚拟空间，以及真实空间与虚拟空间之间的信息和数据链接，如图1-34所示。

信息镜像模型应用的两种情况：
- 物理产品已存在，收集物理产品的数据，并创建虚拟产品。
- 物理产品不存在，创建一个虚拟产品，并利用虚拟产品的不同变化，以及不同形状、形态和行为的组合来进行实验，从而获取相关信息，在实际空间中创建物理产品。

（3）数字孪生概念的提出

美国空军实验室在2009年提出了"机身数字孪生"，2010年NASA在未来飞行器数字孪生范例技术报告中正式提出了数字孪生概念，并将其定义为"集成了多物理量、多尺度、多概率的系统或飞行器的仿真过程"。美国空军在2011年将数字孪生技术应用于飞行器健康管理。2012年，美国国家标准与技术研究院提出了MBD（基于模型的定义）和MBE（基于模型的企业），将数字孪生概念内涵扩展到产品的整个制造过程。2012年，美国国家航空航天局与美国空军联合发表了关于数字孪生的论文，指出数字孪生是驱动未来飞行器发展的关键技术之一。2012年，美国空军研究室在基于实施模型的系统工程（MBSE）的基础上，将数字孪生应用到战斗机维护中。

3. 数字孪生概念

数字孪生具有使能技术的典型特性，应用的国家、地区和行业对数字孪生的理解存在差异，加之这个技术真正应用还不到20年的时间，目前国际上还没有一个标准的定义。有关标准化组织、学术界、产业界对数字孪生根据各自的理解，对其进行了定义，现摘编如下：

陶飞教授：以数字化的方式建立物理实体的多维、多时空尺度、多学科、多物理量的动态虚拟模型来仿真和刻画物理实体在真实环境中的属性、行为、规则等。

维基百科：指在信息化平台内模拟物理实体、流程或者系统，类似于实体系统在信息化平台中的双胞胎。借助于数字映射，可以在信息化平台上了解物理实体的状态，甚至可以对物理实体里面预定义的接口元件进行控制。

美国国防采办大学：充分利用物理模型、传感器更新、运行历史等数据，集成多学科、多物理量、多尺度、多概率的仿真过程，在虚拟空间中完成映射，从而反映相对应的实体设备的全生命周期过程。

美国GE公司：数字孪生是资产和过程的软件表达，用于理解、预测和优化性能以改进业务产出。数字孪生体由三部分组成：数据模型、一组分析方法或算法，以及知识。

德国西门子公司：产品数字化、生产工艺流程数字化、设备数字化，数字孪生应完整真实地再现整个企业。

数字孪生的概念是随着应用行业扩充演变的，因技术的局限性和成本等诸多因素，最初应用于航天、军工企业。2011年以后，随着多种技术的不断发展、成熟和工业软件的不断完善，实施数字孪生对工程技术人员的要求有所减低，实施成本可以接受，数字孪生才在更多的领域得以应用。

尽管数字孪生的概念不断演变，但基本要素还是保持一致的，主要还是物理空间、虚拟空间，以及真实空间与虚拟空间之间的信息和数据链接。主要底层技术包括以下几个方面：

- 对物理空间中设备、系统、环境等进行建模、渲染、仿真的能力。
- 物理空间中基于物联网等技术采集、传输数据，并基于云计算、大数据、AI进行分析和服务的能力。
- 连接物理空间和虚拟空间的互动和反馈能力。

4. 数字孪生概念模型、概念体系架构（生产流程型）

数字孪生不同于以传感器为基础的物联网，其真正的价值在于建立物理世界与信息世界准实时的连接。数字孪生用于复杂装备、系统，与用于生产流程所要实现的目的是不同的，数字孪生应用于生产流程的目的是通过获取的数据和对数据进行的一系列分析，识别出物理世界的生产流程在哪些环节出现异常，并对异常进行分析，根据分析的结果对生产流程进行改进。

（1）生产流程⊖型数字孪生概念模型

如图1-35所示，生产流程型数字孪生概念模型，包括传感器、数据、集成、分析和促动器。

⊖ 生产流程是指从原料投入到成品产出，通过一定的设备按顺序连续地进行加工的过程。也指产品从原材料到成品的制作过程中要素的组合。

① 传感器：配置在生产流程中的多种传感器，可以发出信号，数字孪生体通过信号获取到实际生产流程中相关的运营和环境数据。

② 数据：通过传感器获取的企业实际运营和环境数据，经过聚合后与物料清单、企业系统、设计规范以及图纸等这些企业数据合并。

③ 集成：传感器通过集成技术（包括边缘、通信接口和安全）使物理世界与虚拟世界之间进行数据传输。

④ 分析：利用分析技术进行算法模拟和可视化处理，分析数据，并提供洞见。

⑤ 促动器：根据洞见，确定所采取的实际行动，数字孪生体在人工干预的情况下，通过促动器开展实际行动。

图 1-35 生产流程型数字孪生概念模型

（2）生产流程型数字孪生概念体系架构

概念体系架构是指设计数字孪生系统的流程所必需的步骤，如图 1-36 所示。下面以设计一个生产流程的数字孪生系统为例讲述，这个流程的基本原则适用于任何数字孪生系统。

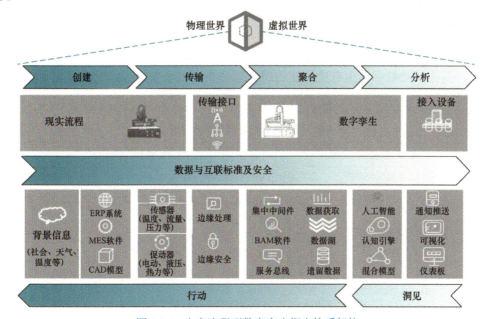

图 1-36 生产流程型数字孪生概念体系架构

① 创建：利用工业软件或计算机语言等工具构建空间模型和行为模型，完成模型的创建。生产流程配备大量的传感器，用于检测生产过程以及生产流程所处的环境的关键数据。传感器检测的数据大体来自两类：生产性资产的物理性能标准的有关操作数据，比如位移、力矩等；影响生产流程的环境数据，比如环境温度、湿度、压力等。

将传感器检测到的数据，利用编码器转换为数字信息，传输给数字孪生体。传感器的信号可以利用 MES（制造执行系统）、ERP（企业资源计划）、CAD 模型等进行增强，可以为数字孪生系统提供大量的、持续更新的数据，用于分析。

② 传输：物理实体或过程与数字孪生体之间进行数据的无缝、实时传输、互联。传输包含了边缘处理、传输接口和边缘安全这三大技术。

③ 聚合：将获取的数据存入数据库中，数据聚合、处理可以在数据库中也可以在云端，以便于数据分析。

④ 分析：利用数据分析平台或技术，对数据进行分析，并对其进行可视化处理，发掘洞见，并引导决策。

⑤ 洞见：数据分析工具发掘的洞见通过仪表盘中的可视化图表列示，以一个维度或多个维度显示数字孪生模型与物理世界类比中物理性能不可接受的差异（各层级），标明需要调查或更正。

⑥ 行动：洞见经过解码，进入物理实体或流程负责移动或控制机制的促动器，或者在管控供应链和订单后端系统中进行更新。在这种干预下，完成物理实体或流程与其数字孪生体闭环连接。

5. 数字孪生标准体系框架的研究

（1）有关国际组织对数字孪生研究的立项

自 2015 年起，美国工业互联网联盟和 ISO、IEC、IEEE 等国际标准化组织，从各自的领域或层面出发，先后对数字孪生标准体系框架、概念、术语等标准方面的研究进行了立项，如表 1-2 所示。表中所示数字孪生有关标准的立项，是以制造和智慧城市为切入点的，其他领域数字孪生有关标准的研究还很少，数字孪生整体的标准化研究目前还处于初级阶段。

表 1-2　国际组织数字孪生标准研究立项

年　　份	组织名称	工作概述
2015	美国工业互联网联盟	启动工业数字线程测试床项目
2017	ISO/TC 184 SC4 韩国电子通信研究院	ISO 23247《面向制造的数字孪生系统框架》标准立项
2018	美国工业互联网联盟	成立"数字孪生互操作性"任务组
2019	ISO/ITC 184	成立数字孪生数据架构特别工作组 AHG2
2019	IEEE	IEEE 2806《智能工厂物理实体的数字化表征系统架构》标准立项
2019	ISO/IEC JTC1	发布《数字孪生技术趋势报告》，成立数字孪生资讯组 AG11
2019	ISO/IEC GWJ 21	成立 TF8 "数字孪生资产管理壳"任务组
2019	ISO/ITC 184 SC4	ISO TR 24464《自动化系统和集成工业数据—数字孪生的可视化组件》立项
2020	美国工业互联网联盟	发布《数字孪生在工业行业的应用白皮书》，以及与德国工业 4.0 联合发表《数字孪生与资产管理壳的概念与在工业互联网和工业 4.0 中的应用白皮书》
2020	美国数字孪生联盟	联盟成立并着手创建跨行业的数字孪生参考架构和定义
2020	德国工业数字孪生协会	协会成立并着重开发数字孪生开源解决方案
2020	国际电信联盟 ITU—TSG17	智慧城市领域《智慧城市数字孪生系统安全机制》标准立项

(续)

年 份	组织名称	工作概述
2020	国际电信联盟 ITU—TSG17	智慧城市领域《智慧社区安全机制》标准立项
2020	IEEE	IEFE 2806.1《工厂环境中物理对象数字表示的连接性要求》标准立项
2020	ISO/IEC JTC1	AWI 5618《数字孪生概念和术语》和 AWI 5719《数字孪生应用案例》两项国际标准立项

（2）数字孪生理论研究与应用实践中的困境

北京航空航天大学陶飞教授团队，发表了"数字孪生标准体系探究"一文，该团队在多年的理论研究与应用实践中，发现数字孪生存在以下问题：

- 缺乏数字孪生相关术语、系统架构、适用准则等标准的参考，导致不同用户从不同的应用维度与技术需求层面出发，对数字孪生有不同的理解与认识，从而造成数字孪生研究和落地应用过程中存在交流困难、集成困难、协作困难等问题。
- 缺乏数字孪生相关模型、数据、连接与集成、服务等标准的参考，导致在数字孪生关键技术实施过程中，存在模型间、数据间、模型与数据间、系统间集成难、一致性差、兼容性低、互操作难等问题，造成新的孤岛。
- 缺乏相关适用准则、实施要求、工具和平台等标准的参考，在相关行业/领域实施数字孪生过程中，用户或企业不知如何使用数字孪生。

（3）数字孪生标准体系框架

陶飞教授团队对数字孪生标准体系架构（框架）进行了探究，如图 1-37 所示，体系架构分为 6 个部分。

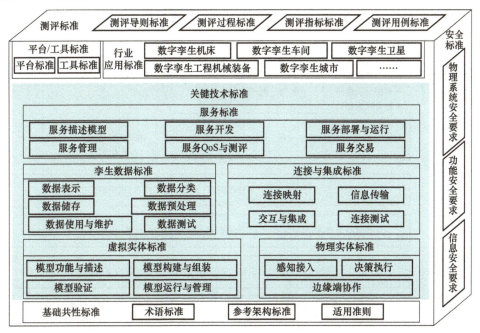

图 1-37　数字孪生标准体系框架

① 基础共性标准：包括术语标准、参考架构标准、适用准则三部分，关注数字孪生的概念定义、参考框架、适用条件与要求，为整个标准体系提供支撑作用。

② 关键技术标准：包括物理实体标准、虚拟实体标准、孪生数据标准、连接与集成标准、服务标准五部分，用于规范数字孪生关键技术的研究与实施，保证数字孪生实施中的关键技术的有效性，破除协作开发和模块互换性的技术壁垒。

③ 平台/工具标准：包括平台标准和工具标准两部分，用于规范软硬件平台/工具的功能、性能、开发、集成等技术要求。

④ 测评标准：包括测评导则标准、测评过程标准、测评指标标准、测评用例标准四部分，用于规范数字孪生体系的测试要求与评价方法。

⑤ 安全标准：包括物理系统安全要求、功能安全要求、信息安全要求三部分，用于规范数字孪生体系中的人员安全操作、各类信息的安全存储、管理与使用等技术要求。

⑥ 行业应用标准：考虑数字孪生在不同行业/领域、不同场景应用的技术差异性，在基础共性标准、关键技术标准、平台/工具标准、测评标准、安全标准的基础上，对数字孪生在机床、车间、卫星、发动机、工程机械装备、城市、船舶、医疗等具体行业应用的落地进行规范。

1.2.3 制造业数字孪生技术体系框架

制造业数字孪生技术并不是一项新技术，它集成、融合了多种数字化技术，其中包含数字支撑技术、数字线程、数字孪生体、人机交互四大类，如图1-38所示。数字支撑技术和人机交互是基础技术，数字孪生体技术和数字线程是核心技术。

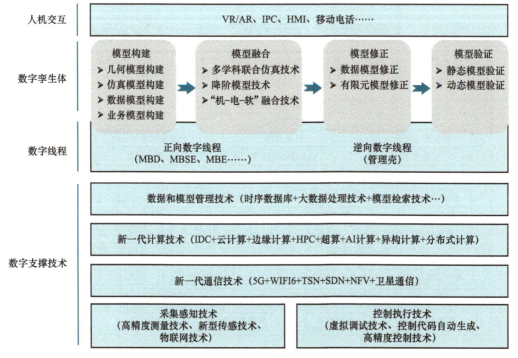

图1-38 制造业数字孪生技术体系

第 1 章 概　论

1. 数字支撑技术

包括控制执行技术、采集感知技术、新一代通信技术、新一代计算技术、数据和模型管理技术。其中，采集感知技术是制造业数字孪生发展的原动力，使数字孪生体能够实时、准确地获取物理实体的数据，对数据进行聚合、分析。

2. 数字线程

也有翻译为数字主线，是数字孪生非常关键的核心技术，美国国防部则是将数字线程作为数字制造最关键的基础技术。数字线程是一个通信框架，主要是为解决公司内部、价值链（所谓的利益攸关者）信息、数据断层、信息孤岛问题，一个零件、部件、设备或者系统的数字线程贯穿于产品全生命周期。

正向数字线程包括 MBD（基于模型的定义）、MBSE（基于模型的系统工程）、MBE（基于模型的企业）等，逆向数字线程中的"管理壳"是工业 4.0 中的一个非常重要的概念，是将一个或一组资产进行数字化表示，描述的信息包括特征、特性、属性、状态、参数、测量数据和能力等诸多方面。

3. 数字孪生体

是物理实体在虚拟空间里的数字化表示，数字孪生体需要完美的虚拟物理实体，包含四个部分，分别是模型构建、模型融合、模型修正和模型验证。

（1）模型构建

模型构建是数字孪生体技术体系的基础，各类建模技术的不断创新，加快提升了对孪生对象外观、行为、机理规律等的刻画效率。

（2）模型融合

在模型构建完成后，需要通过多类模型"拼接"打造更加完整的数字孪生体，而模型融合技术在这一过程中发挥了重要作用，重点涵盖了跨学科模型融合技术、跨领域模型融合技术、跨尺度模型融合技术。

（3）模型修正

模型修正技术基于实际运行数据持续修正模型参数，是保证数字孪生不断迭代的重要技术，涵盖了数据模型实时修正、机理模型实时修正技术。

（4）模型验证

模型验证技术是孪生模型由构建、融合到修正后的最终步骤，唯有通过验证的模型才能够安全地下发到生产现场进行应用。当前模型验证技术主要包括静态模型验证技术和动态模型验证技术两大类，通过评估已有模型的准确性，提升数字孪生应用的可靠性。

4. 人机交互

人机交互是指利用 VR（虚拟现实）、AR（增强现实）提升可视化效果，以实现数字孪生体完美虚拟物理实体。

1.2.4　建模的相关工具

数字孪生体需要构建虚拟模型，包括几何模型、物理模型、行为模型和规则模型，在虚拟空间里再现物理实体的几何形状、属性、行为和规则。构建模型需要使用工业软件或计算机语言，根据需要或自身的掌握状况选择工具，如图1-39所示。

1. 几何模型构建工具

几何模型构建工具用于描述物体的形状、大小、位置和装配关系，并以此为基础执行结构分析和生产计划。例如，SolidWorks可用于建立CNC机床性能测试的数字孪生模型。3D Max是用于3D建模、动画、渲染和可视化的软件，可用于塑造和定义详细的环境和对象（人、环境或事物），并广泛用于广告、电影电视、工业设计、建筑设计、3D动画、多媒体制作、游戏和其他工程领域。

图1-39 构建模型的相关工具

2. 物理模型构建工具

物理模型构建工具用于通过将物理实体的物理特性赋予几何模型来构建物理模型，再通过该物理模型分析物理实体的物理状态。例如，通过ANSYS的有限元分析（FEA）软件，传感器数据可用于定义几何模型的实时边界条件，并将磨损或性能下降数据集成到模型中。Simulink是使用多域建模工具创建基于物理的模型，它基于物理的建模涉及多个模型，包括机械、液压和电气组件。

3. 行为模型构建工具

行为模型构建工具用于建立响应外部驱动和干扰因素的模型，并提高数字孪生功能仿真服务的性能。例如，基于软PLC平台CoDeSys，可以设计CNC机床的运动控制系统。运动控制系统可以通过套接字通信与在软件平台 MWorks 中建立的三轴 CNC 机床的多域模型进行信息交互,从而实现数控机床单轴和三轴插值的运动控制。此外,多域模型可以响应外部驱动。

4. 规则模型构建工具

规则模型构建工具可以通过对物理行为的逻辑、规律和规则进行建模来提高服务性能。例如,PTC 的 ThingWorx 在 HP EL20 边缘计算系统上的机器学习能力可以监视传感器,以在泵运行时自动获知泵的正常状态。基于学习到的规则,数字孪生可以识别异常运行状况,检测异常模式并预测未来趋势。

1.3 数字孪生与其他相关技术的关系

数字孪生是多种技术集成应用的一种方法、流程,需要多种理论、技术作为支撑,多种新技术的不断涌现和发展又会引发生产方式、管理方式的质变。数字孪生与多种技术具有千丝万缕的联系,了解它们之间的关系,对于理解概念、体系架构有一定的必要性。

1.3.1 数字孪生与仿真技术

仿真技术是数字孪生的重要支撑技术,是利用仿真软件构建仿真模型,用包含确定性的规律和完整的机理模拟物理世界,反映物理世界特性和参数的一种方法,仿真模型是以离线的方式来模拟物理世界的设备、流程。

数字孪生是借助历史数据、实时数据,以及算法模型等,模拟、验证、预测控制物理实体全生命周期的技术手段。数字孪生体与物理实体建立实时连接,使数字孪生体与物理实体同步交互。数字孪生体采集物理实体的设备、流程、工艺和环境等数据,并进行数据分析以达成对物理实体状态的感知、诊断和预测,实现数字孪生体与物理实体的闭环,而仿真技术并不具有上述功能。

1.3.2 数字孪生与信息物理系统(CPS)

数字孪生是智能制造的赋能技术,大多情况下学习数字孪生是在智能制造的框架下。在有关智能制造的教材或书籍中会讲述信息物理系统(CPS),也会涉及工业 4.0。CPS 与智能制造、工业 4.0、数字孪生具有不可分割的属性联系,有必要对 CPS 进行一定的了解。

1992 年 NASA 提出了 CPS 概念,2006 年美国国家自然科学基金会的海伦、吉尔将 CPS 定义为:CPS 在物理、生物和工程系统中,操作是相互协调的、互相监控的和由计算核心控制着每一个联网的组件,计算被深深嵌入每一个物理成分,甚至可能进入材料,这个计算的核心是一个嵌入式系统,通常需要实时响应,并且一般是分布式的。

2015 年 3 月德国推出了工业 4.0 参考框架模型(RAMI4.0),在本书 1.1.4 节中对模型的三个维度已进行了相关介绍,如图 1-19 所示,工业 4.0 认为第三个维度的核心技术就是 CPS。

CPS 研究的前身是人工智能中的智能主体，智能主体是一种自治软件系统。自治的主体处在环境中，同时又是环境的一部分，持续地按照自身的进程来感知环境并作用于环境，如图 1-40 所示。

如图 1-41 所示，CPS 强调物理世界中的产品或者设备具有多种传感器，将传感器收集到的数据发送到云端。在云端建立产品或设备的"虚拟世界"，也可以称之为"数字世界"，对产品或设备进行模拟、预测等运算。由于传感器采集数据类型、数量比较大，是属于"大数据"范畴。在云端可以利用的数据，不限于这些传感器的数据，同时也要与产品或设备的"交易数据"混合起来，形成"智能数据"，从而再做出更加全面、及时的决策，最终对产品或设备发出动作指令。这种数据的收集，并不局限在工厂内部，在工厂的上下游同样也会收集数据，并发出指令，推动整个工厂，以及上下游的运作。

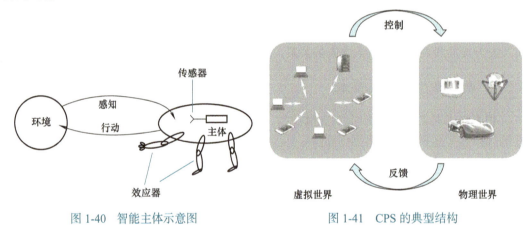

图 1-40　智能主体示意图　　　　图 1-41　CPS 的典型结构

图 1-42 展示了 CPS 五层级结构。自下而上具体为：

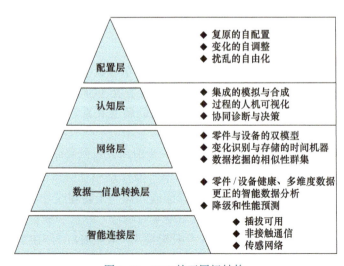

图 1-42　CPS 的五层级结构

- 智能连接层：获取准确可靠的数据，数据可以从传感器、控制器获得，也可以从 MSE、ERP、SCM 等获得。
- 数据—信息转换层：获取的信息必须是有意义的。
- 网络层：中央信息连接作用。
- 认知层：实施 CPS 会对被监控的系统产生完整的知识。
- 配置层：网络空间对物理空间的反馈，目的是监管控制，让设备、系统做出自配置、自适应。

CPS 与数字孪生都关注物理世界、虚拟世界，以及虚拟世界与物理世界的连接、控制，都是利用数字化手段为现实世界服务，这点是相同之处。区别之处是 CPS 侧重于理论，数字孪生倾向于工程，可以理解为数字孪生构建是 CPS 实现的使能技术基础，是 CPS 实现的物化体现。

CPS 从复杂程度来讲要远远高于数字孪生。在工程实践中，CPS 适合于复杂的系统，一般工程师难以掌握和实施，所以自 2006 年美国国家科学基金会提出 CPS 概念，至 2016 年美国 21 世纪 CPS 教育委员会发布"美国信息物理系统教育规划报告"的 10 年以后，美国科技界、工程研究就很少提及 CPS 了。

1.3.3 数字孪生与数字线程

数字线程不是一个软件、产品，也不是解决某类问题的一种具体的技术，而是一种方法论、概念或者思想。概念的提出与美国国防部、军方密切相关，数字线程与数字孪生如影随形。2013 年 6 月，美国在"全球科技愿景报告"中首次提出了数字线程概念。

数字线程是利用先进建模和仿真工具构建的，覆盖产品全生命周期与价值链，从基础材料、设计、工艺、制造以及使用维护全部环节，集成并驱动以统一的模型为核心的产品设计、制造和保障的数字化数据流。根据美国空军对数字线程的定义（2013 年），数字线程是指在武器装备系统研制过程中，通过一种基于物理的技术描述，可以对武器装备系统当前和未来具备的能力进行动态的、实时的评估，辅助完成能力规划及分析、产品初步设计、详细设计、生产制造、运营维护过程中的诸多问题的决策。

数字线程的目标是在正确的时间将正确的信息传递给利益攸关者，使生命周期内各环节的模型及时进行关键数据的双向沟通，如图 1-43 所示。

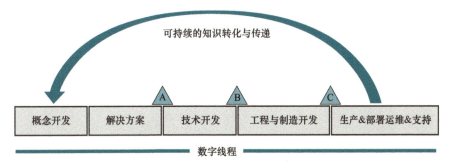

图 1-43　数字线程贯穿于生命周期

数字线程为产品数字孪生提供访问、整合和转换能力，贯通产品生命周期和价值链。数字线程可实现产品生命周期各阶段间的模型和关键数据的双向交互，使产品生命周期内各阶段的模型保持一致。

1.3.4　数字孪生与工业4.0的管理壳

数字孪生起源于美国，工业4.0管理壳起源于德国，两者的发展路径也有所不同。数字孪生的思想主要来自于MBSE（基于模型的系统工程），数字孪生的诞生源于CAD模型。管理壳则是从资产入手发展起来的一套建模语言和建模工具，通过I4.0通信使得部件、设备等每一项资产之间可以建立通信连接和交互操作，管理壳伴随资产的全生命周期（见图1-6），资产是物理部分，管理壳是数字部分，通过I4.0实现通信连接。

数字孪生与管理壳体现了美国与德国在工业文化上的差异，管理壳所重视的是互联互通、即插即用，数字孪生侧重的是功能的实现。同时在数字孪生和管理壳的"背后"都"隐藏"着很多标准，这些标准体现的是利益。不过，"数字孪生"与"管理壳"也有合作，德国2019年3月19日发布了"工业4.0管理壳详解"，表述管理壳是数字孪生的体现和描述，2020年美国工业互联网联盟与工业4.0平台联合发表了"数字孪生与资产管理壳的概念与在工业互联网和工业4.0中的应用白皮书"。

虽然两种有不同的思维，但其实质上都是一种工业文化的延伸。二者的进一步融合，目前看已是明显的趋势。

1.4　习题

1．简述在复杂装备数字孪生系统设计、集成中，MBD与数字孪生之间的关系。

2．数字孪生是以数字化的方式建立物理实体的多维、多时空尺度、多学科、多物理量的动态虚拟模型来仿真和刻画物理实体在真实环境中的属性、行为、规则等（陶飞教授对数字孪生的定义），所强调的是数字映射。工业4.0也是强调物理世界进入信息世界的数字映射，工业4.0数字映射的基本思想是管理壳，简述数字孪生与管理壳的异同。

3．简述数字孪生属于智能制造三个基本范式中的哪个范式？并说明理由。

4．简述仿真技术与数字孪生的异同。

第 2 章
数字孪生系统工程化设计

　　本章将探讨数字孪生在产品全生命周期中的关键作用及其在不同制造业领域的分类。在数字孪生的工程化设计过程中,我们将学习程序性知识,这些知识需要在实际情境中加以应用,以实现知识的迁移和工程能力的提升。为此,我们将建立系统的概念,根据系统功能需求设计相应的技术架构。模型作为数字孪生的基石和核心,其构建理论及所使用工具也将是本章的重要内容。通过本章的学习,我们将更好地理解和应用数字孪生技术,推动制造业的智能化发展。

本章目标

- 理解数字孪生在产品生命周期各阶段(产品协同开发、生产制造、售后)的主要功能。
- 了解程序性知识与陈述性知识的关系,理解知识迁移能力属于工程能力。
- 理解情景依赖和解决过分的情景依赖。
- 理解"系统"的概念和内涵。
- 理解、掌握模型构建的基本理论。

数字孪生属于使能技术，使能技术一般是指为完成目标而使用的一项或一系列的具有多学科特性的、应用面广泛的技术总称。使能技术也可以理解为是一种方法论。数字孪生具有使能技术的典型特征，介于理论研究和工程应用之间，属于应用研究的范畴，侧重于工程应用。不同领域对数字孪生的应用和理解存在很大差异，比如，制造业和城市管理对数字孪生的概念理解是不同的，架构的差异就更大了，这些是学习数字孪生工程化设计所应该了解的。

数字孪生的"鼻祖"迈克尔·格里夫斯教授在《智能制造之完美虚拟模型：创新驱动与精益产品》一书中论述，虚拟产品有两种情况。第一种是物理产品已经存在，收集物理产品的数据，并创建虚拟产品；第二种情况是物理产品不存在，创建一个虚拟产品，并利用虚拟产品的不同变化以及不同形状、形态和行为的组合来进行实验，从而获取相关信息，以便在实际空间中创建物理产品。本书所采用的案例属于第一种情况，即依据已经存在的物理产品来创建其虚拟产品。而对于第二种情况，学习数字孪生是为了设计、制造、集成目前尚未存在的产品或系统，这体现了数字孪生在创新方面的重要作用。

本章及以后章节所进行的数字孪生系统工程化设计，是对物理世界已经存在的一套系统的数据、信息进行抽取，使用 CAD 等多种工业软件，创建这套系统的虚拟模型，虚拟模型包括空间模型和行为模型。

空间模型是物理产品自身的几何表示，是产品构成对象。行为模型是产品行为的逻辑或数学表示，即产品是如何动作的。

行为模型的构建必须要遵守内聚原则：虚拟产品与物理产品在遵从客观世界物理定律方面应当是一致的，当客观物理定律作用于物理产品上时，所对应的虚拟产品必须依靠软件系统实现与物理产品相同的内聚关联，也就是虚拟产品必须与物理产品实时、同步。

2.1 数字孪生与产品生命周期

数字孪生将第三次工业革命以来的多种技术集成为一个数据模型，包含了产品生命周期内的自动化技术、数字化技术、生产组织、管理技术等。数字孪生贯穿于产品生命周期，产品协同开发阶段属于产品数字孪生，制造生产阶段属于生产数字孪生，产品离开工厂后的阶段属于设备数字孪生，如图 2-1 所示。

图 2-1 数字孪生贯穿于产品生命周期

2.1.1 产品数字孪生

产品设计阶段数字孪生可以提高设计的准确性,并验证产品在真实的物理环境中的性能。产品数字孪生阶段关键技术包括:

- 数字模型设计:使用 CAD 工具开发出满足技术规格的虚拟原型,精确记录各种物理参数,需要以可视化的方式展现出来,并需要以一系列的手段验证设计的精度。
- 模拟和仿真:通过一系列可重复、可变参数、可加速的仿真实验,来验证产品在不同外部环境下的性能,在设计阶段就可以验证产品的适应性。

产品数字孪生以需求为前提,建立在 MBSE(基于模型的系统工程)产品研发模式的基础上,实现"需求定义、系统仿真、功能设计、逻辑设计、物理设计、设计仿真、实物实验"的全过程闭环管理,进一步细化为:

- 产品系统定义:包括产品需求定义、系统框架建模与验证、功能设计、逻辑定义、可靠性、设计五性(可靠性、维修性、安全性、测试性、保障性)分析、失效模式和影响分析等。
- 结构设计仿真:包括机械结构模型构建、多专业和学科仿真分析(涵盖机械系统的强度、应力、振动、噪声、散热、运动、灰尘、湿度等方面的分析)、多学科联合仿真(包括流固耦合、热电耦合、磁热耦合以及磁热结构耦合等)以及半实物仿真等。
- 3D 创成式设计:根据一些起始参数通过迭代并调整确定一个优化模型。拓扑优化是对给定的模型进行分析,一般是根据边界条件进行有限元分析,再对模型变形或删减来进行优化,这是一个人机交互、自我创新的过程。根据输入者的设计意图,通过"创成式"系统,生成潜在的可行性设计方案的几何模型,再进行综合对比,筛选出设计方案推送给设计者进行最后的决策。
- 电子电气设计与仿真:包括电子电气系统的架构设计和验证、电气连接设计和验证、电缆和线束设计和验证等。相关仿真包括电子电气系统的信号完整性、传输损耗、电磁干扰、耐久性、PCB 散热等方面的分析。
- 软件设计、调试与管理:包括软件系统设计、编码、管理、测试等,同时支撑软件系统全过程的管理与 Bug 闭环管理。
- 设计全过程管理:包括系统工程全流程的管理和协同,设计数据和流程、设计仿真和过程、各种 MCAD/ECAD/ 软件设计工具和仿真工具的整合应用和管理。

2.1.2 生产数字孪生

生产数字孪生的主要目的是确保产品可以高效、高质量和低成本的生产,所要设计、仿真和验证的对象主要是生产系统,包括制造工艺、设备、车间和管理控制系统等。数字孪生可以加快产品导入时间,提高产品设计的质量,降低产品的生产成本以及提高产品交付速度。

生产数字孪生是一个高度协同的过程，通过数字化手段构建的虚拟生产线，将产品本身的数字孪生同生产设备、生产过程等其他形态的数字孪生高度集成起来。具体来说，生产数字孪生的功能包括以下几个方面。

> 工艺过程定义：将产品信息、工艺过程信息、工厂产线信息和制造资源信息通过架构化模式组织管理，实现产品制造过程的精细化管理。同时基于产品工艺过程模型信息进行虚拟仿真验证，为制造系统提供排产准确的输入。

> 虚拟制造评估——人机/机器人仿真：基于一个虚拟的制造环境来验证和评估装配制造过程和装配制造方法，通过产品 3D 模型和生产车间的现场模型，可以进行机械加工车间的数控加工仿真、装配工位级人机仿真、机器人仿真等提前虚拟评估。

> 虚拟制造评估——产线调试：由于数字化工厂柔性自动化生产线建设投资巨大、周期长、控制逻辑复杂，现场调试工作量大，因此非常有必要在生产线正式生产、安装、调试之前，在虚拟环境中对生产线进行模拟调试，解决生产线规划、干涉、PLC 的逻辑控制等问题。同时，在综合加工设备、物流设备、智能工装、控制系统等各种因素中全面评估生产线的可行性。对于生产周期长、更改成本高的机械结构部分，采用在虚拟环境中进行展示和模拟；而对于易于构建和修改的控制部分，则采用由 PLC 搭建的物理控制系统实现。具体而言，由实物 PLC 控制系统生成控制信号，虚拟环境中的机械结构作为受控对象，模拟整个生产线的工作过程，从而发现机械结构和控制系统的问题，在物理样机建造前予以解决。

> 虚拟制造评估——生产过程仿真：产品生产之前，可以通过虚拟生产的方式来模拟不同产品、不同参数、不同外部条件下的生产过程，实现对产能、效率以及可能出现的生产瓶颈等问题的预判，从而加速新产品导入的过程；将生产阶段的各种要素，如原材料、设备、工艺配方和工序要求，通过数字化的手段集成在一个紧密协作的生产过程中，并根据既定的规则，自动完成在不同条件组合下的操作，实现自动化的生产过程；同时记录生产过程中的各类数据，为后续的分析和优化提供依据。

> 关键指标监控和过程能力评估：通过采集生产线上的各种生产设备的实时运行数据，实现全部生产过程的可视化监控，并且通过经验或者机器学习建立关键设备参数、检验指标的监控策略，对出现违背策略的异常情况及时进行处理和调整，实现稳定并不断优化的生产过程。

2.1.3 设备数字孪生

在这个阶段，生产商的产品已经转换为客户的设备，设备数字孪生大多情况下应该是以客户为主。通过多种传感器采集设备、工艺、流程和环境数据，采集的数据可以传送至数据库、云端，以进行设备运行优化、故障诊断、可预测性维护和保养等。设备数字孪生具有以下主要功能：

> 设备运行优化。

> 可预测性维护、维修和保养：传统的间歇性中断维护、修复成本高昂，采用数字孪生通过对设备运行数据持续的采集和智能分析，开辟了全新的维护方式。用数字孪生技术预测维护机器和工厂的最佳时间，并提供各种方式，以提高机器设备和工厂的效率。预测性服务将机器设备的运行数据通过机器学习等智能算法转化为智能数据。利用数字孪生技术洞察机器设备和工厂的状况，在问题没有发生以前，对异常和偏离阈值的情况快速做出响应。

> 设计、工艺与制造迭代优化：复杂产品的工程设计极其困难，产品团队必须将电子装置和控件集成为人机系统，既要使用新的材料和制造流程，以满足更加严格的法规，又必须在更短的期限内和在预算的约束条件下交付创新产品。基于上述原因，开发流程必须具有预测性，使用数字孪生技术，驱动设计并使其与产品保持同步进化。

2.2 工程化实践中的情景依赖

数字孪生工程化设计中需要情景依赖，使用情景作为系统需求的表示，改善开发者与用户间的沟通。为理解上述问题，介绍一个教学中的案例，以下是 Won 教授的讲述：

> **他们竟然说懂得！**
>
> 近来我首次上"决策科学中的研究方法"这门课。第一天上课，我问学生在统计学导论中已经学过了哪些统计检验方法，因为这些方法是学习我这门课的前提。他们列了份相当标准的清单，包含了 T 检验、卡方检验、方差分析等。根据他们的反馈我确信自己布置的第一次作业处于合适的水平，因为这份作业只是简单地要求学生根据给出的数据资料，恰当地选择和应用自己所学过的统计检验方法，分析数据并解释结果。这看上去是相当基础的任务，但他们交上来的东西还是让我相当吃惊。有些学生选择了完全不适合的检验方法，有些学生选择了正确的方法但全然不知怎么用，还有些不能解释数据处理结果。我不能理解，为什么他们告诉我懂得这些统计检验方法，但实际做起来，大多数人根本没有头绪。
>
> ——Soo Yon Won 教授

Won 教授很困惑，她假定学生已经在前置课程中学习并掌握了基本的统计技能（对本书而言，就是学生已经学习并掌握了数字孪生系统设计所需要的三维建模、网络和通信、数据分析等理论、架构、流程等），这些假定已经被学生自我报告中证实，但对完成 Won 教授的作业来说学生已经掌握的这些基本的统计技能可能是不够的，因为 Won 教授的作业要求学生确定何时适用于某一检验，运用正确的检验解决问题，并且能够解释检验的结果（对本书而言，就是要确定采用什么技术，并且知道何时、如何采用这些技术，在满足功能需求的前提下，完成数字孪生系统的设计）。Won 教授的困惑源于错误地将学生已拥有的知识，视为学生已具有的将其在她给出的统计作业中灵活应用的能力。

数字孪生工程化设计,可以理解为是多种技术根据系统功能需求综合应用的方法论,学生在完成数字孪生系统工程化设计中也有很大的可能会出现 Won 教授同样的困惑。本节主要是解决 Won 教授的困惑,探讨数字孪生的有关理论与工程化设计之间的关系。

假定学生已经学习和掌握了数字孪生的概念、架构等,以及设计数字孪生系统所需要的技术,这些就是"已有知识"。现在来进行数字孪生工程化设计,那么如何激活已有知识呢?引申下去就是探讨理论与实践之间的关系,如图 2-2 所示。

学习和掌握了原理、理论,不等于就能够很好地完成工程化设计,就像 Won 教授所困惑的那样。工程化设计涉及知识分类理论中的陈述性知识和程序性知识,以及它们之间的关系。

图 2-2 已有知识的特征会促进或阻碍工程化设计

2.2.1 陈述性知识与程序性知识

数字孪生工程化设计案例涉及运动控制、机器视觉、三维模型构建、MBD(基于模型的定义)技术、连接和通信、数据采集、数据分析、数据可视化、数字孪生体对物理实体的监控和操控等,这些知识(或技术)纷繁复杂,有必要将这些知识进行分类。分类的目的是为学习工程化设计提供一些学习方法的引导和建议,提高学习的效率和质量,促进学生形成正确的知识组织结构。

在许多知识分类理论中将知识分类为不同的类型,其中将知识分为陈述性知识和程序性知识是比较典型的分类。陈述性知识可以视为"知道什么"的知识,程序性知识可以视为"怎么做"的知识。

1. 陈述性知识

陈述性知识也可以称为描述性知识、显性知识,是可以用文字、图表、符号、公式等清晰描述的,可以通过讲授、教材、参考资料、专利文献、视听媒体等渠道获取。这类知识是静态的,是个人可以有意识地提取线索,直接加以回忆和陈述的知识,主要是用来说明事物的性质、特征和状态,用于区别和辨别事物。

数字孪生的概念、模型构建理论、架构、制造业数字孪生技术体系框架等均属于陈述性知识,随着互联网和网络技术的不断发展,使陈述性知识的获取打破了时间和空间的限制,学习更加方便快捷。另外,人工智能的不断发展,比如 ChatGPT,将彻底改变对陈述性知识的学习和掌握的形式及方法。

2. 程序性知识

程序性知识也可以称为隐性知识、操作性知识,是个体难以清楚陈述,只能借助于某种作业、项目、工程等间接推测其存在的知识。这类知识主要以产生式和产生式系统表征,用来回答和解决"怎么想""做什么""怎么做"的问题。数字孪生系统工程化设计就属于这类知识，体现为工程能力。

3. 陈述性知识与程序性知识的联系和区别

陈述性知识与程序性知识是两类不同的知识。在工程实践中，常常出现下面两种情况，一种是知晓某些概念、理论，却不明白该在何时及怎样运用这些理论，此为陈述性知识掌握但程序性知识欠缺的体现；另一种是已经具备在特定情境下解决问题的程序性知识，却因缺乏对设备、系统深层特征和原理等陈述性知识的了解，难以清晰阐述正在做什么及为何要做，更难以将该特定情境下的程序性知识迁移应用到其他情境中。

（1）联系

陈述性知识的获得常常是学习程序性知识的基础，程序性知识的获得又为获取新的陈述性知识提供了可靠保证。陈述性知识与程序性知识的获得是学习过程中两个连续的阶段。在很多活动中，两类知识是结合在一起的，在学习过程中，最初都以陈述性知识的形式来习得，只是在大量练习之后程序性知识才具有了自动化的特点。学习者所掌握的程序性知识也会促进新的陈述性知识的学习，一般来讲，在熟悉的条件下进行活动所运用的主要是程序性知识。

（2）区别

陈述性知识与程序性知识的区别主要有以下几个方面：

- 陈述性知识是"是什么"的知识，是一种静态的知识，它的激活是输入信息的再现；而程序性知识是一种动态的知识，它的激活是信息的变形和操作；
- 陈述性知识激活的速度比较慢，是一个有意的过程，需要学习者对有关事实进行再认或再现；而程序性知识激活的速度很快，是一种自动化了的信息变形的活动；
- 大多数陈述性知识可以通过语言传授，而大多数程序性知识是不能通过语言传授的；
- 陈述性知识可以通过讲授、媒体、讲座等形式习得，而程序性知识必须通过练习和实践才能获得；
- 陈述性知识能够通过应用、回忆、再认以及与其他知识联系等方式来表现，而程序性知识必须通过各种操作步骤来表现。

2.2.2 情景依赖中的数字孪生平台功能需求

数字孪生工程化设计所学习的是程序性知识，程序性知识具有很强的情景依赖，需要建立一个真实的工业环境，以任务为导向，通过实践来学习和掌握。

1. 数字孪生工程化设计所依赖的情景

图 2-3 所示是数字孪生工程化设计所依赖的情景，这套数字孪生系统是深圳市产教融合促进会组织国内多所高校、企业共同研发、集成的适合于工程教育、工业培训的数字化、智能化综合平台。

物理实体是一套智能分拣系统，由四轴机器人与机器视觉构成基于 Eye-in-Hand（相机安装在机器人末端）的视觉伺服系统（也称为手眼系统），这种系统在工业中具有比较广泛的应用。

选择这个复杂程度中等的系统主要考量是，系统既要具备一定的复杂度，零件、部件空间模型和行为模型构建的难易程度又要适中，如果使用六轴机器人，零件、部件空间模型构建非常复杂，行为模型构建也更加困难，不适合大部分国内高校的学生在校期间对数字孪生的工程化设计。

抽取这套物理世界智能分拣系统的零件尺寸、结构、材料、运行逻辑和规则等，利用CAX（CAD、CAM、CAE、CAPP、CIM 等的统称）等工业软件，使用 MBD 等技术设计智能分拣系统的数字孪生体，通过数字孪生体对物理实体的监控和操控，来实现故障诊断、预测性维护、优化智能分拣系统的功能需求。

图 2-3　数字孪生系统

2. 智能分拣系统的工艺

（1）堆垛

如图 2-4 所示，将摆放在有效区域（机器视觉可以识别的区域）内的工件堆垛至指定区域。

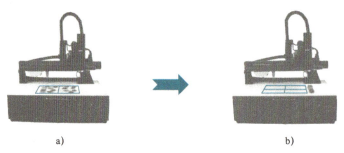

图 2-4　将工件堆垛至指定区域
a）工件摆放　b）堆垛

（2）拼图

如图 2-5 所示，将摆放在有效区域（机器视觉可以识别的区域）内的零片拼图至指定区域。

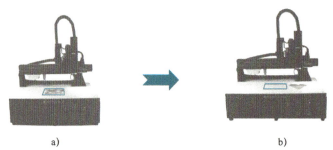

图 2-5　将零片拼图至指定区域
a）零件摆放　b）心形图案

2.2.3 学习的目标是具备知识迁移能力

2.2.2 节所讲述的工程化设计所学习的内容属于程序性知识,数字孪生工程化设计以一套智能分拣数字孪生系统作为情景依赖,即使完成了这套数字孪生系统的工程化设计,也并非就完成了学习目标。以下介绍吉克和霍尔约克(Cick&Holyoak,1980)在教学研究中一个案例。

> 吉克和霍尔约克在治疗肿瘤的医学课程中,先给学生描述了一个攻占堡垒的军事战略。一支军队要攻占敌人的堡垒,必须先分成几个小队,沿着几条不同的路推进,最后再汇集起来攻占堡垒。在要求学生记忆这些信息后,又给学生呈现了一个需要用相同方法解决的医学难题(即用多个激光束从不同的角度射向肿瘤)。结果显示,尽管之前学过解决军事难题的方法,但大部分学生并不能将所学的方法应用到医学难题上。这里虽然两个问题呈现的时间、地点、社会环境大致相同,但二者的知识领域(军事 vs. 医学)和功能背景(攻占堡垒 vs. 治疗肿瘤)有很大差异,因此学生并没有认识到二者有相似的结构,也没有想到要将一个问题的解决方法运用到另一个问题。但是,当要求学生将军事难题和医学难题联系起来思考时,他们就能顺利地解决第二个问题。还有很多其他的教学研究,也得出了相似的结果。

上述将攻占城堡的方式、方法应用于治疗肿瘤,是因为二者解决问题的思路具有很高的可借鉴性,通过借鉴前者的方式、方法可以有效地解决后者的问题,这就属于知识迁移。知识迁移是将在一个情景中所学习的技能(或知识、策略、方法、习惯)运用到另一个新的情景中去。如果学习的情景与迁移情景相似,这种迁移可以称之为近迁移;如果迁移的情景与学习的情景不具有相似性,可以称之为远迁移。教师是为学生形成迁移能力而教,学生是为具有迁移能力而学。

数字孪生系统工程化设计所学习的是程序性知识,前提是先需要学习、掌握数字孪生的概念、架构等理论,这些理论属于陈述性知识。程序性知识的学习具有情景依赖的特点,在这种特定情景中,需要提炼出项目或系统的深层结构和原理(而这些深层结构和原理属于陈述性知识),提炼的目的是解决情景依赖,使之具有知识迁移能力。最终目标是,在学习、掌握数字孪生的概念、架构等理论的前提下,进行智能分拣数字孪生系统的工程化设计,在完成了工程化设计后,提炼出所完成项目的深层结构、理论,使学生具有制造业数字孪生系统设计、集成的知识迁移能力。

2.3 数字孪生系统工程化设计的架构

数字孪生系统工程化设计中包含"系统"的概念,对什么是"系统"需要有一个理解。系统的定义是:系统是由一组实体(包括物理实体和虚拟实体)及这些实体之间的关系所构成的集合,其功能要大于这些实体各自的功能之和。

定义中有两个重点:
① 系统是由相互作用或相互联系的实体组成的(包括物理实体和虚拟实体);

② 实体之间发生相互作用时，会出现一种功能，这种功能大于或不同于这些实体各自所具备的那些功能。

数字孪生系统设计涉及多个学科、专业，需要以 MBSE（基于模型的系统工程）思维方式设计方案，首先应明确所要设计的系统需要具有的功能（也就是 MBSE 中的"需求"），然后将功能分解成各个功能模块，对每个功能模块进行设计，并理解每个功能模块之间的逻辑关系和顺序。

2.3.1 整体原则

数字孪生是一种方法论，设计这个系统必须秉持整体原则，是实现系统功能的关键。整体原则认为，每个系统都是作为某一个或某些大系统的一小部分，同时，每个系统中也都包含一些更小的系统。需要整体思考这些关系，并研发出与上级系统、下级系统、评级系统相协调的架构。包括以下几个方面：

① 整体论认为所有的事物都以整体的形式存在并运作，而不是单个部件的总和；

② 进行整体思考，把当前系统的各个方面都涵盖进来，要考虑可能会与该系统进行交互的任何事物给系统带来的影响及后果；

③ 整体思考就是要把与当前所要处理的疑问、状况及难题有关的所有事物都考虑在内；

④ 能够激发整体思维的办法包括结构化与非结构化的头脑风暴和框架、从不同角度进行思考，以及对大环境进行考量。

整体原则示例：

> "设计时总是应该把物体放在稍大一些的范围内考虑，把椅子放在房间中考虑，把房间放在住宅中考虑，把住宅放在环境中考虑，把周边环境放在城市规划中考虑。"
> ——Eliel Saarinen
>
> "没有谁完全是孤岛，每个人都是陆地的一小块，都是主体的一部分。"
> ——John Donne

2.3.2 架构设计

整体原则定义中提到"相协调的架构"，什么是架构呢？经常看到 Linux 等软件架构、组织架构和本书阐述的数字孪生系统架构，在这些"架构"的描述中用词区别很大，包含了诸多含义。本书是基于 MBSE（基于模型的系统工程）背景，将系统架构定义为：使用模型形式化表达系统或其他复杂实体，以期阐明：

① 其结构、接口以及内、外部关系；

② 实体及其元素在内、外部呈现的行为；

③ 实体及其元素必须遵守的整体规则，从实体运行生命周期的初始到整个过程，以满足需求向实体和元素的分配；

④ 将一个系统划分为若干部分或要素以及它们之间的相互作用；

⑤ 整体系统属性；

⑥ 声明性的系统描述。

2.3.3 数字孪生系统架构

智能分拣系统的数字孪生系统工程设计包含了空间模型的构建、行为模型的构建、数据模型的构建等子系统，架构需要明确这个系统中应包括哪些子系统。每个子系统需要根据某种规则运作，架构需要明确各子系统运作和协作的规则，例如，行为模型中包含运动控制系统和机器视觉系统两个子系统，机器视觉系统需要将工件的颜色、形状、坐标、偏移角度等信息发送给控制系统，运动控制系统完成抓取、堆垛等行为。运动控制系统、机器视觉系统不但要具备各自的运作规则，更要具备二者的协作规则，这个协作规则就是控制系统与机器视觉系统的通信协议。架构是一个系统的顶层结构，确定设计这个系统应该做什么，以什么顺序去做，以及相关子系统的约束条件（协作规则）等。

图 2-6 所示是数字孪生系统设计架构，该架构包含 7 个子系统。相应的学习模块如下。

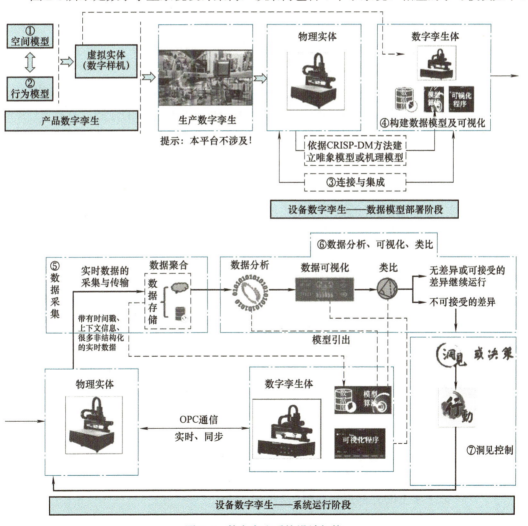

图 2-6 数字孪生系统设计架构

视频
2-3 数字孪生系统架构1

视频
2-4 数字孪生系统架构2

视频
2-5 数字孪生系统架构3

视频
2-6 数字孪生系统架构4

（1）空间模型　空间模型对应架构图中①，该模型用于抽取物理实体零件的尺寸、材料、结构等信息，构建零件三维模型，完成部件、整机的虚拟装配，并进行相关分析。

（2）行为模型　行为模型是空间模型中运动部件的行为逻辑或数学表示，该模型对应架构图中②。行为模型构建采用内聚原则，由 PLC 基础上搭建的视觉伺服系统实现，由实物 PLC 控制系统生成控制信号，空间模型中的机械结构作为受控对象。空间模型与行为模型构成虚拟实体（数字样机）。

（3）通信与连接　该模块对应架构图中③，虚拟实体通过 OPC 方式与物理实体建立实时、同步的连接，这时的虚拟实体就可以称之为数字孪生体。

（4）数据采集　该模块对应架构图中④、⑤，根据数字孪生系统功能需求确定采集哪些数据，创建数据库（关系型）用于存放、聚合数据。

（5）数据分析及可视化　该模块对应架构图中⑥，用于采用机器学习算法对数据进行分析，使数据可视化，产生洞见。

（6）控制　该模型对应架构图中⑦，主要功能是根据洞见对物理实体进行故障诊断、预测性维护，甚至优化物理实体的性能。

2.3.4　功能分解

工程化设计模糊了理论学习与实践教学的边界，在具体情境下开展学习，最终目的是设计出能实现所要求功能的数字孪生系统，并进一步深入地理解、掌握数字孪生的概念、技术脉络、理论体系等，使学习者具备知识迁移能力。

如图 2-7 所示，先确定所要设计的数字孪生系统的功能，再对功能进行逐步分解。

智能分拣数字孪生系统需要实现数字孪生体与物理实体的实时同步，数字孪生体通过对物理实体设备、工艺、流程和环境数据的分析，使数据可视化，并对物理实体进行故障诊断、预测性维护，甚至可以实现物理实体的运行优化。

以下是功能分解过程。

1）根据系统功能描述，系统应该包含产品数字孪生和设备数字孪生。

2）产品数字孪生的分解步骤如图 2-8 所示。

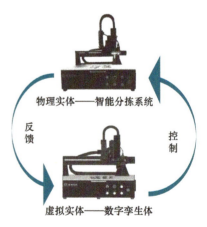

图 2-7　功能分解

第 2 章 数字孪生系统工程化设计

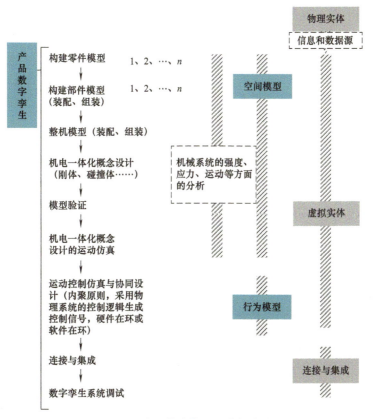

图 2-8 产品数字孪生的分解步骤

3）设备数字孪生的分解步骤如图 2-9 所示。

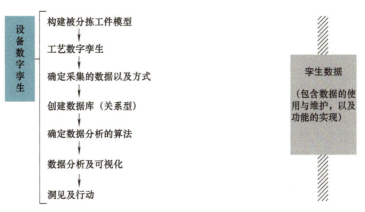

图 2-9 设备数字孪生的分解步骤

2.4 模型构建技术

本节所讲述的模型属于装备制造业中的虚拟模型、数字模型、仿真模型和工程模型，可分为两大类，第一类是物理实体的空间模型，包括材料、尺寸、大小、加工工艺、装配关系、结构等，第二类是物理实体的行为模型，即产品的行为逻辑或数学表示，也就是产品是如何动作的。

本节涉及图 2-10 所示数字孪生生态系统中基础支撑层的工业设备、模型构建层与仿真分析层的建模和仿真、共性应用层的描述，以及行业应用层的智能制造。

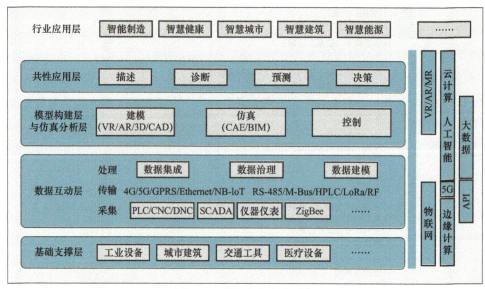

图 2-10　数字孪生生态系统

数字孪生的国际标准、国家标准、行业标准也都在研究制定中，"模型"的分类和概念在不同的研究文献中存在比较大的差别。

北京航空航天大学陶飞教授在《数字孪生及车间实践》一书中将模型分为**几何模型**（用于描述实体的形状、大小、位置和装配关系，并以此为基础执行结构分析和生产计划）、**物理模型**（将物理实体的物理特性赋予几何模型来构建物理模型，然后通过该物理模型分析物理实体的物理状态）、**行为模型**（建立相应外部驱动和干扰因素的模型，并提高仿真服务的性能）、**规则模型**（通过对物理行为的逻辑、规律和规则进行建模来提高服务性能）。

中国电子技术标准化研究院主编的《数字孪生应用白皮书》（2020 版）第二部分数字孪生相关概念及内涵中，在"模型相关"一节中将模型分类为**统计模型**（基于概率理论的模型，通过数学统计方法建立）、**工程模型**（几何、材料、部件和行为、构建和操作数据）、**元模型**（是关于模型的模型。这是特定领域的模型，定义概念并提供用于创建该领域中的模型的构建元素）。

2011 年 10 月 1 日实施的 GN/T 26099.1—2010《机械产品三维建模通用规则》国家标准，第 1 部分通用要求中的第 4 节的三维数字模型的分类条目中，未涉及可用于数字孪生系统设计的分类标准。

美国密歇根大学迈克尔·格里夫斯教授（被誉为数字孪生"之父"）在《智能制造之虚拟完美模型》一书中的 5.6 节"产品模型"中，将产品模型分为空间模型和行为模型两类。

本书编著者参考上述关于模型的分类和概念，并考虑到本书主要讲述的是产品数字孪生和设备数字孪生，采用迈克尔·格里夫斯教授对产品模型的分类和定义，即**空间模**

型和行为模型。

空间模型是物理产品自身的几何表示,也就是产品构成的对象。行为模型是产品行为的逻辑或数学表示,也就是产品是如何动作的。这两种模型可以独立存在,或集成在模拟仿真中,如此既能使用产品的物理性状,又能展示产品在环境中的动作。

2.4.1 数字孪生与模型

1. 模型是数字孪生的核心

为理解模型在数字孪生中的作用,以下引述著名机构、学者、企业对数字孪生的定义或理解,借此明晰模型在数字孪生中的地位和作用。

NASA 在 2010 年发布的技术路线图中对数字孪生的定义:数字孪生是充分利用物理模型、传感器更新、运行历史等数据,集成多学科、多尺度、多物理量、多概率的仿真过程,在虚拟空间中完成映射,从而反映相对应的实体装备的全生命周期过程。

陶飞教授:以数字化的方式建立物理实体的多维、多时空尺度、多学科、多物理量的动态虚拟模型来仿真和刻画物理实体在真实环境中的属性、行为、规则等。

美国通用电气公司(GE):数字孪生是工业资产的动态数字表示,使公司能够更好地理解和预测机器的性能,找到新的收入来源,并改变其业务运营方式。

美国 ANSYS 公司:数字孪生是通过数学的方法建立系统中关键部件、关键数据流路径和各个监测点传感器等器件的数学模型,并将数学模型根据系统逻辑进行连接,构建数字化仿真模型,通过外部传感器采集真实系统载荷量,通过有线或无线传输将信号注入仿真模型,驱动仿真模型与真实系统同时工作,从而使运维人员可以在数字仿真模型中很直观地观察到真实系统无法测量或难以测量的实时监测数据。

从以上定义中,可以理解模型对数字孪生的重要性,同时应该更加清晰地意识到,数字孪生中的"模型"与传统意义上用 CAD 软件创建的零件或装配部件模型截然不同。数字孪生中的模型是多维度、多学科的,并且是动态的,它与物理世界中的产品和系统"共生共老",贯穿于产品的整个生命周期。

2. 模型在装备制造业数字孪生工程设计、实施中的重要性

数字孪生的工程化实施中,不但需要根据需求建模(对于同一对象因需求不同可能构建出两种完全不同的模型),也必须与场景集成才能实现。数字孪生实现了物理世界与虚拟世界之间的映射,在模型构建时需要重视以下几点:

1)高保真的模型是所有数字孪生系统的核心,模型构建的基本前提是必须充分了解物理世界,否则虚拟模型将无法做到模型对物理世界的"高保真"。

2)模型的构建并非一蹴而就,而是一个需要反复迭代的复杂过程。一个完美的模型需要具有高度标准化、模块化、轻量级以及鲁棒性等特性。编码、接口和通信协议的标准化使得信息共享和集成得以顺利达成。模块化可以实现单个模型的分离和重组,以提高灵活性、可伸缩性以及可重用性。轻量化是模型在满足需求的前提下,尽量避免不必要的复杂性,以减少计算资源的浪费。

3)模型和数字孪生系统所提供的服务是由数据来驱动的,从原始数据到知识的转化

过程中，数据必须经过一系列步骤（即数据生命周期），每个步骤都需要根据数字孪生的特征进行进化或重组。数字孪生不仅可以处理从物理世界采集到的数据，而且可以融合虚拟模型生成的数据，以使结果更加准确。

4）虚拟模型、物理世界、数据以及数字孪生所提供的服务，并不是相互独立的，而是相互关联并不断地交互，从而实现系统的进化，因此其具有系统工程的典型特征。

3. 模型仿真

模型仿真主要是指构建真实世界系统的模型，并在计算机上运行模拟的复杂过程。具体而言，建模主要处理现实系统和模型的关系，仿真主要处理计算机和模型的关系。

数字孪生与仿真可谓如影随形，甚至有人认为数字孪生就是在线仿真。模型的构建是数字孪生的基础和核心，仿真中也同样强调"模型仿真"，模型同样也是仿真的基础和核心，这造成了数字孪生与仿真边界的混淆。从数字孪生的起源中也可以窥见一斑，在1970年阿波罗13号飞船事故中，宇航员得以安全返回地球，归功于地面上设置的一套飞行模拟器。NASA认为这套飞行模拟器的核心就是仿真。NASA在数字孪生的定义中提到数字孪生是一种仿真过程，并在一份报告中甚至将数字孪生称为"基于仿真的系统工程"。

模型仿真（建模仿真）已广泛地应用于工业、农业、国防等多个领域，美国众议院在2007年6月通过了第487号决议，将建模仿真确定为"国家核心技术"。

根据被仿真对象的不同，模型仿真可以分为工程系统仿真、自然系统仿真、社会系统仿真、军事系统仿真等。按仿真模式的不同，建模仿真可以分为离线仿真和在线仿真。本书所讲述的装备制造业数字孪生正是利用了在线仿真的工程系统仿真技术。

本节所讲述的内容主要涉及模型仿真中的工程系统仿真技术，但同时也需要理解数字孪生中的模型与传统意义上模型仿真中的模型相比是有本质区别的。数字孪生系统中的模型可以通过采集和分析物理实体的设备、工艺、流程和环境数据，与物理实体一起成长和衰老，动态贯穿物理世界的产品和系统的生命周期。

2.4.2　机械产品三维建模体系

数字孪生模型是物理世界的产品、设备和系统的数字化描述，是在数字化空间实现物理实体及过程的属性、方法、行为等特征的数字化建模。模型可用于理解、预测优化和控制物理世界的产品、设备、系统。模型构建可以是"几何－物理－行为－规则"多维度的，也可以是"机械－电气－液压"多领域的。从层级上看，不仅要构建基础单元（比如零件），还需要从空间维度上来实现模型组装，还需要从多学科、多领域进行模型的融合，从而实现复杂物理对象各领域特征的全面刻画，即所谓的完美虚拟。模型的构建是一个反复的过程，为了保证模型的准确性和有效性，需要对模型的基础单元以及组装或融合后的模型进行验证，如果验证结果不满足需求，需要对模型进行校正。

数字孪生系统模型构建应先从零件和部件的三维建模开始，利用CAD软件，建立产品整机或零部件的三维数字模型。所谓的三维数字模型就是在CAD软件中用三维模型描述机械产品的几何要素、约束要素和工程要素的集合。

三维数字模型根据模型对象的类型可以分为零件模型和装配模型；根据零部件的建

模特点，可以分为机加类、铸锻类、钣金类、线缆管路类等；模型按用途可以分为设计模型、分析模型、工艺模型等；按研制阶段可分为概念模型、工程设计模型等。

三维数字模型由几何要素、约束要素和工程要素构成。几何要素主要用来表达零部件的几何特性，例如模型几何和辅助几何等。约束要素用于表达零部件内部或零部件之间约束特性，例如尺寸约束、表达式约束、形状约束、位置约束等。工程要素用于表达零部件的工程属性，例如材料名称、材料特性、质量、技术要求等。

正式建模前，需要考虑以下几个因素。

- 建模环境设置：在建模前应对软件系统的基本量纲进行设置，这些量纲通常包括模型的长度、质量、时间、力、温度等。其余的量纲可在此基础上进行推算。此外还应设置建模环境的其他参数，包括公差、缺省层、缺省路径、辅助面、工程图等。
- 模型比例：模型与零部件实物一般应保持1:1的比例关系。在某些特殊应用场合（例如采用微缩模型进行快速原型制造时），可使用其他比例。
- 坐标系的定义与使用：三维数字模型应含有绝对坐标系信息；可根据不同产品的建模和装配特点使用相对坐标系和绝对坐标系，坐标系的使用可在产品设计前进行统一定义；坐标系应给出标识，且其标识应简明易读。
- 三维数字模型文件命名原则：应确保模型文件得到唯一的存储标识，例如，可以采用文件名使之唯一，也可通过其他属性使之唯一；文件名应尽可能精简、易读，便于文件共享、识别和使用；文件名应便于追溯和版本（版次）的有效控制；同一零部件的不同类型文件，其名称应具有相关性，例如三维模型文件与其工程图文件之间应具有相关性；文件命名规则也可参照行业或企业规范进行统一约定。

1. **零件建模**

机械产品的零件包括机加类、铸锻类、钣金类、管路类、线缆类，本书所依据的智能分拣系统的机械部分的主要零件以机加类和钣金类为主，以下将详细介绍这两类零件建模的相关规则。

（1）总体原则

1）机加类零件。机加类零件的建模顺序应尽可能与机械加工顺序一致；在满足零件的设计强度和刚度要求的前提下，应根据载荷分布情况合理选择零件截面尺寸和形状；设计时应充分考虑零件的抗疲劳性能，尽量使零件截面均匀过渡，并采用合理的倒圆以降低应力集中；机加类零件的设计应充分考虑工艺性（包括刀具尺寸和可达性），避免出现无法加工的区域；铣削加工的零件应设计相对统一的圆角半径，以减少刀具种类和加工工序。

2）钣金类零件。钣金类零件的加工工艺与机加类有所不同，因此其建模的总体原则也有所差异。具体来说，采用铸造工艺成形的零件，应考虑流道、浇口、纤维方向、流动性等要素；采用锻造工艺成形的零件，应考虑纤维方向、流动性、应力集中等要素；铸锻成形的零件建模时应考虑材料的收缩率。

（2）总体要求

机加类、钣金类三维建模不但所依据的总体原则不同，建模的总体要求也是不同的。

1）机加类的总体要求。采用自顶向下的设计方法时，零件关键尺寸（如主轴孔、定位孔等）应符合上一级装配的布局要求；进行详细建模时，可以把零件装配在上级装配件中，利用装配件中的相对位置进行建模，也可以在零件建模环境下直接构建；为了获得较高的加工精度和较好的零件互换性，设计基准和工艺基准应尽量统一，避免加工过程复杂化；钻孔零件应充分考虑孔加工的可操作性和可达性，对于方孔、长方孔等一般不应设计成盲孔；应选用合理的配合公差、几何公差和表面结构。

2）钣金类零件建模的基本流程。设置环境参数；选取或创建坐标系、基本目标点、基准线、基准面；构造零件特征轮廓线；进行几何特征设计，生成三维模型；进行模型检查与修改。

（3）详细要求

在满足总体原则和要求的前提下，零件建模还应遵循以下详细要求。

1）建模流程。零件建模流程如图 2-11 所示。应遵循既定的建模流程，以确保建模效率和标准化。

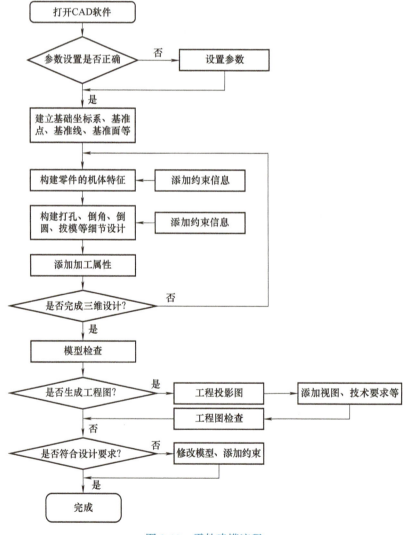

图 2-11 零件建模流程

2）模型工程属性。零件模型应包含准确的工程属性，如材料名称、密度、弹性模量、泊松比、屈服极限（或强度极限）、折弯因子、热传导率、热膨胀系数、硬度、剖面形式等。应将常用的工程材料特性存储在数据库中以便于管理和扩展。

3）特征的使用。特征的使用应符合以下要求：特征应全约束，不得欠约束或过约束，另有规定的除外；优先使用几何约束，例如平行、垂直或重合，其后才使用尺寸约束；特征建立过程中所引用的参照必须是最新且有效的；为了便于表达和追溯设计意图，可以将特征重命名，以使其简单易读；推荐采用参数化特征建模，不推荐非参数化特征；不应为修订已有特征而创建新特征，例如在原开孔位置覆盖更大的孔以修订尺寸和位置。

特征的使用在前述规则的基础上，还包括草图特征、倒角（或倒圆）特征，以及表达式（或关系式）的使用。草图特征的使用是指草图应尽量体现零件的剖面，且按照设计意图命名；草图对象一般不应欠约束（概念设计中的打样图和草图除外）和过约束。倒角（或倒圆）特征的使用是指除非有特殊需要，倒角（或倒圆）特征不应通过草图的拉伸或扫描来创建；倒角（或倒圆）特征一般在零件建模的最后阶段完成，除某些特殊情况，可将倒角（或倒圆）特征提前完成。表达式（或关系式）的使用是指表达式的命名应反映参数的含义；表达式中变量的命名应符合应用软件的规定；对于经常使用的表达式和参数，可在模板文件中统一规定；对于复杂表达式，应增加相应的注释。

4）模型着色与渲染。为提高模型的可读性和真实性，可进行合理的着色处理。着色时可参照零件实物的颜色或纹理进行。在进行渲染处理时，应包括灯光照明效果渲染、材料及材料表面纹理效果渲染，以及环境与背景的效果渲染。

5）DFM（面向制造的设计）要求。在三维建模设计中，应考虑以下DFM要求：外形曲面应光顺，尽量采用直纹曲面；外形曲面片的划分应便于加工和成型；对于数控及其他加工零件模型数据应提供加工所需的基准面信息、零件加工和安装所需的工艺孔和定位孔等；应提供所有实体定义中忽略标识的孔的中心线；有特殊加工要求的零件应提供相应要求的加工信息。

6）模型简化。为了缩短建模时间，节省存储空间，提高模型的调用速度，三维数字模型的几何细节简化应遵循以下简化原则：模型的简化应便于识别和绘图；模型的简化不致引起误解或不会产生理解的多义性；模型的简化不能影响自身功能表达和基本外形结构，也不能影响模型装配或干涉检查；模型的简化应考虑到三维模型投影为二维工程图时的状态；模型的简化应考虑技术人员的审图习惯。

模型简化在遵守简化原则的前提下，还应满足详细简化，详细简化包括与制造有关的一些几何图形，如内螺纹、外螺纹、退刀槽等，允许省略或者使用简化表达，但简化后的模型在用于投影工程图时，应满足机械制图的相关规定；若干直径相同且成一定规律分布的孔组，可全部绘出，也可采用中心线简化表示；模型中的印字、刻字、滚花等特征允许采用贴图形式简化表达，必要时可配合注释说明；在对标准件、外购件建模时，允许简化其内部结构和与安装无关的结构，但必须包含正确的装配信息。

7）模型检查。模型在正式使用、提交或发布之前，需要对其进行检查，以确保模型的准确性和完整性。具体检查内容如下：模型是否是稳定的，且能够成功更新；是否具有完整的特征树信息；所有元素是否是唯一的，没有冗余元素存在；零件比例是否为全尺寸的1∶1三维模型；自身对称的零件是否建立了完整零件模型，并标识出对称面；左右对称的一对零件是否建立了各自的零件模型，并用不同的零件编号进行了标识；模型是否包含了供分析、制造所需的工程要素。

8）模型应用。为满足不同应用环境，发布的模型应包含以下信息：对于工程分析类的应用，至少应包含几何信息、材料信息（如名称、密度、弹性模量、屈服极限、强度极限、泊松比等）、优化变量等；对于投影二维工程图应用，至少应包含几何信息、技术要求、尺寸公差、几何公差、表面结构、剖面信息等；对于加工制造应用，至少应包含几何信息、尺寸公差、几何公差、表面结构、制造要求等；对于装配建模的应用，至少应包含几何信息、配合公差、摩擦系数等。

2. 装配建模

与零件建模一样，装配建模也需要遵守一些原则和要求。

（1）术语和定义　在讲述这些原则和要求之前需要先明确相关的术语和定义。

- 装配建模：是指应用三维机械CAD软件对零件和部件进行装配设计，并形成装配模型的过程。
- 装配约束：是指在两个装配单元之间建立的关联关系，它能够反映出装配单元之间的静态定位和动态运动副关系。
- 装配单元：是指装配模型中参与装配操作的零件或部件。
- 布局模型：也称为骨架模型或控制模型，它用于控制装配模型的姿态、整体布局及关键几何和装配接口等信息，主要由基准面、轴、点、坐标系、控制曲线和曲面等构成，在自顶向下设计中常作为装配单元设计的参照基准。

（2）通用原则

在装配建模中首先应遵守通用原则，通用原则包括如下内容：

1）所有的装配单元应具有唯一性和稳定性，不允许冗余元素存在。

2）应合理划分零部件的装配层级，每一个装配层级对应着装配现场的一道装配环节，应根据装配工艺来确定装配层级。

3）装配模型应包含完整的装配结构树信息。

4）装配有形变的零部件（例如弹簧、锁片等）应以变形后的工作状态进行装配。

5）装配过程应充分体现面向制造的设计（DFM）与面向装配的设计（DFA）准则，要充分考虑制造因素，提高工艺性能。

6）装配模型中使用的标准件、外购件模型应从模型库中调用，并统一管理。

7）装配模型发布前应通过模型检查。

（3）总体要求

装配模型设计中应遵守通用原则，同时也应满足总体要求，总体要求包括如下内容：

1）装配模型采用统一的量纲，长度单位通常设为毫米，质量单位通常设为千克。

2）模型装配前，应将装配单元内部与装配无关的基准面、轴、点以及不必要的修饰进行消隐处理，只保留总装时需要的参考基准。

3）为了提高建模效率和准确性，零件级加工特征允许在装配环境下采用装配特征建构,但所建构的特征必须反映在零件级。

4）装配工序中的加工特征在零件级应被屏蔽掉。

5）在自顶向下设计时,可在布局模型设计中将关键尺寸定义为变量,以驱动整个模型,实现产品的设计和修改。

6）只有在装配模型中才能确定的尺寸,可采用表达式或参照引用的方式进行设定,必要时可加注释。

7）复杂零部件参与装配时,可使用轻量化模型,以提高系统加载和编辑速度。

8）在进行模型装配前,宜建立统一的颜色和材质要求,给定各种颜色对应的RGB色值和材料纹理,以满足模型外观的统一性要求。

9）可根据应用的需要,建立装配模型的爆炸图状态,以便快速示意产品结构分解和构成。

10）每一级装配模型都应进行静、动态干涉检查分析,必要时按国标GB/T 26101的规定进行装配工艺性分析和虚拟维修性分析。

（4）装配层级的定义原则

每一级装配模型对应着产品总装过程中的一个装配环节,根据实际情况,每个装配环节可以分解为多个工序,在分解工序的过程中应遵循DFA（面向装配的设计）原则,这些原则包括如下内容:

1）根据生产规模的大小合理划分装配工序,对于小批量的生产,为简化生产的计划管理工作,可将多个工序适当集中。

2）根据现有设备情况、人员情况进行装配工序的编排。对于大批量的生产,既可工序集中,也可将工序分散成流水线装配。

3）根据产品装配特点,确定装配工序,例如,对于重型机械装备的大型零部件装配,为了减少工件装卸和运输的劳动量,工序适当集中,对于刚性差且精度高的精密零件装配,工序宜适当地分散。

（5）装配约束的总体要求

装配约束的选用应正确、完整,不相互冲突,以保证装配单元准确的空间位置和合理的运动副定义。装配约束的定义应遵循以下原则:

1）根据设计意图合理选择装配基准,尽量简化装配关系。

2）合理设置装配约束条件,不推荐欠约束和过约束情况。

3）装配约束的选用应尽可能真实反映产品对象的约束特性和运动关系,选用最能反映设计意图的约束类型。

4）对运动产品,应能够真实反映其机械运动特性。

对于无自由度的装配模型,每个装配单元均应形成完整的装配约束。对于常用的平面与平面配合,一般采用面与面的对齐与匹配方式进行约束;对于常用的孔轴类配合,一般采用轴线与轴线对齐的方式。

常用的静态装配约束通常包括平面与平面、轴线与轴线、曲面相切、坐标系等。

- 平面与平面:可约束两个平面相重合,或具有一定的偏移距离。若两平面的法向相同,简称为"面对齐"约束;若两平面的法向相反,简称为"面匹配"约束;

若两平面只有平行要求，没有偏距要求，简称为"面平行"约束。
- 轴线与轴线：可约束两个轴线相重合。这种约束常用于轴和孔之间的装配约束，通常简称为"轴线对齐"或"插入"。
- 曲面相切：可控制两个曲面保持相切。
- 坐标系：可用坐标系对齐或偏移方式来约束装配单元的位置关系。可将各个装配单元约束在同一个坐标系上，以减少不必要的相互参照关系。

对于具有自由度的装配模型，应根据其实际的机械运动副类型进行装配。所形成的约束应与实际机械运动副的运动特性保持一致。常用的机械运动副包括转动副、移动副、平面副、球连接副、凸轮连接副、齿轮连接副等。
- 转动副：又称"回转副"或"铰链"，指两构件绕某轴线做相对旋转运动。此时，活动构件具有 1 个旋转自由度。
- 移动副：又称"棱柱副"，指一个构件相对于另一构件沿某直线仅做线性运动。此时，活动构件具有 1 个平移自由度。
- 平面副：一个构件相对于另一构件在平面上移动，并能绕该平面法线做旋转运动。此时，活动构件具有 3 个自由度，分别是 2 个平动和 1 个转动自由度。
- 球连接副：一个构件相对于另一构件在球心点位置做任意方向旋转运动。此时，活动构件具有 3 个转动自由度。
- 凸轮连接副：凸轮连接属于高副连接，用以表达凸轮传动的特性。
- 齿轮连接副，齿轮连接属于高副连接，用以表达齿轮传动特性。

装配模型中的机构运动分析基本要求如下：装配模型中的机构运动分析包括针对具有运动机构的区域，定义装配约束关系、运动副类型、机构的极限位；对运动机构分别进行运动过程模拟，进行碰撞检查和机构设计合理性分析，并基于分析结果做出设计改进；对产品各装配区域进行全局机构运动分析，直到得到最优的设计结果。

（6）装配建模的详细要求

产品的装配建模一般采用两种模式：自顶向下设计模式和自底向上的设计模式。根据不同的设计类型及其设计对象的特点，可分别选取适当的装配建模设计模式，也可以将两种模式相结合。两种设计模式各有特点，应根据不同的研发性质和产品特点选用合适的流程。

对于产品结构较简单或对成熟度较高的产品的改进设计，建议采用自底向上的设计模式。对于新产品的研发或需要曲面分割的产品更适宜采用自顶向下的设计模式。两种设计模式并不互相排斥，在实际工程设计中，也经常将两种设计模式混合使用。

自底向上装配建模的设计流程如图 2-12 所示。

在进行装配设计前，应分别完成参与装配的零部件设计。通过新建装配文件创建产品的装配模型。装配模型可在行业或企业预定义的模板文件上产生。根据装配模型的结构特点和功能要求，确定装配基准件。其他装配单元依此基准件确定各自的位置关系。根据装配要求，按顺序将已完成设计的装配单元安装到装配模型中，逐步完成模型装配。装配时应选择合适的装配约束，减少不相关的参照关系。

自顶向下装配建模的设计流程如图 2-13 所示。

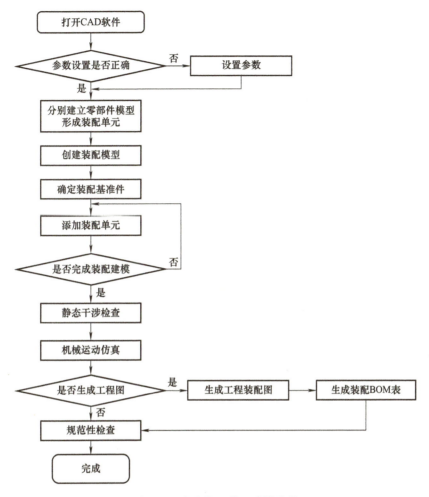

图 2-12 自底向上装配建模流程

依据行业或企业预定义的模板文件产生初始装配模型。根据装配模型的特点，建立顶层布局模型，并在布局模型中建立控制顶层装配模型位置和姿态关键点、线、面、坐标系，以及顶层模型的关键装配尺寸和装配基准参照等信息。

根据产品结构的分解，在总装配模型中依次创建参与各级装配的装配单元，并根据需要对子装配模型分别建立各自的子布局模型，形成该子装配模型设计所需的几何信息和约束信息。子布局模型从顶层布局模型中继承模型信息，并随之更新；子布局模型可随着装配设计逐步细化和完善。

在总装配模型中定义全局变量，并通过全相关性信息逐级反映到各级子装配模型及其子布局模型中，形成产品设计的控制参数。根据从上级装配模型中传递来的设计信息，分别设计出满足要求的实体零件，通过零件装配形成子装配模型。子装配模型设计可独立进行，也可协同并行完成。各子装配模型设计完成后，通过数据更新可实现顶层装配模型的自动更新。

（7）装配模型的封装

在创建装配模型时，封装是一个重要的步骤，以下是关于装配模型封装的几个要点：

1）简化的实体在去除内部细节的同时，应确保正确的外部几何信息。

2）对模型进行容积和质量特性分析时，可以封装模型。

3）为消隐专利数据，实体可以在提供给供应商或子合同商之前简化或删除专利细节。

4）用于有限元分析的模型可以进行封装。

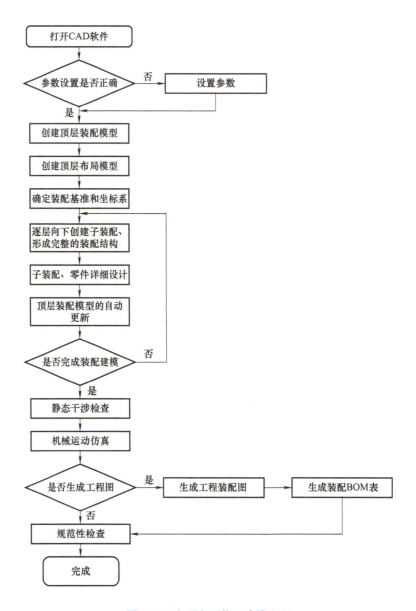

图 2-13　自顶向下装配建模流程

2.4.3 数字孪生模型构建理论体系

1. 数字孪生模型构建准则

陶飞教授在"数字孪生模型构建理论及应用"一文中,提出了一套数字孪生模型"四化四可八用"的构建准则,如图 2-14 所示。该准则以满足实际业务需求和解决具体问题为导向,以"八用"(可用、通用、速用、易用、联用、合用、活用、好用)为目标,提出数字孪生模型"四化"(精准化、标准化、轻量化、可视化)的要求,以及在其运行和操作过程中的"四可"(可交互、可融合、可重构、可进化)需求。

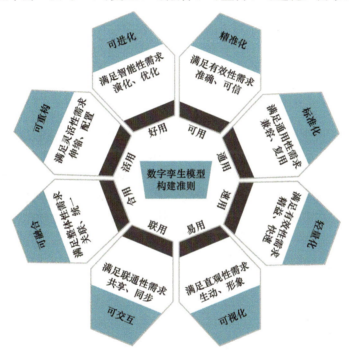

图 2-14 数字孪生模型构建准则

(1) 精准化

数字孪生模型精准化是指模型既能对物理实体或系统进行准确的静态刻画和描述,又能随时间的变化使模型的动态输出结果与实际或预期相符。数字孪生建模的精准化准则,是为了保证构建的数字孪生模型精确、准确、可信、可用,从而满足数字孪生模型的有效性需求。精准的数字孪生模型是数字孪生正确发挥功能的重要前提,以数字孪生车间为例,精准的数字孪生模型能够在构建数字孪生车间的过程中从根本上阻止模型误差的传递与积累,从而有效避免在数字孪生车间运行的过程中因模型误差迭代放大而造成的严重问题。

(2) 标准化

数字孪生模型标准化是指在模型定义、编码策略、开发流程、数据接口、通信协议、解算方法、模型服务化封装及使用等方面进行规范统一。这一标准化准则的目标是确保数字孪生模型在集成、数据交换、信息识别和模型维护上的一致性，以实现面向不同行业和领域的不同要素对象构建的数字孪生模型更易于解析、复用和相互兼容，从而在保证数字孪生模型有效性的基础上，进一步满足其通用性需求。以数字孪生车间为例，标准的数字孪生模型不仅可以在面向不同物理车间建模时减少冗余模型和异构模型的产生，还能够显著降低数字孪生车间模型统一集成管理的难度。

（3）轻量化

数字孪生模型轻量化是指在满足主要信息无损、模型精度和使用功能等前提下，使模型在几何描述、承载信息、构建逻辑等方面实现精简。数字孪生建模的轻量化准则的目标是在模型可用、通用的基础上，进一步满足针对复杂系统的数字孪生建模和模型运行的高效性需求。以数字孪生车间为例，轻量的数字孪生模型基于相对少的参数和变量实现对物理车间的逼真描述，不仅有利于数字孪生车间的快速建模，而且能够有效减少数字孪生模型参数传输时间，加快数字孪生模型运行速度，进而提高数字孪生车间基于在线仿真的决策时效性。

（4）可视化

数字孪生模型可视化是指数字孪生模型在构建、使用、管理的过程中能够以直观、可见的形式呈现给用户，方便用户与模型进行深度交互。数字孪生建模的可视化准则的目标是使构建得到的精准的、标准的、轻量的数字孪生模型更易读、更易用，满足数字孪生模型的直观性需求。例如，数字孪生车间模型由多要素、多维度、多领域、多尺度模型组装融合而成，可视化的数字孪生模型能够以生动、形象的方式展示数字孪生车间模型的结构、演化过程、参数细节和其子模型间的耦合关系，从而有效支持模型的高效分析以及数字孪生车间的可视化运维管控。

（5）可交互

数字孪生模型可交互是指不同模型之间以及模型与其他要素之间能够通过兼容的接口互相交换数据和指令，实现基于实体-模型-数据联用的模型协同。数字孪生建模的可交互准则的目标是消除系统内离散分布的信息孤岛，满足针对复杂系统建模的连通性需求。例如，数字孪生车间模型与物理车间中的要素实体可交互，能够有效连通物理车间和虚拟车间，实现虚实互控和同步映射。在此基础上，数字孪生模型之间也可交互，能够有效连通整个数字孪生车间，通过模型参数共享和知识互补实现模型协同。同时，数字孪生模型与孪生数据可交互，还能够实现模型运行需求导向的数据高效采集和传输，以及数据驱动的模型参数自更新。

（6）可融合

数字孪生模型可融合是指多个或多种数字孪生模型能够基于关联关系整合成一个整体，实现机理模型、模型数据、数据特征和基于模型的决策的有效融合。数字孪生建模的可融合准则的目标是更全面、更透彻、更客观地分析和描述复杂系统，在系统连通的前提下满足针对复杂系统建模的整体性需求。以数字孪生车间为例，通过多维模型融合、多个模型合用、多类模型关联以及多级模型协同，数字孪生车间能够被表征为一个统一的整体，从而在其运行过程中产生和积累虚实多尺度融合数据，实现基于融合模型和融合数据的全局决策和优化，助力数字孪生车间更安全、更高效地运行。

（7）可重构

数字孪生模型可重构是指模型能够面对不同的应用环境，通过灵活改变自身结构、参数配置以及与其他模型的关联关系快速满足新的应用需求。数字孪生建模的可重构准则的目标是避免组装融合后的数字孪生模型难以适应动态变化的环境，以模型活用的方式满足复杂系统模型的灵活性需求。例如，企业在使用数字孪生车间进行生产作业时，需要考虑生产设备更替、工艺路线变化、生产技术改良、车间产能提升、新型产品投产等客观需求，以及设备故障、人员疲劳、环境波动等不确定性事件，数字孪生模型可重构准则赋予了数字孪生车间可拓展、可配置、可调度的能力，提高了数字孪生车间的灵活性，满足了企业面向动态市场提高自身竞争力的需求。

（8）可进化

数字孪生模型可进化是指模型能够随着物理实体或系统的变化进行模型功能的更新和演化，并随着时间的推移进行持续的性能优化。数字孪生建模的可进化准则的目标是在上述准则的基础上，基于模型的全生命周期静态数据和模型运行过程动态数据，实现模型的自修正、自优化，让原始模型越来越好用，进而满足设备及复杂系统对智能性的需求。例如，数字孪生车间在运行过程中会产生并积累大量实时孪生数据，基于这些真实数据进行迭代计算，可以使模型跟随物理车间的变化进行迭代更新，并使数字孪生车间获得不断优化的决策能力和评估能力。同时，基于有效数据的知识挖掘和知识积累，能够不断提升数字孪生车间的智能化程度。

2. 数字孪生模型构建理论体系

陶飞教授在"数字孪生模型构建理论及应用"一文中，发表了数字孪生模型构建体系的研究成果，理论体系中包括模型构建、模型组装、模型融合、模型验证、模型校正、模型管理六个部分，如图2-15所示。

（1）模型构建

模型构建是指对物理对象构建其基本单元，可以从多领域模型构建以及"几何-物理-行为-规则"多维模型构建两个方面进行数字孪生模型的构建。

"几何-物理-行为-规则"模型可以刻画物理对象的几何特征、物理特性、行为耦合关系和演化规律等；多领域模型通过分别构建物理对象涉及的各领域模型，来全面描述物理对象的热学、力学等各领域特征。通过多维度模型构建和多领域模型构建，可以实现数字孪生模型的精准构建。

理想情况下，数字孪生模型应涵盖多个维度和多个领域，以实现对物理对象全面真实和描述。但从工程应用的角度出发，数字孪生模型不一定需要覆盖所有维度和

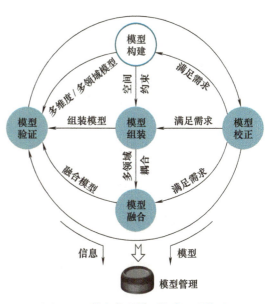

图2-15 数字孪生模型构建理论体系

领域，可以根据实际需求和实际对象进行调整，即构建部分领域和部分维度的模型。

几何模型根据其几何形状、实施方式和外观以及适当的数据结构来描述物理实体，这些数据结构适用于计算机信息转换和处理。几何模型包括几何信息（例如点、线、表面和实体）以及拓扑信息（元素关系，例如相交、相邻、切线、垂直和平行）。几何建模包括线框建模、表面建模和实体建模。线框建模使用基本线定义目标的山脊线部分以形成立体框。表面建模描述实体的每个表面，然后拼接所有表面以形成整体模型；实体建模描述三维实体的内部结构（包括顶点、边、表面和物体等信息）。为了增强真实感，开发人员创建了外观纹理效果（例如磨损裂缝、指纹和污渍等），并使用位图表示实体的表面细节。纹理技术主要有纹理混合（带有或不带有透明度）和光照贴图。

几何模型描述实体的几何信息，但不描述实体的特征和约束。物理模型会添加信息，例如精度信息（尺寸公差、形状公差、位置公差和表面粗糙度等）、材料信息（材料类型、性能、热处理要求、硬度等）以及组装信息（交配关系、装配顺序等）。特征建模包括交互式特征定义、自动特征识别和基于特征的设计。

行为模型描述了物理实体的各种行为，如功能履行、响应变化、与他人互动、内部操作调整、健康状况维护等。物理行为的模拟是一个复杂的过程，涉及多个模型，例如问题、状态这些模型可以基于有限状态机、马尔可夫链和基于本体的建模方法等进行开发。状态建模包括状态图和活动图。前者描述了实体在其生命周期内的动态行为（即状态序列的表示），后者描述了完成操作所需的活动（即活动序列的表示）。动力学建模涉及刚体运动、弹性系统运动、高速旋转体运动和流体运动。

规则模型描述了从历史数据、专家知识和预定义逻辑中提取的规则，使虚拟模型具有推理、判断、评估、优化和预测的能力。规则建模涉及规则提取、规则描述、规则关联和规则演变。规则提取既涉及符号方法（例如决策树和粗糙集理论），也涉及连接方法（例如神经网络）。规则描述涉及逻辑表示、生产表示、框架表示、面向对象的表示、语义网表示、基于 XML 的表示、本体表示等方法。规则关联涉及类别关联、诊断/推论关联、集群关联、行为关联、属性关联等方法。规则演化包括应用程序演化和周期性演化。应用程序演化是指根据从应用程序过程中获得的反馈来调整和更新规则的过程；周期性演化是指在一定时间段（时间因应用程序而异）内定期评估当前规则的有效性的过程。建模技术包括用于几何模型的实体建模技术、用于增加真实感的纹理技术、用于物理模型的有限元分析技术、用于行为模型的有限状态机以及用于 XML 的表示和本体表示。

（2）模型组装

当模型构建对象相对复杂时，需解决如何从简单模型到复杂模型的难题。数字孪生模型组装是从空间维度上实现数字孪生模型从单元级模型到系统级模型再到复杂系统级模型的过程。数字孪生模型组装的实现主要包括以下步骤：

- 明确需构建模型的层级关系以及模型的组装顺序，避免出现难以组装情况。
- 在组装过程中需要添加合适的空间约束条件，不同层级的模型需关注和添加的空间约束关系存在一定的差异。例如，从零件到部件到设备的模型组装过程，需要构建与添加零部件之间的角度约束、接触约束、偏移约束等约束关系；从设备到产线到车间的模型组装过程，则需要构建与添加设备之间的空间布局关系以及生产线之间的空间约束关系。

- 基于构建的约束关系与模型组装顺序,来实现模型的组装。

(3) 模型融合

在构建一些系统级或复杂系统级的数字孪生模型时,如果空间维度的模型组装不能满足物理对象的刻画需求,则需进一步进行模型的融合,即实现不同学科、不同领域模型之间的融合。为实现模型间的融合,需构建模型之间的耦合关系,并明确不同领域模型之间单向或双向的耦合方式。针对不同对象,模型融合关注的领域也存在一定的差异。以车间的数控机床为例,数控机床涉及控制系统、电气系统、机械系统等多个子系统,不同系统之间存在着耦合关系,因此要实现数控机床数字孪生模型的构建,要将机-电-液多领域模型进行融合。

(4) 模型验证

在完成模型构建、组装或融合后,需对模型进行验证,以确保模型的正确性和有效性。模型验证是针对不同需求,检验模型的输出与物理对象的输出是否一致。为保证所构建模型的精准性,单元级模型在构建后首先被验证,以保证基本单元模型的有效性。此外,由于模型在组装或融合过程中可能引入了新的误差,导致组装或融合后的模型不够精准。因此为保证数字孪生组装与融合后的模型对物理对象的准确刻画能力,需在保证基本单元模型为高保真的基础上,对组装或融合后的模型实施模型验证。若模型验证结果满足需求,则可将模型进行进一步的应用;若模型验证结果不能满足需求,则需进行模型校正。模型验证与校正是一个迭代的过程,即校正后的模型需重新进行验证,直至满足使用或应用的需求。

(5) 模型校正

模型校正是指模型验证中验证结果与物理对象存在一定偏差,不能满足需求时,需对模型参数进行校正,使模型更加逼近物理对象的实际状态或特征。模型校正主要包括两个步骤:

1) 选择合适的模型校正参数。这一步骤对提高校正效率有着重要影响。选择校正参数时,应遵循以下原则:

- 选择的校正参数与目标性能参数需具备较强的关联关系。
- 校正参数个数选择应适当。
- 校正参数的上下限设定需合理,不同校正参数的组合对模型校正过程会产生一定影响。

2) 对所选择的参数进行校正。在确定校正参数后,需合理构建目标函数,使校正后的模型输出结果与物理结果尽可能接近,然后基于目标函数选择合适的方法进行模型参数的迭代校正。

(6) 模型管理

模型管理是指在完成模型组装、融合、验证、修正的基础上,通过合理分类、存储与管理数字孪生模型及相关信息,为用户提供便捷服务。

1) 为了便于用户快捷查找、构建、使用数字孪生模型,模型管理需具备多维模型/多领域模型管理、模型知识库管理、多维可视化展示、运行操作等功能,支持模型预览、过滤、搜索等操作。

2) 为支持用户快速地将模型应用于不同场景,需对模型在验证以及校正过程中产生的数据进行管理，具体包括验证对象、验证特征、验证结果等验证信息以及校正对象、校正参数、校正结果等校正信息，这些信息将有助于模型应用于不同场景以及指导后续相关模型的构建。

模型构建、模型组装、模型融合、模型验证、模型校正、模型管理是数字孪生模型构建体系的六大组成部分，但在数字孪生模型的实际构建过程中，可能不需要全都包含这六个过程，需根据实际应用需求进行相应调整。例如，若为了可视化某零件，则不必进行模型的组装与融合。

2.4.4　模型构建的先进技术及工具

数字孪生中的模型包括空间模型和行为模型，其中的空间模型与传统意义上使用CAD软件构建的零部件的三维模型不同，在数字孪生背景下，空间模型中的零部件承载了尺寸、公差、工艺等多种信息，这就需要使用一种新的模型构建技术——MBD（基于模型的定义），MBD技术是实现装备制造业数字孪生的非常重要的支撑技术。

工程图或模型的绘制和构建经过了漫长的发展历史，如图2-16所示，先后经历了手工绘图、计算机2D绘图、计算机3D绘图，直至目前应用的MBD技术。

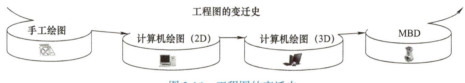

图2-16　工程图的变迁史

手工绘图使用的工具是图板、尺子等。1795年，法国科学家蒙日系统地提出了以投影几何为主线的画法几何，使得工程图的表达与绘制高度规范化、唯一化。自此工程图成为工程界常用的产品定义语言。

计算机2D绘图使用的工具是计算机。20世纪60年代，出现了以计算机绘图来代替图板手工绘图的CAD技术，应用了以AutoCAD为代表的二维CAD软件，逐步实现了工程图从手工绘制到计算机绘制的转变。

计算机3D绘图使用的工具是计算机。随着三维建模技术的发展和应用，产品设计模式演变为先利用三维CAD软件构建三维模型，再利用软件自动完成投影、消隐生成二维工程图后进行必要修改和标注，以二维工程图为主、三维模型为辅，同时作为交付物向下游设计环节传递。这种设计模式充分发挥了三维CAD系统的几何表现能力，但由于缺乏有效的制造工艺、检验信息的三维表示方法，在产品加工过程中仍需要二维工程图作为辅助。

MBD（基于模型的定义）使用的工具是具有MBD功能的计算机绘图软件。1997年，美国机械工程师协会在波音公司的协助下发起了三维标注技术（MBD）及其标准化的研究，并最早于2003年形成了美国国家标准ASMEY14.41—2003《数字化产品定义数据实施规程》。2006年，ISO借鉴ASMEY14.41—2003制定了ISO标准草案ISO 16792—2006《技术产品文件　数字产品定义数据通则》，为欧洲以及亚洲等国家的用户提供了支持。2009年，我国SAC/TC 146"全国技术产品文件标准化技术委员会"以ISO 16792—2006标准为蓝本，制定了GB/T 24734.1～11—2009《技术产品文件数字化产品定义数据通则》系列标准。

第 2 章 数字孪生系统工程化设计

MBD 是在利用 CAD 软件构建零件三维模型的基础上,通过三维标注的形式完整准确地表达设计、制造等方面的信息,并确定信息的权威性。MBD 是向利益攸关者传达信息的载体,并形成结构化的数据集,数据集不仅包含了零件、部件、整机的几何特征、公差等,也包括了隐含制造工艺等信息。解决一个企业内部信息"烟囱"现象,这些信息贯穿于产品生命周期。

在美国"下一代制造技术计划"(NGMTI)中,将 MBE(基于模型的企业)的发展历程分为四个阶段。第一阶段以 2D 工程图为中心,设计制造交换的是二维信息;第二阶段以 3D 模型为中心,开展三维实体建模,并验证整个结构的几何交互关系,包括运动学仿真、有限元仿真、基于模型的制造等;第三阶段是 MBD,侧重于在三维模型中全方位地表达设计制造信息;第四个阶段是 MBE,其 3D 主控模型不仅包含 3D 标注等几何信息,还包含更多的模型信息,未来二维模型将应用到企业和供应链中,基于广义的 MBD 进行信息交换。

1. MBD 数据模型的表达

MBD 数据模型通过图形和文字进行标注,采用直接和间接的方式标注产品、部件、零件的物理和功能需求。根据 MBD 数据模型的组织定义,分为 MBD 零件模型和 MBD 装配模型,如图 2-17 所示。

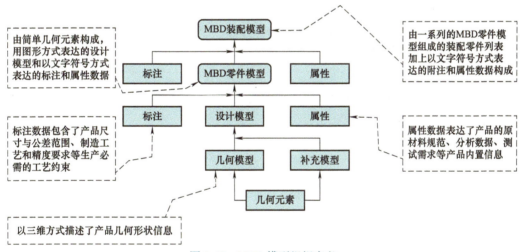

图 2-17 MBD 模型组织定义

2. ASME[⊖] 标准对 MBD 模型定义简介

(1)非几何信息的表达

MBD 产品数据模型不仅包含了产品结构的几何形状信息,还包括了原来定义在二维工程图中的尺寸、公差,必要的工艺信息以及关于产品定义模型的说明等非几何信息。需要对这些非几何信息在三维模型中做出清晰的描述和规定,通过合理的、恰当的方式呈现给使用者。

⊖ ASME(American Society of Mechanical Engineers)美国机械工程师协会,制定众多的工业和制造业行业标准。现在 ASME 拥有工业和制造行业的 600 项标准和编码,这些标准在全球 90 多个国家被采用。

（2）一般的表达形式

在 MBD 产品数据模型中，所有的尺寸、公差、注释、文本或者符号都是由标注形式表示的，通过与模型里的一个或多个特征表面垂直交叉（见图 2-18a）或对齐延长的标注平面表达出来。

如图 2-18b，图中用虚线框显示的区域就是标注平面，虚线框是为了说明需要，在实际描述中可能会有所不同。

对于不能用几何或标注来表示与显示的附加信息，可以根据需要用属性的形式来表达，如图 2-19 所示。零件模型由简单的几何元素构成，设计模型

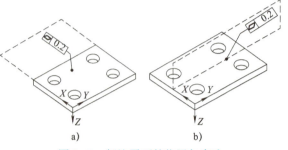

图 2-18 标注平面的位置与表达

a）与几何特征一致 b）与几何特征垂直

用图形方式表达，而标注和属性则以文字符号方式表达。这一系列的 MBD 零件模型组成的装配零件列表以及以文字符号方式表达的标注和属性数据共同构成了装配模型。

（3）特殊标注信息表示

设计工程图时，必须遵循一定的标准，例如在工程图中恰当的位置上必须标注财产所有权单位、图形建模比例等信息。同样，MBD 模型也必须要标注类似的信息。

除了标注特征信息，MBD 模型中还包括尺寸标注信息、公差标注信息、基准标注信息和旗注类标注信息。这类信息占据了标注信息的大部分，且每个标注的信息都不是独立的，而是与一个或多个几何模型特征相关联的，这些标注会随着几何模型特征的转动而相应地变换视角。

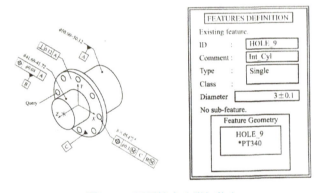

图 2-19 用属性表达附加信息

标注信息特征与几何模型的关联关系通过指引线表达。我们使用三种形状的指引线来表示不同类型的标注特征与几何模型之间的关联关系。第一种指引线的末端是箭头，表示模型中的线元素与其标注特征的关联。第二种指引线的末端是点，表示模型中的一个面元素与其标注特征的关联。第三种是专门用于表示基准标注特征与几何模型的关联，一般用实体三角形状作为指引线的末端，如图 2-20 所示。

（4）非几何信息的管理

MBD 模型中的非几何信息通过标注平面来表达。这些信息量非常庞大，如果在有限的平面内将这些信息全部显示出来，可能将整个设计的模型覆盖，造成"拥挤"和"混乱"。为了使用者可以清晰明了地使用这些信息，MBD 模型设计工业软件具有显示与隐藏的功能，具体功能包括：

- 所有标注信息的显示或隐藏，如图 2-21 所示。
- 根据需要按类型显示或隐藏，如图 2-22 所示。

- 根据用户选择显示或隐藏标注信息,如图 2-23 所示。

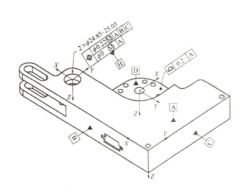

图 2-20　指引线的类型及表示

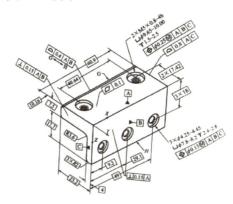

图 2-21　显示全部标注

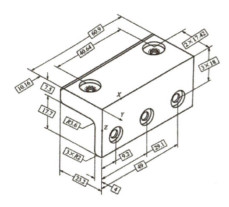

图 2-22　只显示名义尺寸类标注

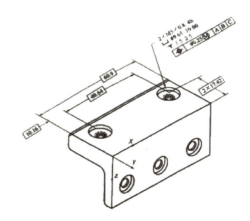

图 2-23　显示选择的标注特征

3. 建模与仿真工具

数字孪生模型包括建模和仿真两个部分。建模就是利用工业软件为物理实体建立虚拟映射的 3D 模型,3D 模型在虚拟空间里再现物理实体的外观、几何形状、尺寸、运动结构以及集合关联等。数字孪生建模语言主要有 AutomationML、UML、SysML 及 XML 等。

仿真是在建立 3D 模型的基础上结合结构、电磁学、热学、流体等物理机理、规则,采集多种数据,并对数据采用智能算法进行分析、预测物理实体未来的状态。用于仿真的工业软件主要是 CAE(Computer Aided Engineering),包括 CAD、CAE、CFD、EDA、TCAD 等。

目前,用于数字孪生建模和仿真的工业软件被一些国际巨头所垄断,尽管国内也有一些自主品牌的 CAD、CAE 软件,但市场份额很小,还没有建立自己的生态系统。用于数字孪生建模和仿真的主流工业软件主要是西门子、达索等公司的软件产品。

- 西门子:西门子提供全面的软件解决方案——产品生命周期管理(PLM 软件),涉及产品开发和生产的各个环节,从产品设计到生产规划和工程直至实际生产和服务等。其中 NX 是主要的 CAD/CAM/CAE 软件套件之一,与 Teamcenter(设计协同、产品数据管理、研发流程管理)、Tecnomatix（工艺规划和仿真、工艺流程管理）、LMS（数据采集和分析）形成 PLM 的产品生态。

- ANSYS：ANSYS 提供基于物理模型的分析技术来模拟材料应力和物理物质的流动（如流体、空气、温度，光学和电磁学）。ANSYS 数字孪生建模工具支持使用各种语言和标准格式进行建模（例如，VHDLAMS [IEEE 1076.1]、Modelica 和 SML）。它还支持功能模拟界面（FMI），允许用户导入来自多种建模工具（例如，CarSim、Dymola、GT-SUITE 和 Simcenter Amesim）的资产和设备（或子组件）模型，然后组合成一个完整的复合模型。ANSYS 功能强大，操作简便，是国际上最流行的有限元分析软件。

- 达索：达索最初专注于 CAD，2014 年正式确立了其产品线战略，该战略包括四大核心品牌：CATIA、ENOVIA、DELMIA 和 SIMULIA。其中，SIMULIA 是达索在仿真领域的布局。通过收购 ABAQUS、Dynasim AB、Engineous 等仿真软件开发商，达索逐渐补齐多物理场仿真分析、仿真生命周期（SLM）、注塑仿真、多体仿真、流体场仿真、汽车建模仿真等领域的能力。达索公司推出 3Dexperience 平台，可服务于工业、交通、航空航天等 12 个行业。平台中包含了 3D 建模应用程序、内容与仿真应用程序、智能信息应用程序和社交协作式应用程序，以实现 3D 设计、工程、CAD、建模、仿真、数据管理和流程管理等功能，从而以数字方式重塑先进产品开发与制造的方法，助力数字孪生的发展。

- 海克斯康（MSC）：MSC 主要提供面向汽车、航空航天和电子行业，服务于虚拟产品和制造工艺开发的仿真软件。2017 年被海克斯康收购。

- Atair：旗下有 SolidThinking 平台、HyperWorks 平台、OptiStruct 软件，Click2 工艺制造优化软件，以及 HyperStudy 面向通用学科优化 CAE 仿真平台 HyperStudy 等。Atair 在中国市场的客户群集中在汽车和消费电子行业。

- 优也：Thingswise iDOS 平台把数字孪生技术与工业互联网平台技术无缝融合，以数字孪生设计为中心，一体化地解决生产环境的接数（物联）、管数（数据梳理）和用数（算法模型和工业应用）的问题。

2.5 习题

1. 简述数字孪生与产品生命周期之间的关系。
2. 简述产品数字孪生的设计流程。
3. 简述设备数字孪生的价值。
4. 结合第 1 章和本章的内容，请举例说明陈述性、程序性知识，并简述学习策略。
5. 在理解图 2-8 和图 2-9 的基础上，如何理解数字孪生是智能制造的赋能技术？
6. 如何理解 MBD 是向利益攸关者传达信息的载体？
7. 根据模型构建的基本理论（2.4.3 节），如何理解模型组装和模型融合？

第 3 章
空间模型的构建

本章讲述如何对物理世界存在的某一物理实体的信息和数据进行"抽取",并在计算机的虚拟世界中进行数字映射的技术。包括基于 MBD(Model Based Definition,基于模型的定义)技术构建零件模型,进行部件和整机的虚拟装配,以及通过实际操作来理解空间模型构建的基本理论和技术体系等内容。

┃本章目标┃

➢ 理解 MBD 技术在制造业数字化、智能化中的地位和作用。
➢ 理解并掌握基于 MBD 技术构建零件模型。
➢ 理解并掌握基于 MBD 技术进行部件、整机的虚拟装配。
➢ 理解空间模型构建的基本理论和技术体系。

数字孪生在智能制造中的工程实践

如图 3-1 所示，空间模型构建是数字孪生系统设计架构⊖中的第①模块。这一模块对智能分拣系统（物理实体）的零件、部件、整机的尺寸、公差、结构、材料以及各种约束条件进行数据"抽取"，利用工业软件，应用 MBD 技术来构建零件、装配部件、装配整机，如图 3-2 所示。

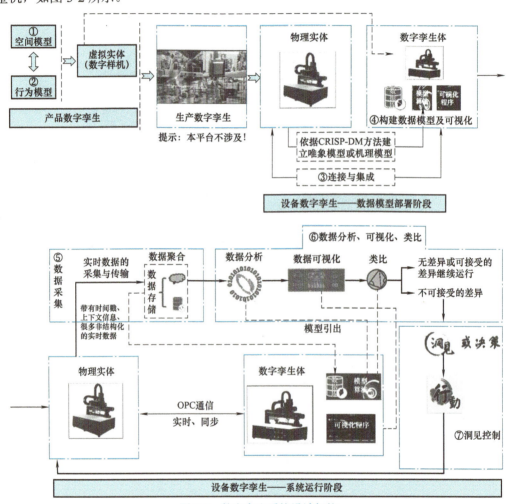

图 3-1 数字孪生系统设计架构

图 3-2 构建空间模型

⊖ 特指本书中的工程化设计，不具通用性。

第3章 空间模型的构建

空间模型构建在装备制造业数字孪生应用中,属于产品数字孪生,如图3-3所示。

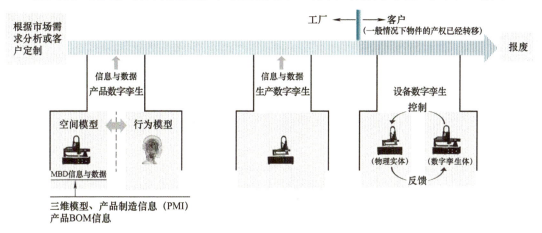

图 3-3 数字孪生在装备制造业中的应用

3.1 概述

数字孪生中的空间模型并不是传统的三维模型,而是在传统的三维模型基础上标注了尺寸、文字注释、几何形位公差、制造工艺等,形成了完整的产品制造信息。在产品设计阶段的空间模型构建中,使用MBD技术构建产品的MBD模型。空间模型所"承载"的这些信息是工艺设计仿真、工装工艺设计、工装制造、生产制造、监测、产品维修维护等产品生命周期环节的工作依据,用模型代替了传统的文本格式的技术文件。

在构建空间模型前,需要对物理实体的功能、结构、系统构成有一定的了解。

3.1.1 物理实体(智能分拣系统)功能描述

如图3-4所示,将摆放在工作台面绿色线框内的四种工件,堆垛至指定的区域,如图3-5所示。工件、台面绿色线框以及指定区域有关信息,请扫本页二维码。

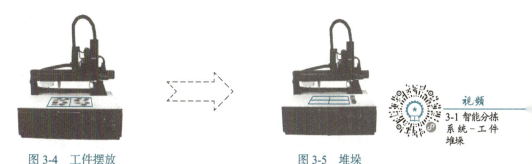

图 3-4 工件摆放　　　　　图 3-5 堆垛

视频
3-1 智能分拣系统-工件堆垛

如图3-6所示,将摆放在台面黑色虚线框内的零片在指定区域拼图成心形图案,如图3-7所示。零片、台面黑色虚线框以及指定的有关区域的信息,请扫下页左侧二维码。

数字孪生在智能制造中的工程实践

视频
3-2 智能分拣
系统-零片拼图

图 3-6　零片摆放　　　　　　　　图 3-7　心形图案

3.1.2　物理实体（智能分拣系统）硬件构成

如图 3-8 所示，X 轴水平运动（S 形速度曲线），Y 轴前后运动（S 形速度曲线），Z 轴上下运动（S 形速度曲线），R 轴旋转运动。X、Y、Z、R 轴构成传动链，X、Y、Z 三轴联动，使末端形成空间曲线运动。详细技术指标请扫本页二维码。

拓展阅读
3-3 技术指标

图 3-8　系统结构图

3.1.3　模型构建对象的选择

工程化设计所依托的智能分拣系统具有中等复杂程度，包含成百上千种零件，在实际工程实施中需要一个包括机械工程师、电气工程师在内的多专业团队一起配合来完成空间模型的构建。本书仅选取典型的零件、部件进行模型构建和虚拟装配来帮助学生完成学习目标。

智能分拣系统是视觉伺服的典型应用，视觉伺服属于机器人与机器视觉的集成应用的体现。视觉伺服一般是指通过光学装置和非接触传感器自动地接收和处理一个真实物体的图像，通过图像反馈的信息，系统对机器做进一步控制或自适应调整。在这个过程中，PLC（可编程序控制器）发出指令给驱动器，驱动器驱动执行器（本例是电机），执行器再通过机械部件将运动传递给末端（真空吸盘），末端进行相应的空间曲线运动。这些机械部件和执行器构成了所谓的传动链。对于一个运动控制系统来说，传动链的设计至关重要，是使末端（或负载）完成所期望的曲线运动的关键。

该传动链由 X、Y、Z、R 四轴构成。图 3-9 是该传动链的爆炸图。爆炸图也称为立体装配图，是装配关系的直观体现。

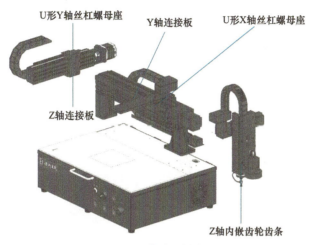

图 3-9　传动链爆炸图

由以上传动链的爆炸图可以看出，X、Y、Z 轴是传动链中的主要传动机构，X、Y、Z 三轴所包含的零件有几十个，需要进一步地进行细分选择。X、Y、Z 轴中，X 轴既有支承性零件又有运动部件和连接零件，具有典型性，所以本书选取智能分拣系统传动链的 X 轴作为零件模型构建和部件虚拟装配的描述对象。

1. 零件模型构建简述

根据图 3-10 所示 X 轴爆炸图，选取左支承座进行零件模型构建。左支承座属于支承性零件，与机箱、模组支承板连接，不发生运动。

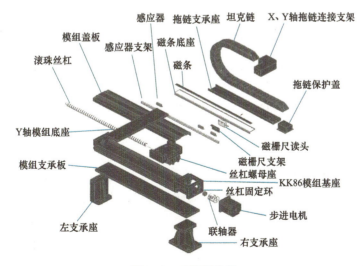

图 3-10　X 轴爆炸图

根据尺寸、结构、公差、材料等要求，利用 CAD 软件构建左支承座的三维模型，使用 MBD 技术分别对左支承座的尺寸、公差、约束条件、制造工艺进行三维标注。左支承座模型构建须遵守零件建模的总体原则、总体要求和详细要求。

2. 部件虚拟装配简述

视频 3-4 X 轴虚拟装配

X 轴有 23 个装配单元，除左支承座外其余装配单元信息请扫左侧二维码来下载 STP 格式文件，利用 MBD 技术进行 X 轴部件装配，如图 3-11 所示。

将 X 轴、Y 轴、Z 轴、R 轴作为装配单元装配传动链，将传动链、机箱等作为装配单元装配整机，从而完成空间模型的构建，如图 3-12 所示。

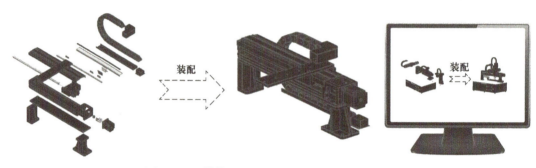

图 3-11　X 轴装配　　　　　　　　图 3-12　整机装配

3.2　基于 MBD 技术的零件模型构建的工程实践

在零件模型构建的过程中，首先应对零件进行编号，编号的主要目的是供利益攸关者读取和使用。模型设计时需要统一的零件命名规范，各个公司有自己的标准，一般情况下用项目设计号+加工性质+零件设计序号+零件名称方式命名。编号方便搜索，名称用于在加工检测和安装时容易识别。项目设计号由各个项目名称决定，没有统一的规范，以左支承座为例，模型命名规则如图 3-13 所示。

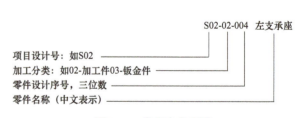

图 3-13　模型命名规则

以 X 轴主要零件为例[⊖]，见表 3-1，加工件一般分为机加和钣金两类，其余为外购件。外购件又分为标准件和非标准件，模型直接从供应商调用，无须再设计，除非是在零件上改制，所以直接采用供应商命名即可，以便于采购和查询。

⊖ 本书所依托的智能分拣系统的制造商零件命名规则不具有通用性。

表 3-1 X 轴部分零件命名

零件名称	零件编号	分 类
磁栅尺支架	S02-01-009	加工件－机加
磁条安装板	S02-03-00	加工件－钣金
丝杠螺母座	KKR83-A1-C1_1_1	外购件[①]
模组基座	KKR83-440-F0_KKR860001_1_1	外购件
模组盖板	KK83-LR-44000001_1_1	外购件
左支承座	S02-02-004	加工件－机加
右支承座	S02-02-005	加工件－机加
模组支承板	S02-02-006A	加工件－机加
步进电机	60CM22X0001_1_1	外购件

① 阴影部分为外购件。

在确定了零件的编号原则后,需要选择模型构建的工业软件,本例选用的是西门子公司的 NX2007。NX2007 软件的安装和使用请读者自行查阅有关资料,本书不再详述。

3.2.1 零件模型构建流程

MBD 零件模型由用图形方式表达的设计模型和以文字符号方式标定的标注和属性数据组成。设计模型以三维方式描述了产品的几何形状信息;属性数据表达了产品原材料规范、分析数据、测试需求等产品内置信息;标注数据包含了产品尺寸公差范围、制造工艺和精度要求等生产必需的工业约束信息。如图 3-14 所示。

图 3-14 MBD 模型的组成要素

1. 设计模型

设计模型主要是利用 CAD 软件构建零件的三维数字模型,描述零件的几何要素等。为提高设计效率和减少出错的概率,应遵循正确的建模顺序,具体如下:

1) 根据模型外观,分析出模型有几个特征。

2) 特征建立在草图的基础上,每个特征有单独的草图,建草图要有基准面,基准面可以是坐标平面,也可以是零件的表面,用零件表面作为基准面的情况比较多。

3) 根据模型的特征,选择正确的特征类型和特征生成方向,方向不对将无法生成正确的模型特征。

4) 在特征生成的过程中,首先生成面特征,先生成体积最大的特征并将其作为基本特征,然后在基本特征上切割或添加次级特征。

5) 完成所有面特征生成后,再生成倒角、圆角以及孔特征,孔类型包括沉头孔、螺纹孔、钻孔、销钉孔、攻丝等。

6) 所有设计的模型都需要考虑加工工艺,任何一个特征必须是可加工的,同时要考虑退刀槽和刀柄干涉情况。孔以及螺纹尽量采用国家标准,以适用标准螺钉,从而节省加工及外购件的成本。

2. 信息标注

在生成 3D 设计模型图后,需对零件进行三维标注,也称 PMI(Product Manufacturing Information,产品制造信息)标注。NX 软件中具备 PMI 功能模块,这使得用户能够根据 MBD 标准在产品的三维几何模型基础上完成产品制造信息(尺寸标注、文字注释、几何形位公差)的定义,从而实现数字化产品的完整定义。

PMI 提供了目前 CAD 产品中最完整的工具组合,用于三维 CAD 及协同开发系统,旨在传递关于产品部件的制造信息,尤其是形位公差、三维注释(文本)、表面精度以及材料规格等方面的信息。

NX PMI 完整的三维注释环境不仅可以捕获制造需求以及在这些需求与三维模型之间建立的关联关系,而且还允许下游应用软件重用数字化数据,这是因为数据不仅与产品零件共存,而且还可以驱动产品零件。

三维标注的方法和平面标注类似,首先选择要标注的对象,如两个平面或一个边,然后输入尺寸参数。为保证标注后图形和尺寸看起来简洁,标注需遵循以下原则:
- 线性尺寸线平面应与标注平面重合。
- 孔距标注时,尺寸线平面应与垂直两孔的中心平面重合。
- 孔的位置尺寸应标注在和该孔垂直的平面上。
- 表面基准特征框的标注应采用折线方式引出,指引线平面应与该平面垂直。
- 尺寸界限的引出不宜太长,同一投影方向的尺寸线不要重合。
- 标注尺寸尽量不标注在特征上。
- 对于有公差要求的尺寸,必须标注公差。

3. 属性表达

属性是 MBD 中的说明信息,通过标注平面来表达,包括材料说明、分析数据、测试需求、加工方法、加工要求等产品的内置信息。这些标注放在一个标注平面上,该平面也是活动平面,随 3D 图像一起移动。完整的 PMI 信息如图 3-15 所示。

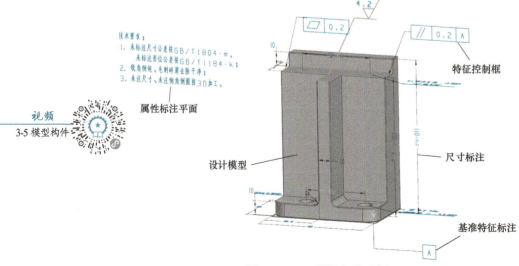

图 3-15 PMI 属性标注示例

3.2.2 零件建模

零件 S02-02-001 设计模型如图 3-16 所示。

1. 分析模型特征，确定建模顺序

对于机加类的零件，建模顺序应尽可能与机械加工顺序一致，模型特征分析可以理解为是分析并确定零件加工顺序的过程，如图 3-16 和图 3-17 所示。

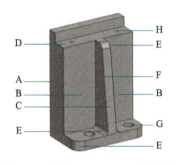

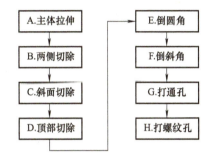

图 3-16 零件 S02-02-001 设计模型　　　图 3-17 零件 S02-02-001 设计模型建模顺序

2. 创建项目

单击 NX2007 软件图标进入软件界面，单击工具栏中的"文件"，单击"新建（N）"，显示如图 3-18 所示。

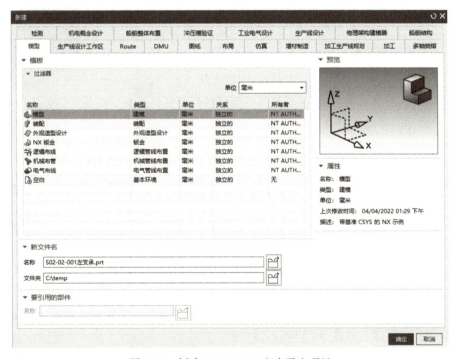

图 3-18 创建 S02-02-001 左支承座项目

选择"模型"功能块,在"新文件名"栏中输入"S02-02-001 左支承座",并选择文件的存放地址。

3. S02-02-001 左支承座零件建模

根据模型特征关系和上述建模原则,确定建模顺序为 A、B、C、D、E、F、G、H、I、J。

(1)特征 A,绘制 80×50×110mm³ 的长方体模型,特征性质为拉伸

① 绘制草图。选择工具栏"草图"工具,自动显示三轴坐标平面,选择合适的坐标平面,一般选择 XY 平面,系统自动将该平面切换到正视方向。在该平面上绘制 80×50mm² 的矩形;草图的尺寸要在轮廓完成后修改,方法是鼠标左键单击草图的一边,软件自动弹出尺寸线,单击数值即可修改尺寸值,如图 3-19 所示。

② 拉伸特征。单击工具栏中的"拉伸"图标,进入拉伸编辑画面,在距离中输入 110,拉伸距离 110mm,布尔选择"无",预览显示拉伸后的形状,单击"确定"按钮后形成 80mm×50mm×110mm 的长方体,如图 3-20 所示。

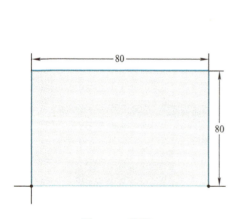
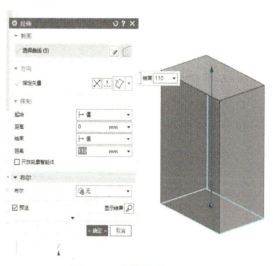

图 3-19　草图 1　　　　　　　图 3-20　拉伸特征

(2)特征 B,两侧切除

① 选择参考面绘制草图,参考面为立方体外表面。绘制两个矩形,尺寸如图 3-21 所示。

② 将草图拉伸,方向朝里,距离为 24mm,布尔选择"减去",单击"确定"按钮完成两侧切除,如图 3-22 所示。

(3)特征 C,斜面切除,斜面角度 -7.2°

① 生成草图绘制基准面,基准面与外侧竖直面成 7.2°。

② 选择该基准面,右键单击草图,进入草图绘制窗口,绘制一个矩形,矩形面积要超过被切割特征范围,如图 3-23 中蓝色区域所示。

③ 以绘制的草图拉伸特征,布尔选择"减去",切除掉一个斜面。切除后的特征如图 3-24 所示。

第 3 章　空间模型的构建

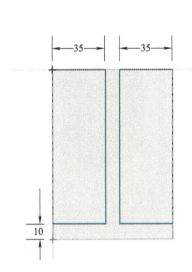

图 3-21　草图 2　　　　　　　图 3-22　两侧切除

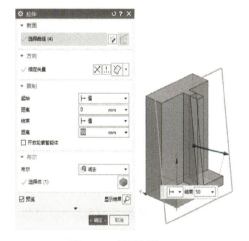

图 3-23　草图 3　　　　　　　图 3-24　斜面切除

（4）特征 D，顶部切除

① 以前面台阶竖直面为基准面，画一个草图，宽度为 10mm，如图 3-25 所示。

② 单击"拉伸"，布尔选择"减去"，拉伸 40mm，切除顶部的台阶，如图 3-26 所示。

（5）特征 E，倒圆角

① 特征 E 内侧倒圆角，圆角半径为 4mm，单击工具栏中"边倒圆"工具，将内侧导圆，选择要倒圆的边位置，可以一次选择多个边。

② 外侧倒圆，倒圆半径上方为 3.0mm，底部为 10.0mm，方法同上，完成后如图 3-27 所示。

（6）特征 F，倒斜角

① 单击工具栏中的"倒斜角"工具。

② 选择所有要倒角的边，倒角尺寸为 0.5mm，完成后如图 3-28 所示。

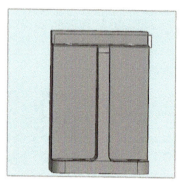
图 3-25 草图 4

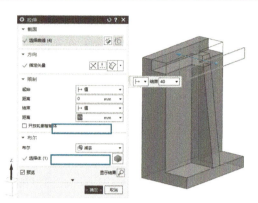
图 3-26 顶部切除

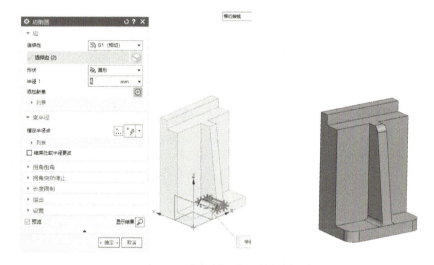
图 3-27 内侧倒圆角和外侧倒圆角

图 3-28 倒斜角

（7）特征 G，打沉头孔 X2

① 选择工具栏中的"孔"工具，在要打孔的面上单击，选择孔类型，如"沉头"，

设置孔大小、沉头深度等参数。

② 选择打孔的位置，单击"位置"，指定点的第一个图标，系统自动切换到草图平面，在该平面上标注孔的位置尺寸，孔的位置将以蓝色十字点显示。完成尺寸约束后，单击"确定"按钮，孔特征任务完成，如图3-29所示。

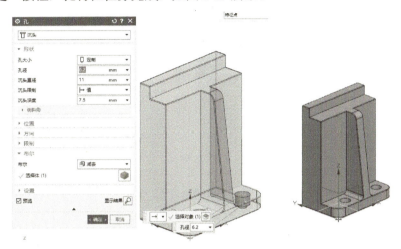

图3-29 打沉头孔

（8）特征H，打螺纹孔X2

① 选择工具栏中的"孔"工具，在要打孔的面上单击，选择孔类型，如"有螺纹"，标准为公制，大小为M5×0.8，螺纹深度为15mm。

② 对孔位尺寸进行约束，完成后单击"确定"按钮生成最终特征形状，如图3-30所示。

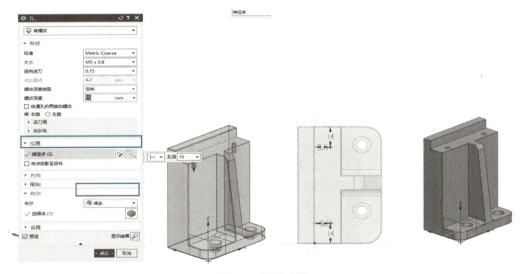

图3-30 打螺纹孔

4. 模型着色

为了提高模型的可读性，需对模型进行着色处理。一般情况下同一个组件的模型用一种颜色,不同组件的模型则用不同的颜色。颜色优先选用饱和度低的颜色,便于识别。如图 3-31 所示,黄色部分为子装配体"模组安装座",白色部分为 X 轴模组,两个不同的颜色区分明显。

对模型着色的方法:在模型上单击右键,选择"指派特征面颜色",选择要修改的颜色,单击"确定"按钮,完成着色,如图 3-31 所示。

图 3-31　模型着色

5. PMI 标注

进入 PMI 功能模块,在文件菜单中勾选 PMI 模块后,在菜单栏出现 PMI 工具栏,如图 3-32 所示。

视频
3-6 MBD标注

图 3-32　PMI 工具栏

(1)线性尺寸标注(用于标注两个平面或两个孔位或两点之间的距离)

① 单击"快速"工具栏,显示快速尺寸输入画面。

② 选择标注的第一个平面,如左侧面,然后单击,"选择第一个对象"左侧显示出勾号,表示对象已被选中,如图 3-33 所示。

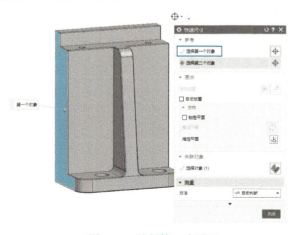

图 3-33　选择第一个平面

③ 旋转视图，选择标注的第二个平面，如单击右侧面，"选择第二个对象"左侧显示出勾号，表示对象已被选中。此时系统会自动显示尺寸线的坐标平面，未选中的平面方框为虚线，选中的平面方框为实线，标注尺寸会自动放置在选中的平面上，如图 3-34 所示。

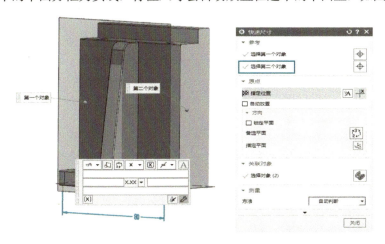

图 3-34　快速尺寸标注

④ 将鼠标指针移到需要放置尺寸的平面框，单击鼠标左键，尺寸线将切换到此平面。选择水平面，将尺寸线放在水平方向。尺寸线最终显示如下：水平尺寸 80mm，如图 3-35 所示。

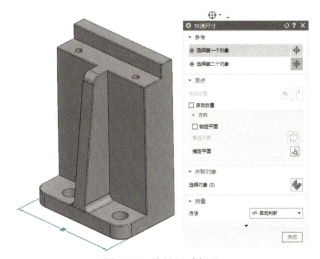

图 3-35　线性尺寸标注

⑤ 公差标注。对于有公差要求的线性标注，可以在尺寸线显示时直接输入公差值，如图 3-36 所示。也可以在尺寸线标注完成后双击尺寸线修改公差值。可选择的公差有等向公差、双向公差、单向正公差、单向负公差等，还需要选择公差字符放置位置。

⑥ 孔距标注。孔距的标注也属于线性标注。在标注孔距时，对象选择会自动捕捉到圆的中心。选择尺寸线平面时，通常选择与孔的成型方向平行的平面，如图 3-37 所示。

⑦ 同样的方法标注完成其他线性尺寸，如图 3-38 所示。

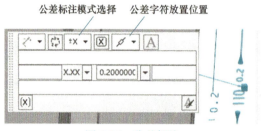

图 3-36 公差标注

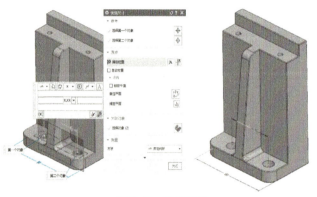

图 3-37 孔距标注

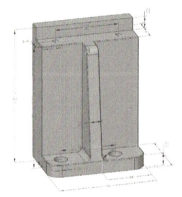

图 3-38 线性尺寸标注

（2）孔尺寸标注

① 单击工具栏"孔尺寸标注"，单击孔特征上任何处，系统自动捕捉到孔，并自动拉出尺寸线。单击左键完成孔尺寸线标注。前面的数字表示孔的数量，可以在文本中添加编辑。

② 用同样的方法完成底部两个内六角沉头孔的标注，标注完成后的尺寸如图 3-39 所示。

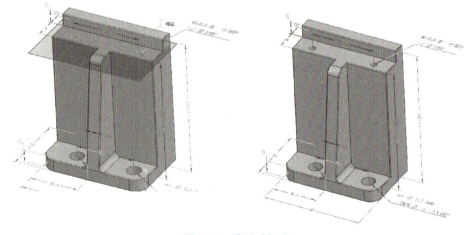

图 3-39 孔尺寸标注

（3）倒圆和倒角标注

① 倒圆工具用于标注孔径大小或倒圆半径。可更改显示对象为直径或半径显示，系统默认孔用直径显示，倒圆用半径显示。选择倒圆工具，在孔边缘或倒角处单击鼠标，

系统自动弹出尺寸线,尺寸线和圆弧在同一个平面显示,单击鼠标左键完成显示。

② 选择"倒斜角"工具,单击所要标注的斜角,然后选择斜角相邻的斜面并单击,系统从斜面拉出一个倒斜角标注:斜角宽度×角度,例如 0.5×45°,如图 3-40 所示。

(4)粗糙度标注

单击"表面粗糙度"工具,弹出表面粗糙度编辑画面,输入表面粗糙度值,在"指定位置"选择尺寸放置位置,一般为线的端点,在"关联位置"选择需要标注的平面,单击"确定"按钮完成标注,如图 3-41 所示。

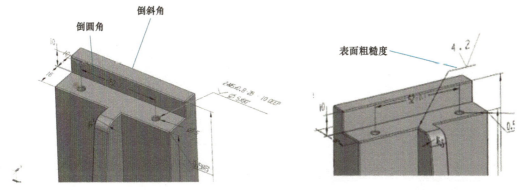

图 3-40 倒角和圆角标注　　　　　　　图 3-41 表面粗糙度标注

(5)基准特征符号和基准特征框标注

① 放置基准特征符号,单击"基准特征符号"工具栏,修改基准特征标识符,系统从 A 开始按顺序标注,也可修改。选择尺寸放置平面,在"选择终止对象"栏选择基准平面位置,然后拉出基准符号,如图 3-42 所示。

② 放置基准特征框。选择基准特征框:在"指定位置"选择尺寸平面,一般选择与需要标注的平面垂直。选择终止对象:在标注面上确定标注平面的指引线位置。框:选择基准类别和参数值,平行度标注,如图 3-43 所示。

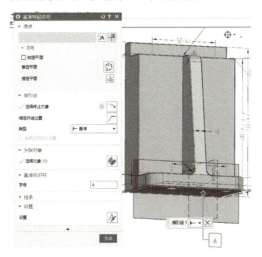

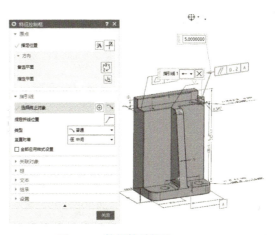

图 3-42 基准特征标注　　　　　　　图 3-43 特征符号标注

6. 属性平面标注

属性平面标注在特征零件的重合平面，一般移动到零件外侧。单击"注释"工具，选择注释的放置平面，并在文本输入框中输入文本，如技术要求、加工工艺等。还可以在平面中插入表格，单击"表"工具栏中的"插入"，将表格插入到注释同一平面，在表格中输入图纸名称、设计者、版本号等信息。零件建模完成的最终画面如图 3-44 所示。

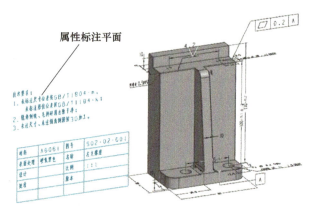

图 3-44　建模完成画面

3.3　基于 MBD 技术的部件虚拟装配的工程实践

MBD 装配模型由一系列 MBD 零件模型组成的装配零件列表加上以文字符号方式表达的标注和属性数据组成。

虚拟装配技术和通常的 3D 装配技术没有本质的区别，首先导入零件，然后进行配合约束。一般采取自下而上的装配方法，即从小的零件首先组成一个小的组件（装配体），在此组件上逐步添加新的组件，组成一个完整的装配体。

首先在文件中添加装配应用模块，进入装配模块后单击工具栏的"装配约束"，显示相关的约束功能。

3.3.1　装配目录树

在 NX 中，装配目录树用于模型装配。X 轴组件由 4 个子装配体组成，分别为 X 轴模组、紧固件、模组安装座、联轴器，其余为基本部件。子装配体前面显示"+"号，如图 3-45 所示。

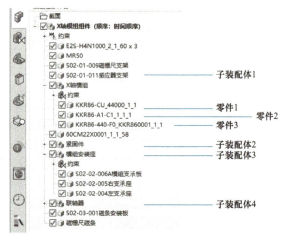

图 3-45　X 轴组件装配体部件组成

3.3.2 子装配体

下面以模组安装座为例介绍装配体的建立过程。如图 3-45 所示，模组安装座由模组支承板、右支承座、左支承座三个部件装配组成。

① 单击"文件"→"新建"→"模型"→"装配"，将文件命名为"X 轴组件"，如图 3-46 所示。

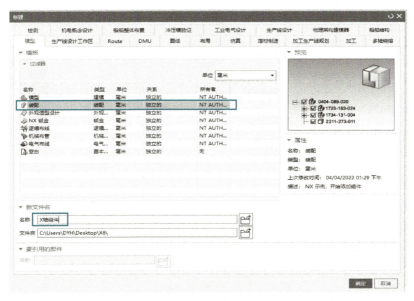

图 3-46　新建装配体画面

② 选择工具栏中的"添加组件"，将装配体中的三个部件添加到视图窗口，然后单击工具栏中的"移动组件"，将零件摆放到大致的装配位置，如图 3-47 所示。

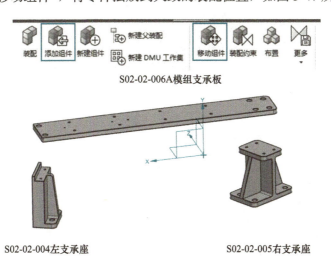

图 3-47　添加模组安装座组件

③ 选择"装配约束"→"同心约束,将支承板和支承座左侧的两个孔对齐,并使两个面接触。装配完成后左侧约束树中显示约束内容,装配图中显示约束符号,如图 3-48 所示。同心约束的含义:两个圆孔同轴,而且选择的两个约束对象面接触。所以对象选择时,要选择底部对象的上表面和上面对象的下表面进行约束,同时有同轴和接触的约束功能。

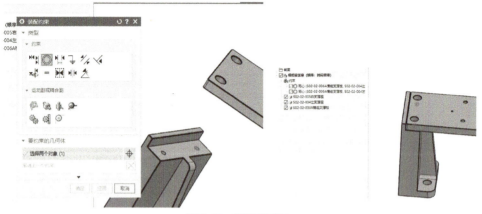

图 3-48 同心约束 1

④ 用同样的方法将支承板和右支承座的两个孔进行同心约束,如图 3-49 所示。

图 3-49 同心约束 2

装配完成后的组件图,左侧显示四个约束信息,装配图中显示对应的四个约束符号,每种约束符号对应一种约束,双击约束信息可以修改或删除,如图 3-50 所示。注意,不可出现过约束现象,如果两个对象过约束,将出现错误提示。

图 3-50 模组安装座装配完成约束

3.3.3 外购件模型导入

外购件厂家一般提供 3D 图,选择功能栏"添加组件"直接导入即可,不需要再装配。X 轴包含以下几个外购件:模组、电机、联轴器、感应器,如图 3-51 所示。

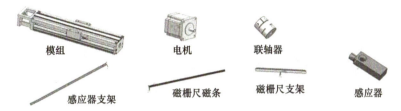

图 3-51 外购件模型图

3.3.4 总装配体

装配过程中,通常遵循的原则是由下而上、由里到外进行装配。具体说明如下:

① 建立新装配体文件,文件命名为"X 轴模组组件"。

② 添加组件,选择子装配体"模组安装座",将装配体摆放成正轴侧方位。

③ 继续添加组件,选择子装配体"X 轴模组"。

④ 选择"同心"约束,将模组座的 A 处螺孔和模组底部相对应的沉头孔位进行约束。

整个流程如图 3-52 所示。

⑤ 选择"对齐"约束,自动判断中心线,将模组座的 B 处螺纹孔和模组底部的沉头孔进行同轴约束。至此,这两个子装配体约束完成,如图 3-53 所示。左侧约束显示添加的约束关系,对应图中的约束符号。

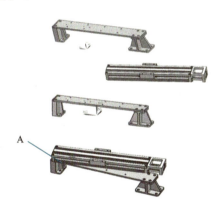

图 3-52 模组和基座约束:同心

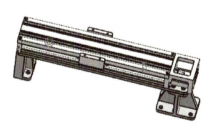

图 3-53 模组和模组底座约束完成

注意，约束前面的绿色勾号如果去掉，则约束作用消失，此时可以用"移动装配体"的方式移动部件。如需还原该约束关系，重新在前面打勾，部件即可重新回到约束的位置。

⑥ 装配独立部件

- 联轴器。选择"对齐"和"距离"配合，将联轴器装配到丝杠驱动端，如图 3-54 所示。

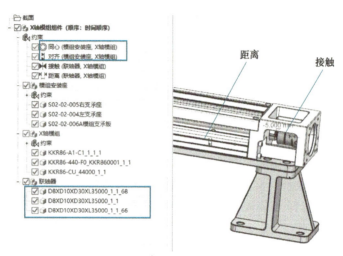

图 3-54　装配联轴器：距离 + 接触

- 步进电机。选择"接触对齐"→"自动判断中心轴"，将步进电机轴和联轴器同心；选择"接触对齐"，将模组法兰端面和电机法兰面重合；选择"平行"，将电机侧面和法兰侧面平行，如图 3-55 所示。

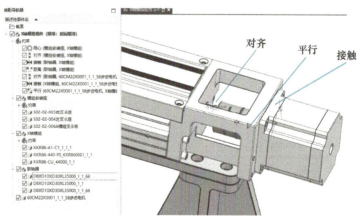

图 3-55　装配电机：对齐 + 接触 + 平行

- 感应器支架。选择"同心"约束，选择对象为模组座侧边安装孔和感应器支架的安装通孔，将两个孔位对齐并接触。同样选择另外一个安装孔进行约束。如图 3-56 所示。

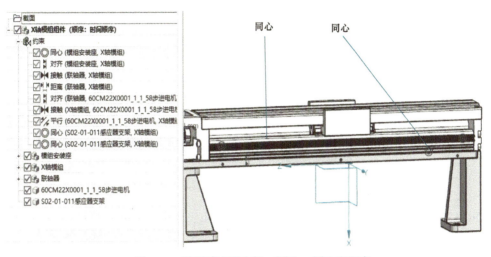

图 3-56　装配感应器支架：同心 + 同心和距离

- 感应器。选择"对齐"约束，将感应器安装孔和支架安装孔同轴；选择"平行"，使感应器侧面和支架侧面平行并确定方向；选择"接触"，使感应器和支架接触。用同样的方法装配另外两个感应器，如图 3-57 所示。

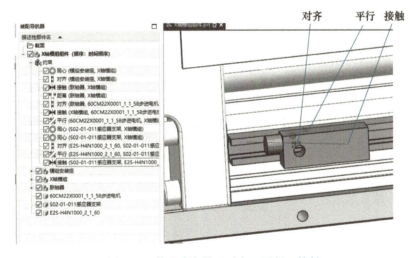

图 3-57　装配感应器：对齐 + 平行 + 接触

- 磁条安装板。选择"同心"配合，将安装板的安装孔和模组座的螺孔约束；选择"接触"，使另外一个孔和模组座的螺孔对齐，如图 3-58 所示。
- 磁栅尺读头支架。选择"同心"配合，将支架第一安装孔对准丝杠螺母座第一个螺孔并和丝杠螺母座接触；选择"接触对齐"，使支架第二个安装孔和丝杠螺母座第二个螺孔对齐，如图 3-59 所示。

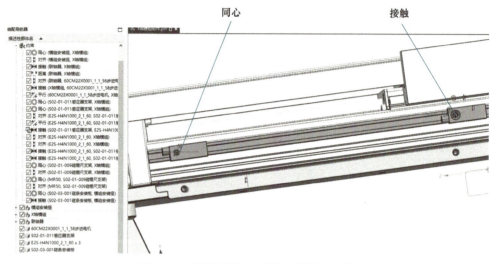

图 3-58 装配感应器：对齐 + 平行 + 接触

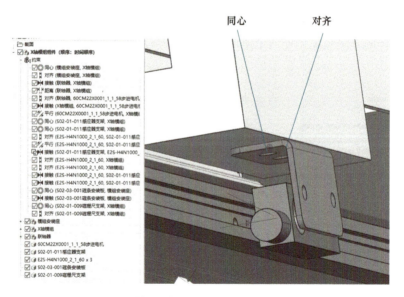

图 3-59 装配磁栅尺读头支架：同心 + 对齐

- 磁栅尺读头 MR50。选择"同心"，使读头一个安装孔和支架第一个孔对齐并接触；选择"接触对齐"，使第二个安装孔和支架第二个孔对齐。如图 3-60 所示。
- 磁条。选择"接触对齐"，使磁条和磁条安装板接触；选择"接触对齐"，使磁条侧边和感应器外侧面重合。至此，全部配合装配完成，如图 3-61 所示，蓝色符号表示装配约束。在此装配体基础之上再装配其他组件，进而形成整机装配。

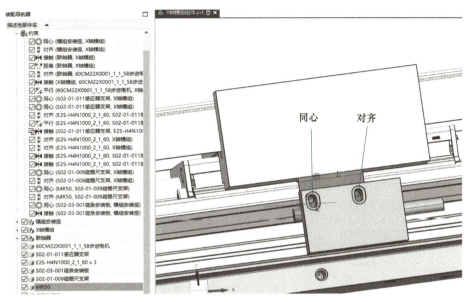

图 3-60 装配磁栅尺读头：同心 + 对齐

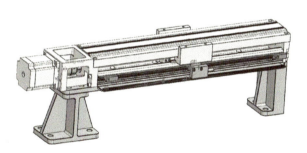

图 3-61 X 轴组件装配完成图

3.4 基于模型的轻量化应用技术的工程实践

模型轻量化技术是指在保留三维模型基本信息，保证必要的精度的前提下，将原始的 CAD 格式文件压缩成只有原格式 1/10 大小甚至更小的轻量化格式文件。该文件与三维软件无直接关联，从而可以快速通过网络传输到企业各生产部门，各部门人员无须知道建模知识可以快速看懂文件，还可以在该文件上提出建议和评论，使得人与人之间的信息交流更加容易，企业各环节之间的沟通变得更加直观，有利于提高生产效率，缩减产品成本。模型轻量化技术的应用具有可以加快产品报价、缩短开发周期、改善售后服务等作用。

轻量化技术通过生命周期管理软件 PLM 进行连接和管理，西门子的 PLM 管理软件为 Teamcenter，用于产品的审核、共享、追溯，使无纸化管理贯穿产品整个生命周期，可以认为是"有生命"的 MES 系统。

轻量化技术通过"发布技术数据包"功能实现。也就是将三维环境中定义的 MBD 模型转换为中间文档格式，如 3D PDF、JT、STEP，方便下游部门和企业查阅和重用数据，这个过程就是生成并发布 MBD 技术数据包。它们之间的关系如图 3-62 所示。

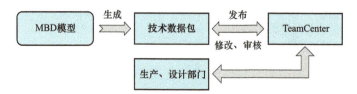

图 3-62　产品生命周期管理流程图

技术数据包的发布流程（注：该功能需在 NX2007 以上版本中才具备）如图 3-63 所示。以发布数据包流程为例，技术数据包类型分为零件和装配体两种。

图 3-63　技术数据包发布流程

3.4.1　零件技术数据包的发布

① 打开 S02-02-001 左支承座 MBD 文件。

② 进入 PMI 模块，在功能栏中选择"新建模板"，进入"新建技术数据包模板"界面，如图 3-64 所示。

图 3-64　新建技术数据包模板界面

③ 模板类型选择 Part_Landscape，即横向零件页面；"新文件名"处用于设置存放新建模板的位置，可不更改。

1. 模板参数说明

模板参数界面如图 3-65 所示，下面具体说明。

第 3 章 空间模型的构建

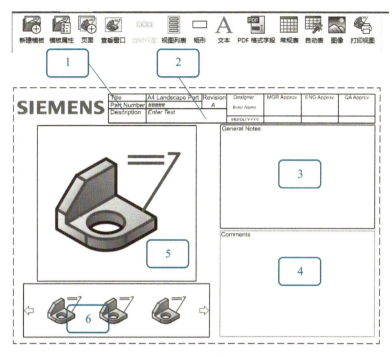

图 3-65 模板参数界面

- 新建模板：可以再次新建一个模板。
- 模板属性：添加演示文件名称，如 001，在发布数据包时选择该文件进行发布。
- 页面：添加数据包画面，可以添加多个。
- 查看窗口：可以添加查看窗口，也可双击原来的查看窗口编辑窗口大小和位置。
- 视图列表：以列表方式显示视图。
- 矩形：在窗口中添加矩形。
- 文本：在窗口中添加文本。
- 常规表：在窗口中添加表格，行列可自定。
- 自动表：在窗口中显示系统内定的表格，如 PMI 和 BOM 表。
- 图像：在窗口中添加图像，窗口中的数字代表含义如下：

1 公司 LOGO 图标，双击可调用新图标。

2 表格内容，显示图纸设计相关内容，双击可修改。

3 一般注释区，可添加图纸说明。

4 评论区，在生命周期管理流程中，各部门可在此区域对本图纸提出建议、评论和改进。

5 模型主体预览区，可各个方向旋转模型，并显示 PMI 尺寸。

6 模型投影视图区域，显示模型各个方向的视图。

2. 设计模板界面和参数

① 更改公司 LOGO。双击 1 处 SIEMENS 图标，调用本地图像，如图 3-66 所示。

② 更改表头内容。选择表头内容并双击,将表格改成以下内容:零件编号、零件名称、设计者、版本号、修改日期等,如图 3-67 所示。

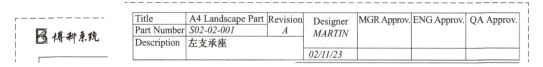

图 3-66　添加 LOGO　　　　　　图 3-67　更改表头内容

③ 评论区。双击边框,可调整大小,然后移动其位置到右下角,如图 3-68 所示。

图 3-68　评论区窗口

④ 添加自动表内容。自动表包括 PMI 表和 BOM 表,如图 3-69 所示。

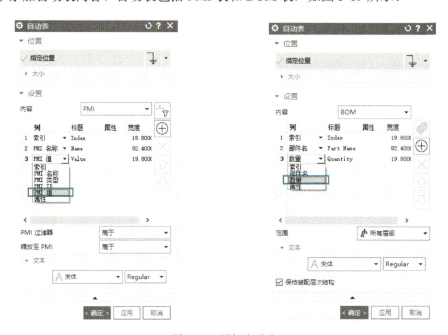

图 3-69　添加自动表

⑤ 在自动表格中的索引项,可选择需要添加的显示内容,在表头添加表格的名称,添加完成后如图 3-70 所示。

⑥ 模板设计完成。如图 3-71 所示,单击"保存"按钮,保存模板。

3. 发送数据包

① 回到建模画面,单击功能栏中的"发布",进入发布画面。如图 3-72 所示。

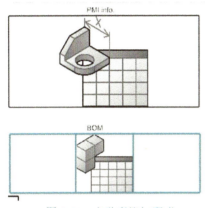

图 3-70　自动表添加完成

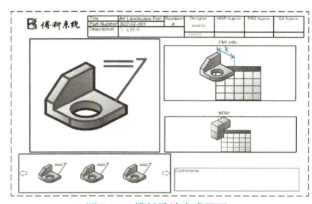

图 3-71　模板设计完成画面

② 选择模板类型并设置模板保存位置，如图 3-73 所示，生成记事本文件和 PDF 文件。

图 3-72　发布技术数据包窗口　　　　图 3-73　生成记事本文件和 PDF 格式文件

③ log 文件预览，显示 PDF 文件的内容等信息，如图 3-74 所示。

图 3-74　log 文件预览显示的信息

4. 生成数据包画面

打开生成的数据包 PDF 文件，显示内容如图 3-75 所示。注意，必须要以 Adobe PDF 模式打开，用其他软件打开则显示不正常。

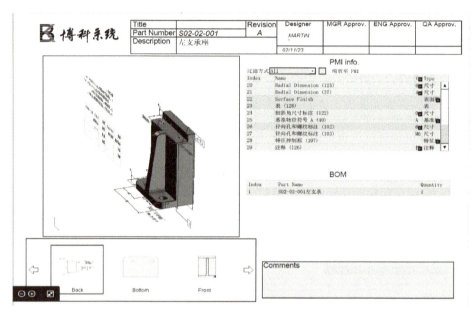

图 3-75 技术数据生成画面

- 注释图区域，单击鼠标左键可旋转视图，并显示 PMI 尺寸。
- 投影视图区域，单击鼠标左键显示相应的投影视图。
- PMI 表显示区域，鼠标单击任意 PMI 尺寸，左侧视图中相应的 PMI 尺寸线显示为红色，以方便查找。
- BOM 表，显示了该零件的料号和名称。零件视图为单个零件，BOM 表只有一行。对于装配体零件，会显示各级子装配体组成。

3.4.2 装配体技术数据包格式

装配体数据包发布和零件数据包发布过程类似，所不同的是模板要选择"装配体"，如图 3-76 所示。

最终的技术数据包如图 3-77 所示。各区域说明如下：

- A—图片显示区：可以添加公司 LOGO。
- B—标题栏区：包含图号、版本号、设计者等图纸信息。
- C—3D 显示区：按住鼠标左键移动，图形旋转；按住鼠标右键移动，图像放大缩小；CTRL+ 鼠标左键，平移图形。
- D—BOM 显示区：分层次显示所有装配体和子装配体，单击某一部件时，该部件在装配体的 3D 图中高亮显示，其他部件透明显示。
- E—PMI 信息显示区：用表格形式显示装配体所有的 PMI 标注，单击某一尺寸时，相应的尺寸高亮显示。
- F—投影视图区：选择各个方向的投影视图。
- G—评论区：用于对该装配体提出建议，任何部门可以对该文件提出建议和改进措施，或用于部件追溯。

第 3 章 空间模型的构建

图 3-76 新建装配体模板

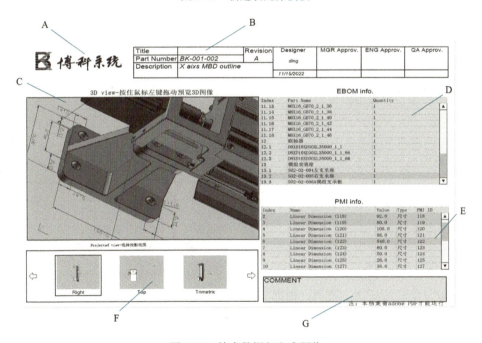

图 3-77 技术数据包生成预览

以上是技术数据包的发布过程，生成的技术数据包可在生命周期管理软件（TC）中打开，供生产线各个部门使用，并可在表上发表建议。

3.5 基于 MBD 技术的工艺设计的工程实践

MBD 技术是在三维数字化实体模型上对产品尺寸、公差、制造技术要求等非几何制造信息进行组织、表达、显示和操作管理的一项技术，它摒弃了二维工程图，使三维数字化实体模型成为产品信息的唯一载体,使其成为生产制造过程中传递设计信息的唯一依据。

3.5.1 MBD 工艺设计原理

全三维设计借助于三维产品数字化开发系统,在可视化环境下从零件设计 MBD 模型中提取加工特征、标注尺寸公差和其他技术要求,然后根据这些信息完成零件加工工艺过程的规划和设计。

1. 设计基本原理

基于 MBD 特征的加工流程如图 3-78 所示。CAM 模块依据以下步骤完成特征加工功能(FBM)。

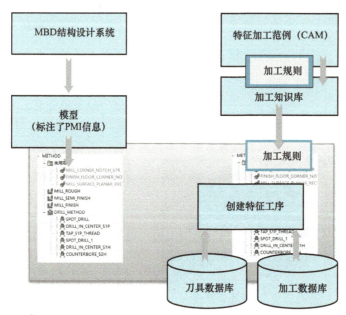

图 3-78 基于 MBD 特征加工流程

① 示教并生成特征加工范例,根据实际零件反复验证过的加工方法,总结出来一些加工特征和加工范例,通过这些范例,软件提供了示教的功能,然后把所有加工范例示教成加工规则,并存储到加工知识库中。

② CAM 直接对标注了 PMI 信息的 3D 模型进行特征识别,在加工知识库中搜索相应的加工规则,然后创建特征工序,这一步也叫特征驱动,也是最重要的一步,由软件自动完成。

③ 特征工序中需要的加工数据和刀具数据从刀具数据库和加工数据库中获取,以达到加工尺寸和加工精度的要求。

④ 最终软件生成加工工序,同时准备进行加工仿真或刀轨仿真。

⑤ 仿真确认无误后,在后续处理中,可导出 NC 程序进行实物加工。

所有动作在软件中基本上是全自动完成的,只要进行简单的人工设定,关键的流程总结如图 3-79 所示。

2. PMI 驱动加工

表面加工质量和尺寸精度等信息,来源于 PMI 标注,软件读取 PMI 信息生成特征加工工序,并使用合适的刀具,这一步叫 PMI 驱动基于特征(MBD)的加工。如图 3-80 所示。

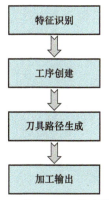

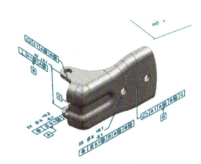

- 读取嵌入设计模型中的PMI
- 驱动基于特征的加工
- 根据加工特征选择正确的加工工艺和刀具

图 3-79 基于 MBD 技术的工艺加工流程

图 3-80 PMI 驱动加工

3.5.2 MBD 工艺设计过程

以 S02-02-001 左支承座为例,进行 MBD 工艺设计。

1. PMI 特征驱动

① 打开 PMI,设计模型 S02-02-001,如图 3-81 所示。

视频
3-7 特征加工

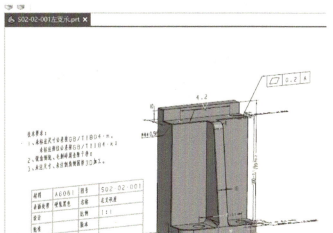

图 3-81 打开 MBD 设计模型

② 新建加工程序。选择菜单栏中的"文件"然后在弹出的对话框中选择"新建"→"加工"→"过滤器"→"引用现有部件",选择 Sim01 3 轴铣床,系统将机床外观植入画面中。引用部件中自动添加刚才的模型,生成文件名后面用后缀 SETUP_1 表

示。单击"确定"按钮后,进入加工画面,工件自动摆放在机床上,工件摆放方向可自行决定。如图 3-82 所示。

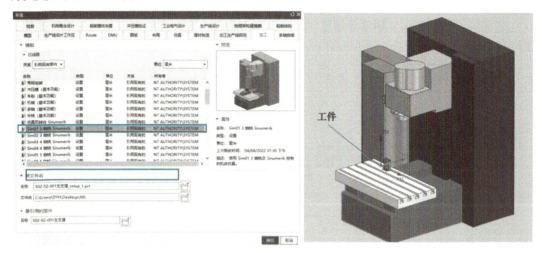

图 3-82 新建加工画面

③ 设定工件和毛坯。进入工序导航器中的"几何视图",选择 MCS_MAIN,如图 3-83 所示。双击 WORKPIECE,指定部件,设定工件特征,在工件上单击引入工件特征,选取后面的眼睛图标点亮。指定毛坯:设定加工毛坯,可选择"几何体"或"包容块",在此选择"几何体",单击工件特征,选取后后面的眼睛图标点亮。如图 3-84 所示。

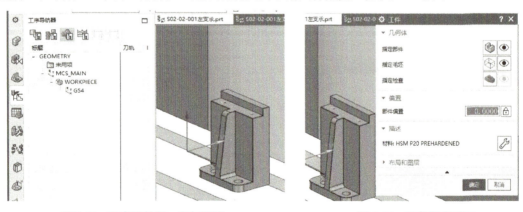

图 3-83 工序导航器 - 几何视图　　图 3-84 工件设定画面

④ 设定机床坐标系和刀具安全距离。单击 G54,进入机床坐标系设定画面。坐标系方向系统自动识别,一般进刀方向为 Z 轴。安全设定选项是指下刀的安全距离,一般选择工件最上方离开 10mm 处。选择"平面",在工件最上方单击,距离设定为 10mm,如图 3-85 所示。

⑤ 启动加工特征识别。选择导航器中的"加工特征导航器",右键单击模型,选择"查找特征",如图 3-86 所示。系统进入特征查找画面。

⑥ 查找特征参数设置。类型选择"参数化识别",搜索方法选择"工件",在要识别

的特征上单击"映射特征",选择全部特征工艺。然后单击右下角的"查找"图标,查找完成后在"已识别的特征"栏会显示所有找到的特征,然后右侧弹出"信息"窗口,用文字的方式表达了每个特征的类型。如图 3-87 所示。

图 3-85　机床坐标系和刀具安全距离

图 3-86　加工特征导航器画面

⑦ 单击"确定"按钮后,在导航窗口的零件名称下面显示出所有的加工特征,如图 3-88 所示,单击"+"显示详细信息,包括 PMI 信息和工艺特征步骤,由此完成了 PMI 特征驱动工作。

⑧ 单击响应的特征,在模型视图中会显示对应的加工位置,用其他颜色显示。例如,单击 CORNER_NOTCH_STRAIGHT 角切口特征,右侧显示该处加工位置,铣直角槽,如图 3-89 所示。单击 STEP1POCKET_THREAD_2 螺纹孔特征,右侧显示该螺纹孔位置,如图 3-90 所示。

2. 创建特征工艺

选择所有识别到的特征,然后右键选择"创建特征工艺",类型选择"基于规则",知识库中选择全部,表示从所有库中查找工艺,然后单击"确定"按钮,几秒钟后生成工序步,同时弹出工序窗口,如图 3-91 所示。

图 3-87　查找特征画面

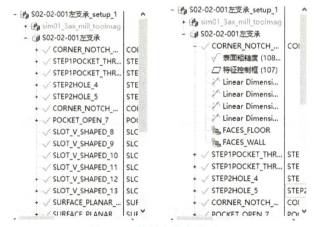

图 3-88　特征查找完成画面

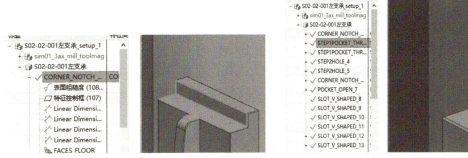

图 3-89　加工位置显示　　　　　　　　　图 3-90　螺纹孔位置显示

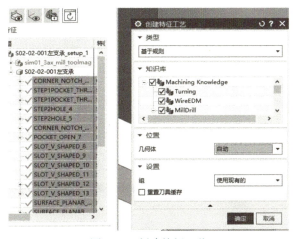

图 3-91　创建特征工艺

单击"确定"按钮，几秒钟后生成工序步，同时弹出工序窗口，如图 3-92 所示。

图 3-92　工序信息窗口

3. 生成刀轨程序

① 创建特征工序完成后，导航窗口选择"工序导航器"，NC 程序中生成了各个工序的程序步，但此时程序还未与刀具库关联。如图 3-93 所示。

② 右键选择 NC_PROGRAM，或在工件栏选择"生成刀轨"，几秒钟后刀轨生成完成，如图 3-94 所示。出现生成刀轨信息窗口，左侧 NC 程序将显示黄色的感叹号，单击"接受刀轨"，刀轨程序生成完毕。

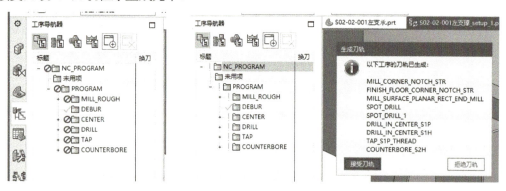

图 3-93　NC 程序窗口　　　　　　　　图 3-94　NC 程序生成完成

③ 检查刀具参数。双击需要查看的刀轨，弹出刀具编辑窗口。如图 3-95 所示。

图 3-95　检查刀具参数

④ 编辑刀具物理参数。双击刀具右侧栏，弹出刀具编辑窗口。栏中显示系统配好的刀具大小和夹持器规格等参数，如图 3-96 所示。

⑤ 编辑切削速度。可以修改刀具运动速度，如主轴速度，切线速度等，如图 3-97 所示。

第 3 章 空间模型的构建

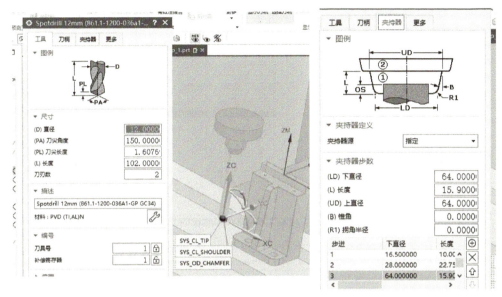

图 3-96 编辑刀具物理参数

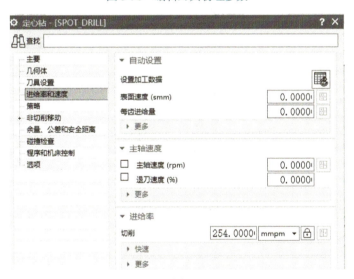

图 3-97 编辑切削速度

⑥ 机床仿真。刀具参数检查完之后,进行机床仿真,以检查刀具的动作是否正确。单击工具栏"机床仿真",设定播放速度后,单击"播放"按钮,仿真画面开始,机床从刀库换刀后进行加工,模拟实际加工动作。如图 3-98 所示。

⑦ 播放刀轨动画。单击工具栏"刀轨动画",单击"播放"按钮,将播放刀轨的动画,机床不参与运动。可以设置播放速度,如图 3-99 所示。

⑧ 后处理。程序模拟正常后,在后处理中生成 NC 代码程序。在 NC 程序窗口,单击 NC PROGRAM,右键选择"后处理",生成程序代码,单击保存可以保存指定位置。该程序内容可以经过转换,在其他机床上使用,如图 3-100 所示。

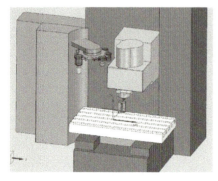

图 3-98　NC 程序生成完成

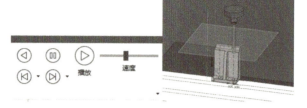

图 3-99　刀轨动画

图 3-100　后处理结果

3.5.3　MBD 工艺设计综述

基于 MBD 加工工艺设计，旨在通过自动化手段使编程更加快速、简单，同时减少错误，提高质量。采用经过验证的或指定的流程方式，可实现更高程度的标准化。根据这一概念，软件必须能够识别加工特征，并为每个特征确定最佳或首选的加工流程，然后为每项操作生成刀具轨迹，即实现全面的自动化。

具有 MBD 加工工艺设计功能的 CAM 软件，大多提供了模板构建器，也可以称之为"特征老师"。通过构建器车间便可以快速添加用于特定特征类型的加工流程，CAM 软件中具有最新 NC 编程自动化功能，以实现零部件制造效率的最大化。利用基于特征加工技术（FBM），使得编程效率提高 70%～90%，大大节省了生产成本和效率，而且出错率大大降低。

近年来我国制造业迅速发展，随着产品零件的标准化精度越来越高、生产批量越来越大，以及工艺周期不断缩短，如何提高三维设计及生产效率成了企业关心的问题，而基于 MBD 的工艺设计技术正好能解决这个问题。MBD 技术是智能制造的重要支撑技术，具有广泛的应用前景。

3.6　习题

1. 参考如图 3-101 所示图纸，建立三维模型，并进行 PMI 标注。

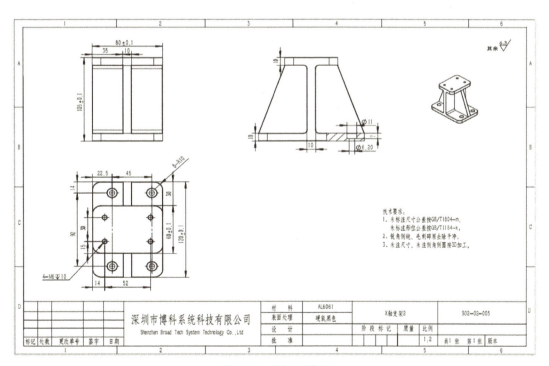

图 3-101　题 1 示意图

2. 图 3-102 所示为拖链的装配体，请简要说出装配流程。

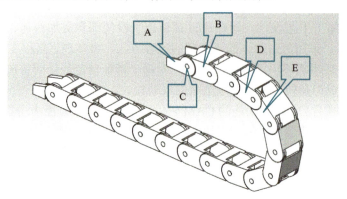

图 3-102　题 2 示意图

3. 谈谈你对 MBD 定义的理解。
4. 利用特征加工技术，创建出"X 轴支架 2"的 NC 程序。

第 4 章
数字样机与虚拟调试

  数字样机和虚拟调试是构建复杂装备数字孪生系统的起始点,本章在简要、系统性地介绍有关理论的基础上,重点讲述创建数字样机的工程实践。数字样机是对机械产品整机或具有独立功能的子系统的数字化描述,这种描述不仅反映了产品对象的几何属性,还至少在某一领域反映了产品对象的功能和性能。虚拟调试在产品设计阶段就与已经设计完成的机构模型联调,通过在设计阶段发现问题和迭代,从而减少运行阶段出现的故障成本。

本章目标

- 理解、掌握数字样机设计的流程。
- 能够创建基本机电对象中的刚体、碰撞体、传输面等。
- 能够创建运动副、耦合副、传感器、执行器,并进行仿真。
- 掌握两轴系统的硬件在环和软件在环虚拟调试。

数字孪生在智能制造中的工程实践

制造业要想实现数字化和智能化，必须转变现有的思维方式，逐步形成数字思维。数字思维是装备制造业数字孪生工程设计与实施的核心，其重要体现是基于模型的方法的应用（MBD、MBSE 等），只有将基于文档的思维模式转化为数字模型思维，才能建立反应复杂装备系统的总体功能、几何结构、动态行为、运行性能等全面的、综合的数字孪生系统，才能基于数字线程技术构建复杂装备系统全生命周期数据和模型的完整追溯关系，从而真正实现复杂装备系统研发体系的数字化转型。

数字样机和虚拟调试是构建复杂装备数字孪生系统的起点，在设计过程中应秉承设计思维、系统思维和数字思维。

4.1 数字样机

第 3 章构建了空间模型，只是反映了产品或设备的几何属性，并未反映其功能或性能。本章所讲述的内容在数字孪生系统设计架构中位于"虚拟实体"模块，如图 4-1 所示。本章讲述的是开发数字样机的一部分内容。

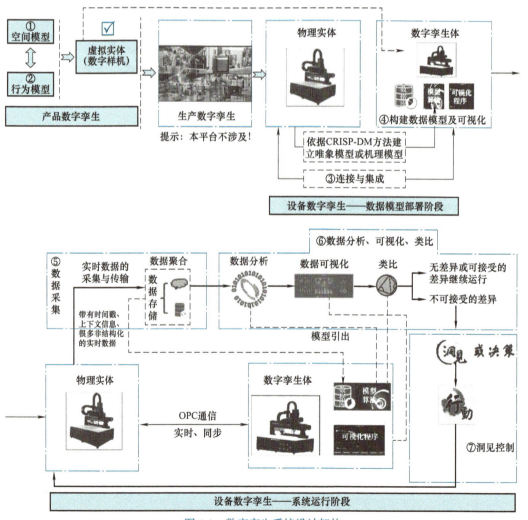

图 4-1　数字孪生系统设计架构

第 3 章和本章所讲述的内容，在 PLM 中属于第①～⑤阶段的产品协同开发阶段，在装备制造业数字孪生应用中属于产品数字孪生，如图 4-2 所示。这部分内容对应工业 4.0 参考架构模型（RAMI4.0）生命周期与价值流维度中的样机开发，如图 4-3 所示。

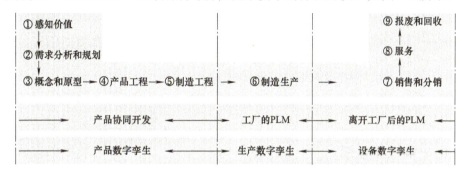

图 4-2　数字孪生与 PLM

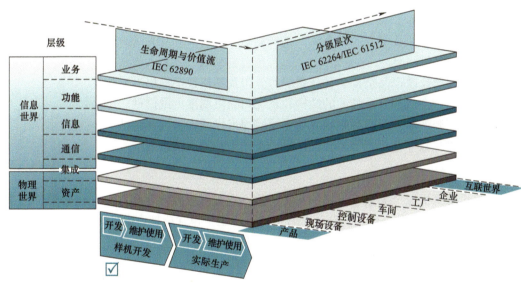

图 4-3　工业 4.0 参考架构模型（RAMI4.0）

4.1.1　数字样机定义及分类

数字样机（Digital Mock-Up，DMU）是对机械产品整机或具有独立功能的子系统的数字化描述。这种描述不仅反映了产品对象的几何属性，还至少在某一领域体现了产品对象的功能和性能。

产品的数字样机形成于产品设计阶段，可应用于产品的全生命周期，包括工程设计、制造、装配、检验、销售、使用、售后、回收等环节。数字样机在功能上可实现产品干涉检查、运动分析、性能模拟、加工制造模拟、培训宣传和维修规划等多方面的应用。

按照数字样机反映机械产品的完整程度，可以将其分为全机样机和子系统样机。全机样机包含整机或系统全部信息的数字化描述，是对系统所有结构零部件、系统设备、功能组成、附件等进行完整描述的数字样机；子系统样机是按照机械产品不同功能划分的子系统包含的全部信息的数字化描述，如动力系统样机、传动系统样机、控制系统样机等。

按照数字样机的特殊用途或使用目的，可以将其分为几何样机、功能样机、性能样机和专用样机等。几何样机侧重于产品几何描述；功能样机侧重于产品功能描述；性能样机侧重于产品性能描述；专用样机能够支持仿真、培训、市场宣传等特殊目的。

本章所讲述的属于全机样机，按用途分类属于几何样机、功能样机、性能样机。如图4-4所示。

4.1.2 数字样机的要求

1. 全机样机要求

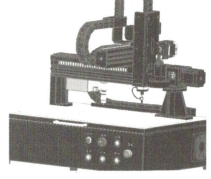

图 4-4　全机样机

全机样机是对各子系统样机进行总装配后形成的包含各个功能模块的完整数字样机。它是全机产品中各领域信息的集合体，是产品对象在计算机中的系统描述。全机样机应至少包含以下信息：

- 应能完整反映产品结构、各分系统的分布及其在数字样机上的位置。
- 应能反映全机和分系统间的结构和系统间的协调性、维修性。
- 应能反映产品涉及的各领域或某个领域的工作原理和性能特性。
- 应包含从数字样机转换为物理样机所需的完整制造信息。

2. 几何样机要求

几何样机是机械产品数字样机的一个子集，它是从已发放的数字样机中抽取出的侧重于几何信息表达的数字化信息描述。几何样机应至少包含机械产品的以下信息：

- 应能反映各功能子系统在数字样机上的位置。
- 应包含零部件的构形、尺寸信息以及几何约束关系。
- 应包含产品坐标系、装配与配合关系等信息。

3. 功能样机要求

功能样机是机械产品数字样机的一个子集，它是从已发放的数字样机中抽取出侧重于功能信息表达的数字化信息描述。功能样机应至少包含机械产品的以下信息：

- 产品工作原理信息。
- 产品结构树。
- 零部件组成、状态和使用说明。
- 子系统间结构方面、功能方面的协调关系。
- 产品的操作和维修信息。

4. 性能样机要求

性能样机是机械产品数字样机的一个子集，它是从已发放的数字样机中抽取出侧重于性能信息表达的数字化信息描述。性能样机应至少包含机械产品的以下信息：

- 产品工作性能指标。
- 产品的输入、输出工作特性。
- 产品子系统指标和子系统间的性能耦合关系。
- 产品的安全系数,以及关键零部件的应力、应变指标。
- 产品的寿命及可靠性指标。

4.1.3 各种数字样机的关系和定位

各种数字样机的关系和定位如图 4-5 所示。

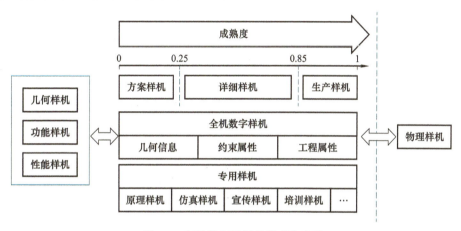

图 4-5 各种数字样机的关系和定位

4.2 创建数字样机的工程实践

数字样机是对物理实体的真实反映,创建数字样机首先要对物理实体进行建模和装配,然后对模型进行功能封装。数字样机中的每个零件功能都应与物理实体中的相应零件功能相对应。例如,滚珠丝杠具备将旋转运动转换成直线运动的功能,如果在模型中不进行相应的数字设计,它就只是一个模型,不具备任何运动功能。数字样机设计是虚拟调试的前提,其设计流程如图 4-6 所示。

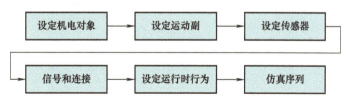

图 4-6 数字样机创建流程

4.2.1 设定基本机电对象

要创建数字样机,首先需要将已经完成的零部件的三维模型创建为基本机电对象,再进行机电对象的设计。基本机电对象相当于将零部件模型赋予一定的物理特性和功能属性，基本的机电对象包括刚体、碰撞体、传输面、对象源、发送器等。本节以 X 轴模组为例设定基本机电对象，X 轴模组的几何模型已在第 3 章构建完成，设定之前请打开此模型。

1. 刚体

刚体是指在运动中或受力作用后形状和大小不变，且内部各点相对位置不变的物体。一旦一个几何体被定义为刚体，该几何体就具备质量、惯性、平动和转动速度、质心位置以及方位等属性。通常，设备中的零件会被设定成刚体。刚体具有以下特性：

- 刚体之间不可产生交集，即一个几何体只能添加一次刚体。
- 一个刚体可以由多个几何体组成，所有添加的几何体具备相同的运动属性。
- 定义了刚体的对象在重力影响下会下落，遇到碰撞体将停止下落。

下面请打开在第 3 章中创建的"四轴数字孪生"几何模型，依据以下步骤完成刚体的创建。

① 右键单击"基本机电对象"，选择"创建机电对象"→"刚体"，如图 4-7 所示。弹出设定刚体界面，如图 4-8 所示。

图 4-7 创建机电对象

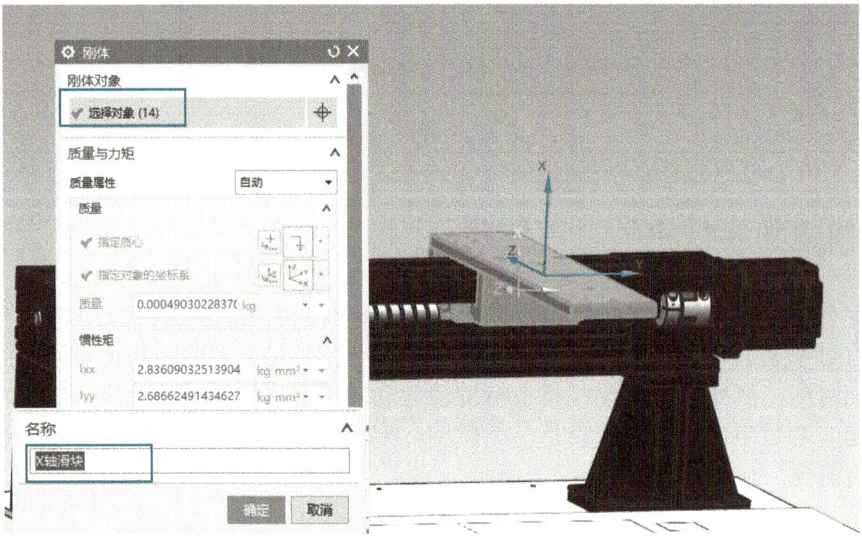

图 4-8 设定刚体

② 在"选择对象"处直接选取组成该刚体的所有几何体，选中的对象将以高亮显示且选择对象数会增加。

③ 在"名称"字段中输入创建的刚体名称"X 轴滑块"，单击"确定"按钮创建完毕。该刚体由 14 个几何体组成，所有几何体具备相同的运动属性——沿 X 轴左右滑动，如图 4-8 所示。

2. 碰撞体

碰撞体是能够实现碰撞的物理组件，它建立在刚体的基础上。在创建碰撞体之前，必须先创建刚体。碰撞体具备以下特性：
- 两个碰撞体之间要发生相对运动才能发生碰撞，即参与碰撞的两个物体中至少有一个是刚体。
- 只有两个刚体都有碰撞体属性，才会计算碰撞，否则它们之间会相互穿过而不发生碰撞。
- 碰撞几何精度越高，碰撞体之间就越容易发生穿透破坏。
- 计算碰撞关系的计算性能从高到低的顺序依次是：方块＞球＞圆柱＞多面体，应尽可能选择简单的碰撞类型，比如方块。

接下来在创建刚体的基础上创建碰撞体。如图 4-9 所示，工件 1 要掉落在底板上，和底板产生碰撞，为此需设定工件 1 为碰撞体，依据以下步骤完成碰撞体的创建。

① 将"工件 1"和"底板"设定为刚体。

② 右键单击"基本机电对象"，选择"创建机电对象"→"碰撞体"，弹出创建碰撞界面，如图 4-10 所示。在"选择对象"处选择"工件 1"实体。

③ 勾选"碰撞时高亮显示"，则碰撞时工件四周会显示紫色线，用于指示碰撞效果。

④ 单击"确定"按钮完成设定，显示建好的碰撞体，如图 4-9 所示。

图 4-9 设定碰撞体

3. 对象源

对象源是指在特定时间间隔或者特定的条件下创建多个外观和属性相同的对象。对象源常用于需要生成多个相同几何体的场合，例如流水线上的相同物料流动显示或者一个面上展示多个相同工件的场合。

下面以工件 1 为例，讲述对象源的创建方法。工件 1 由视觉拍照生成，需要将其设定为对象源，如图 4-10 所示。操作步骤如下：

① 右键单击"基本机电对象",选择"创建机电对象"→"对象源",弹出创建对象源界面,选择"工件1"作为对象源,如图4-10所示。

② 触发有两个选项,一种是在规定时间内定时触发;另一种是在接收到一次信号时触发一次。工件1是视觉拍照信号生成的对象源,因此选择第二个选项,即每次接收到信号时触发一次。

③ 在"名称"字段中输入"工件1",单击"确定"按钮后生成对象源,如图4-10所示。

以流水线上物料流动模拟为例,模拟工件在皮带线运动,对象源按时间间隔生成,采用定时触发方式,如图4-11所示。

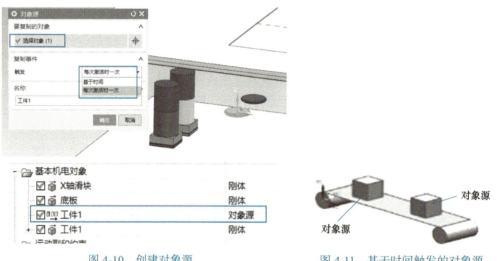

图4-10 创建对象源　　　　　　图4-11 基于时间触发的对象源

4. 发送器入口

发送器入口是指对象源生成后通过条件触发,启动发送工作,将对象源发送到指定位置(即发送器出口位置),常用于视觉拍照后生成工件。

下面以工件1为例讲述发送器的创建方法。如图4-12所示,将工件1设定为碰撞感应器(在4.2.2节中进行概念介绍),工件1掉落到底板产生碰撞,碰撞感应器产生信号,启动发送器入口动作,将工件发送出去,操作步骤如下:

① 右键单击"基本机电对象",选择"创建机电对象"→"发送器入口",弹出创建发送器入口界面,如图4-12所示。

② 发送器触发器,表示发送时机的触发条件,选择对象为"碰撞感应器",即工件1。

③ 输入名称,单击"确定"按钮完成发送器入口的创建。

5. 发送器出口

发送器出口动作和入口动作相对应,当对象源在发送器入口发送后,统一到达发送器出口位置,发送器出口再通过信号适配器,从外部控制器获得发送器出口的坐标值,确定最终的发送位置。发送流程图如图4-13所示。

第 4 章 数字样机与虚拟调试

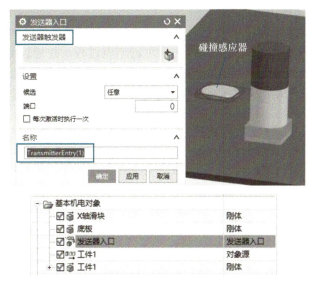

图 4-12 设定发送器入口

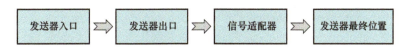

图 4-13 发送流程图

下面介绍设定发送器出口的方法。发送器入口启动后，工件将立即发送到发送器出口，即桌面顶点，如图 4-14 所示，步骤如下：

图 4-14 设定发送器出口

① 右键单击"基本机电对象"，选择"创建机电对象"→"发送器出口"，弹出创建发送器出口界面。

② 在"指定点"处选择桌面顶点。

③ 输入发送器出口的名称"发送器出口"，单击"确定"按钮完成创建，如图 4-14 所示。

123

4.2.2 运动与仿真

仿真是指利用模型来复现实际系统中发生的本质过程,并通过对系统模型的实验来研究存在于实际系统或设计中的问题。仿真不仅可以分析设计机构的干涉情况,还能绘制零件的运动轨迹。运动仿真主要包括运动副、耦合副、信号、运行时行为等。

1. 运动副

运动副就是将基本机电对象组成具有一定运动功能的构件,如铰链副、滑动副、柱面副、螺旋副等,在运动副中需要正确指定基本件和连接件。基本件为固定部分,连接件为活动部分。

(1)铰链副

铰链副是用来连接两个固件,并且两个固件之间可以做相对旋转的机械装置。铰链副只能绕某一轴线做相对运动,只有一个旋转自由度。

下面介绍铰链副设定的方法。以 X 轴丝杠和模组座组合成一个铰链副为例,如图 4-15 所示,具体操作步骤如下:

图 4-15 设定铰链副

① 右键单击"运动副和约束",选择"创建机电对象"→"铰链",弹出铰链副设定窗口,如图 4-15 所示。

② 连接件选择"X 轴丝杠",活动件选择"模组座"。

③ 铰链副建立之后会生成一个矢量指示，由锚点和轴矢量组成，表示铰链副所在位置。锚点在铰链副的旋转中心位置，轴矢量在铰链副的轴线上，此处选择在联轴器中心线上。

④ 起始角的单位为度（°），也就是驱动参数的单位。

⑤ 在"限制"选项中，可以通过设置上下限来设定铰链副最大和最小转动角度，不勾选时不设定。

⑥ 输入铰链副的名称，单击"确定"按钮完成设定。

（2）滑动副

滑动副指组成的两个构件之间只能按照某一方向做相对直线运动，只有一个平移自由度。下面以 X 轴滑块与模组本体座组成的滑动副为例，讲述建立滑动副的方法，如图 4-16 所示。

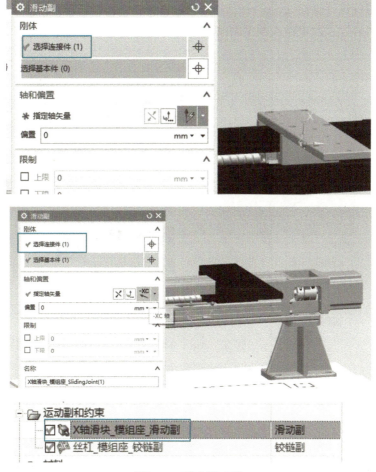

图 4-16　设定滑动副

① 右键单击"运动副和约束"，选择"创建机电对象"→"铰链，弹出滑动副设定窗口，如图 4-16 所示。

② 连接件选择"X 轴滑块"，基本件选择"模组座"。

③ 轴矢量选择 -XC 方向。

④ 在"名称"字段中输入"X 轴滑块 _ 模组座 _ 滑动副",单击"确定"按钮完成设定。

（3）固定副

固定副是一种运动副,用于将一个构件固定到另一个构件上。在固定副中,自由度被约束,自由度个数为 0。固定副常用于将刚体固定到另一个刚体上。固定副不一定是不运动的,有限固定副可以运动,组成固定副的所有刚体具备相同的运动属性。

下面以模组座固定在桌面上的一个固定副为例,讲述建立滑动副的方法,如图 4-17 所示。操作步骤如下：

① 右键单击"运动副和约束",选择"创建机电对象"→"固定",弹出固定副设定窗口。

② 连接件选择"模组座"。

③ 基本键选择"桌面"。

④ 在"名称"字段中输入固定副名称,单击"确定"按钮完成创建。

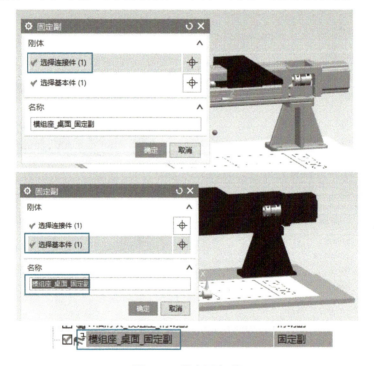

图 4-17　设定固定副

2. 耦合副

耦合副定义了两个运动副之间的运动传递关系,如位置传递和速度传递。耦合副包括齿轮副、齿轮齿条副、机械凸轮副等。以机械凸轮副为例,其可以实现将两个运动副按定义好的耦合曲线运动,属于非接触式耦合。比如,丝杠的旋转运动转换成 X 轴滑块的直线运动,就是将铰链副耦合成滑动副。

如图 4-18 所示的运动曲线，主对象（丝杠）一圈，从对象（滑块）移动 10mm。将旋转运动转换成直线运动。

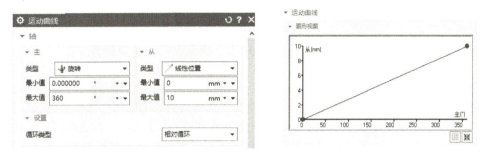

图 4-18　机械凸轮副耦合曲线

下面以铰链副（丝杠_模组座）和滑动副（X 轴滑块_模组座）组成的一个机械凸轮副为例，讲述机械凸轮副的创建方法，如图 4-19 所示，操作步骤如下：

图 4-19　机械凸轮副设定

① 右键单击"耦合副"，选择"创建机电对象"→"机械凸轮"，弹出机械凸轮设定窗口。

② 主对象选择"铰链副"。

③ 从对象选择"滑动副"。

④ 单击"新运动曲线",设定耦合曲线。在运动曲线中,主对象类型设定为旋转,范围为 0 ~ 360°。从对象选择"线性",范围为 0 ~ 10mm。

⑤ 在"名称"中输入"机械凸轮副",单击"确定"按钮完成设置。

3. 传感器和执行器

本节所讲述的传感器和执行器并非物理世界真实存在的传感器（如运动控制中的光栅尺、磁栅尺等）和执行器（如控制系统中的各种电机、气缸等），而是在创建运动副的基础上,为完成运动仿真,利用软件所创建的,其具有与物理世界传感器、执行器同样功能的行为逻辑和规则。

常用的传感器有碰撞传感器、距离传感器、速度传感器、加速度传感器等,当传感器被触发时可以激活并输出相应的机电特征对象。

执行器包含了传输面、速度控制、位置控制、液压缸、气缸、气阀等多种功能。

（1）碰撞传感器

碰撞传感器碰撞时产生碰撞事件,可以用来停止或者触发某些操作或执行机构的某些动作。碰撞传感器具有如下两个属性：

- triggered：表示碰撞事件的触发状态,true 表示发生碰撞,false 表示没有发生碰撞。
- Active：表示对象是否激活,true 表示已激活,false 表示未激活。

下面以工件 1 下落到底板时,和底板产生碰撞,触发发送器入口事件为例,创建碰撞传感器。

将工件 1 设定为碰撞感应器,如图 4-20 所示,操作步骤如下：

① 右键单击"传感器和执行器",选择"创建机电对象"→"碰撞",进入设定画面。

② 选择对象选择"工件 1"。

③ 勾选"碰撞时高亮显示",表示在发生碰撞时,碰撞感应器高亮显示轮廓边缘。

④ 单击"确定"按钮完成创建,如图 4-20 所示。

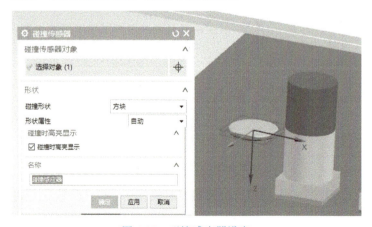

图 4-20　碰撞感应器设定

（2）位置控制

位置控制是执行器的一种控制方式，用来控制运动几何体的目标位置，使几何体按照指定的速度运动到目标位置。位置控制包含两种方式：位置目标控制和达到位置目标的速度控制。通过信号适配器，可以将参数传递给执行器，从而驱动运动副，流程如图 4-21 所示。

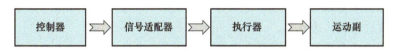

图 4-21　执行器位置控制

位置控制可设定目标位置和运行速度，下面以电机驱动丝杠旋转组成铰链副为例，创建位置控制。创建步骤如下：

① 右键单击"传感器和执行器"→"创建机电对象"→"位置控制"，进入位置控制设定界面。

② 旋转对象选择创建的铰链副，目标和速度参数由外部控制器传入。

③ 输入名称，单击"确定"按钮完成设置，如图 4-22 所示。

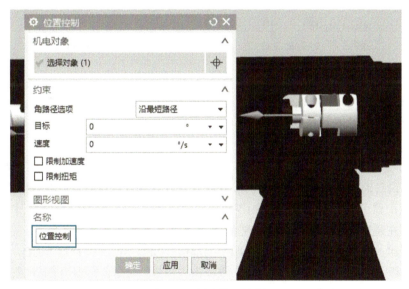

图 4-22　创建位置控制

4. 仿真过程控制

仿真过程控制包括运行时参数、运行时表达式、运行时行为和仿真序列等。为了实现仿真控制，需要信号、信号适配器的配合和仿真序列的参与执行。

（1）运行时参数与运行时表达式

运行时参数是在仿真运行过程中，对仿真对象进行计算、修改和查看而定义的参数类型。运行时表达式是在仿真过程中用于计算的表达式。创建运行时表达式的步骤如下。

① 单击左侧功能栏中的"运行时表达式"。

② 在右侧空白栏单击右键并选择"添加"。
③ 选择对象选择执行器，如位置控制。
④ 在"属性"栏选择执行器的属性，如位置控制的目标或速度，完成控制对象的添加。
⑤ 在"输入参数"栏，选择对象选择 MCD 内部信号或传感器，此处添加了信号 R 和碰撞传感器对象。
⑥ 在参数栏中更改参数别名。
⑦ 在公式栏中输入表达式。
⑧ 单击"确定"按钮完成创建，如图 4-23 所示。

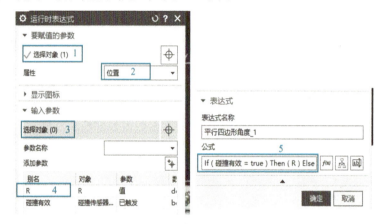

图 4-23　创建运行时表达式

图 4-23 的含义是：当选择对象为位置控制，且运行时参数碰撞感应器有效时，将会把运行时参数 R 的值传递给位置控制。

（2）信号与信号适配器

信号用于实现运动控制与外部设备之间信息的交互，有输入与输出两种类型。输入信号是外部设备输入到数字样机的信号，输出信号则是数字样机输出到外部设备的信号。

信号适配器可以看作是对信号的逻辑组合或运算，它通过对信号进行计算处理生成新的信号，并通过信号映射功能和外部设备交换信号。

下面创建一个信号适配器，以建立两个内部信号 SPD_MCD 和 POS_MCD，分别和位置控制的速度和定位参数进行信号适配。右键单击"信号"，选择"创建机电对象"→"信号适配器"，进入设置页面。具体设置步骤如下。

① 选择机电对象，选择执行器，比如位置控制，分别添加速度和位置两个参数，添加完成后参数表中将显示这两个参数。
② 对参数别名进行更改。
③ 在信号栏中添加两个 MCD 内部信号。
④ 对参数别名进行更改，分别为 SPD_MCD 和 POS_MCD，数据类型选择双精度，测量选择无单位。
⑤ 单击"指派为"，将执行器的参数指派到内部信号。
⑥ 在公式栏显示指派的名称。

⑦ 在公式表达式栏搜索对应的内部信号名称，单击"确定"按钮将其输入至公式栏右侧。

⑧ 显示已指派的信号，完成指派。

⑨ 在名称栏中输入"信号适配器"，单击"确定"按钮完成创建，如图 4-24 所示。

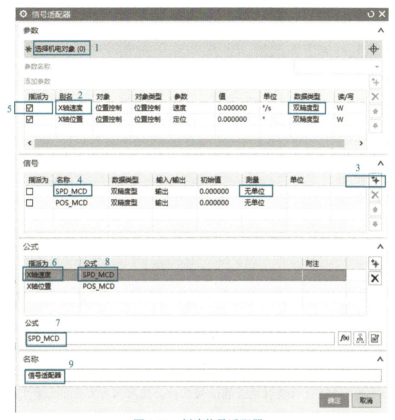

图 4-24 创建信号适配器

图 4-24 中，机电对象为执行器，例如 X 轴位置控制，它有两个控制参数：X 轴速度和 X 轴位置。通过指派行为，信号 SPD_MCD 和 POS_MCD 分别被指派到 X 轴速度和 X 轴位置，将其进行信号关联，这就是适配器的功能。

（3）信号映射

数字孪生体内部信号与外部控制信号需进行通信才能进行仿真或控制。NX 支持多种通信方式和协议，如 OPC DA、OPC UA、PLCSIM Adv、Profinet、SHM、TCP、UDP 等。

OPC（OLE for Process Control）是基于 COM/DCOM 的数据访问标准。在系统中 OPC 通常作为服务端，控制器则作为客户端。

下面介绍添加信号连接的方法，如图 4-25 所示。在 OPC 服务器中编写变量表。运行 OPC 服务器，保证 OPC 和控制器连接正常。本例的 OPC 服务器名称为 BokeOpcServer1。右键单击"信号连接"，选择"创建机电对象"→"信号映射"，进入信号映射界面。按以下步骤进行设置：

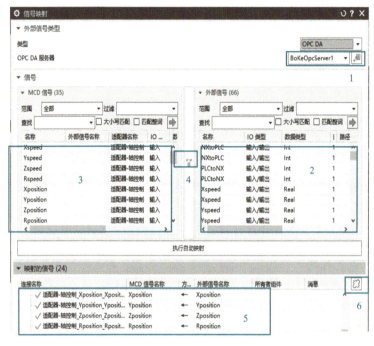

图 4-25 信号映射界面

① 选择运行的 OPC 服务器，单击搜索按钮，在 OPC 服务器中搜索到连接的外部信号变量，选择并确认。

② 在外部信号栏中显示添加的新变量。

③ 在左侧栏中显示建立的内部信号。

④ 选择需要映射的对应的信号类型，单击映射按钮，完成映射。

⑤ 在映射的信号栏显示映射完成的信号名称。信号名称左侧的绿色打勾表示信号连接正常。

⑥ 如有必要，单击断开连接按钮，断开所有的连接，再次进行连接。

（4）仿真序列

仿真序列是数字孪生体的控制元素，用来控制执行机构、运动副等。类似于 PLC 的顺序扫描顺序执行功能，仿真序列中可以创建条件语句来确定何时触发改变。

下面以 MCD 收到 OPC 的拍照信号后生成一个对象源为例创建仿真序列。选择"序列编辑器"→ Add operation，进入仿真序列界面。

① 选择对象选择对象源（工件 1）。

② 在"运行时参数"中编辑机电对象属性，勾选"活动的"：=TRUE，表示生成对象源。

③ 在条件栏中选择条件对象，此处为内部信号"拍照完成信号"。

④ 编辑条件语句"if 拍照完成信号 ==TRUE"，表示收到拍照完成信号。

⑤ 如有必要，可设定该序列的延迟时间。

⑥ 在名称中输入"生成对象源"，单击"确定"按钮。

继续添加其他仿真序列，程序执行时，按先后顺序执行仿真序列。添加完成后如图 4-26 所示。

第 4 章 数字样机与虚拟调试

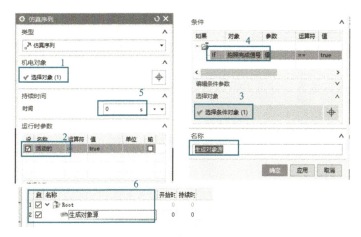

图 4-26 创建仿真序列

4.3 虚拟调试的工程实践

虚拟调试技术应用于并行设计、数字样机调试，更是数字孪生中不可缺少的环节。虚拟调试使控制系统（硬件和软件）在产品设计阶段就与已经设计完成的机构模型联调，在设计阶段发现问题和迭代，减少运行阶段出现的故障成本。

虚拟调试技术分为软件在环和（SIL）硬件在环（HIL）调试。软件在环是指控制器与物理实体均采用虚拟模型，采用仿真软件实现的"虚-虚"结合的闭环调试技术。硬件在环是指控制器采用真实CPU（如PLC），物理实体采用虚拟模型，属于"虚-实"结合的闭环调试方式。两者都强调"虚拟"调试，即参与调试的设备不是真实设备而是"虚拟模型"。

4.3.1 需求分析

本节利用软件在环对一套两轴系统（X轴和Z轴）的取放料流程进行调试。在进行调试之前，请打开已装配好的"2轴虚拟调试模型"。首先进行需求分析。

1. 工艺要求

工艺要求如下（见图4-27）：
① X轴、Y轴回原点末端吸取A点工件（X轴运行到A点平行位置）。
② Z轴运行到A点垂直位置。
③ 提升Z轴。
④ 末端沿X轴水平方向运行到B点水平方向。
⑤ Z轴下降运行到B点垂直位置。
⑥ 末端释放工件至B点。
⑦ 提升Z轴。
⑧ 下降Z轴，"逆向"操作，将工件由B点抓取至A点，并摆放。

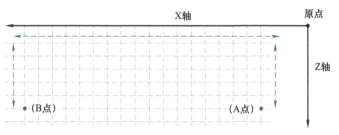

图 4-27 工艺要求示意图

2. 两轴系统结构

两轴系统结构如图 4-28 所示。

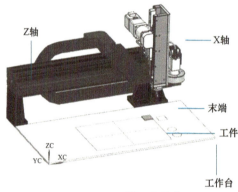

图 4-28 两轴系统结构

4.3.2 软件在环虚拟调试

1. 软件功能

软件结构如图 4-29 所示。

图 4-29 软件结构图

软件功能如下：

① 使用博图 TIA 软件来组态 PLC 并编写程序，将程序下载到 PLCSIM 中，PLCSIM 起到仿真 PLC 的作用。

② Nettoplcsim 设置网络地址，并启动网络连接。

③ OPC 程序连接 PLCSIM 和 NX。

④ 仿真调试。

2. 硬件要求

进行上述软件功能操作时，需满足以下硬件要求：

- 个人计算机一台，Windows 10 系统。
- CPU 性能要求 3.0GHz 以上。
- 内存要求 8GB 以上。

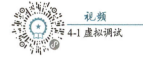

3. PLC 硬件组态

打开博图 TIA 软件，并组态 CPU 和扩展模块。CPU 型号分别为 CPU 1215C DC/DC/DC，订货号为 6ES7 215-1AG40-0XB0（说明，型号、订货号必须填写，否则无法组态，下同。）。扩展模块选择信号模块 DI 8x24VDC/DQ 8xRelay_1，订货号为 6ES7 223-1PH32-0XB0。右击 double_plcsim_adv 进入属性页，如图 4-30 所示，勾选"块编译时支持仿真"。

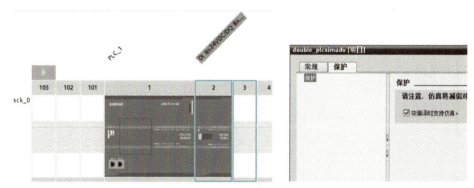

图 4-30　PLC 硬件组态

4. 触摸屏组态

触摸屏组态选择型号为 KTP700 Basic PN，如图 4-31 所示。

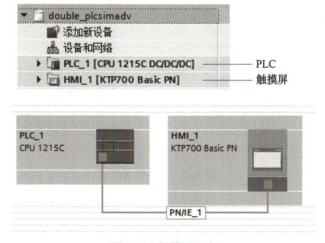

图 4-31　触摸屏组态

5. 编写 PLC 程序

编写的 PLC 程序如图 4-32 所示。

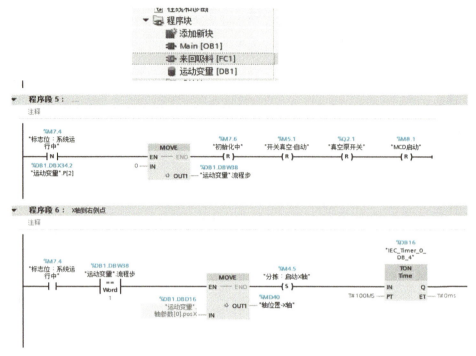

图 4-32 PLC 程序

6. 打开 PLCSIM

单击电源开关图标,并开启仿真器,开启后电源开关变绿色,RUN/STOP 指示灯呈黄色,此时仿真器处于待机功能。如图 4-33 所示。

图 4-33 开启仿真器

7. 将程序下载到 PLCSIM 仿真器中,并运行仿真 PLC

下载方法和正常 PLC 下载一样,单击下载图标后,出现下载预览界面,如图 4-34 所示,系统自动识别到已经开启的仿真器,并将下载目标定位到仿真器,然后单击"装载"按钮,完成下载。

下载完成后,仿真器中会显示真实 PLC 的型号和设置的 PLC 网络地址,表示下载成功。下载完成必须手动让仿真器处于运行状态,单击"RUN"键后,RUN/STOP 知识灯变绿,表示运行成功,仿真 PLC 处于扫描工作状态。

图 4-34 下载预览界面

8. 设置仿真网卡 Nettoplcsim

PLCSIM 本身不具备网络仿真功能,需要运行一个网卡仿真软件,使 PLCSIM 具备"网络接口"功能,以便模拟真实的网卡。

① 进入软件目录,运行 NetToPLCsim.exe,出现"WARRING"界面时单击"是"按钮,进入编辑画面,出现"Get Port 102"时单击"OK"按钮,如图 4-35 所示。

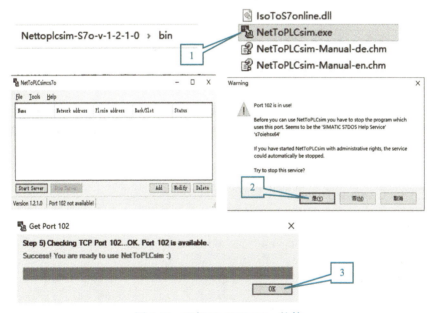

图 4-35 运行 NetToPLCsim 软件

② 进入编辑画面后获取网络地址,如图 4-36 所示,Network IP 为当前计算机网卡 IP 地址,Plcsim IP 为仿真器 IP 地址,画面显示的是默认值。点击右侧的获取键,会显示找到的地址,选择相应的地址。获取仿真器 IP 地址的前提是仿真器处于运行状态。

数字孪生在智能制造中的工程实践

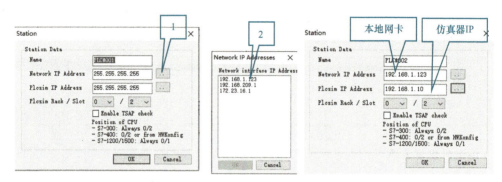

图 4-36　设定 NetToPLCsim 网址

提示：如果搜索不到仿真器 IP，重新关闭仿真器再开启。

③ 运行软件，单击"Start"，启动软件，启动成功后如图 4-37 所示，Status 显示 RUNNING，表示软件正在运行，如图 4-37 所示。

图 4-37　运行 NetToPLCsim 画面

9. 运行 OPC 软件

OPC（OLE for Process Control，用于过程控制的 OLE）是一个工业标准，为了不同供应厂商的设备和应用程序之间的软件接口标准化，使其间的数据交换更加简单化。可以使用各种 OPC 软件进行交互，如 KEPserverEX。本例使用自行开发的 OPC 软件，其功能为连接仿真 PLC 和数字孪生体软件 NX。

① 打开 OPC Digital Twin，操作界面如图 4-38 所示。

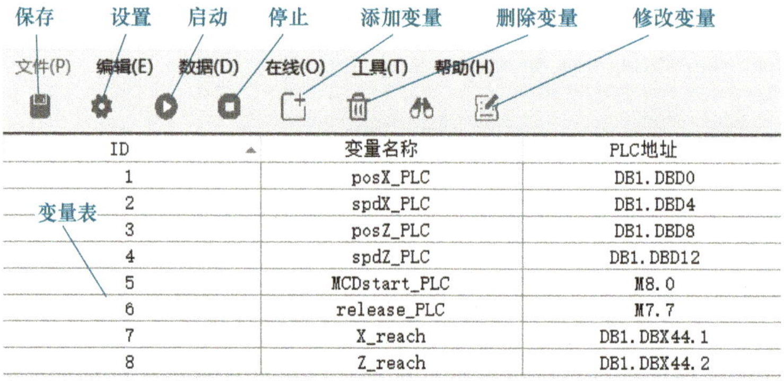

ID	变量名称	PLC地址
1	posX_PLC	DB1.DBD0
2	spdX_PLC	DB1.DBD4
3	posZ_PLC	DB1.DBD8
4	spdZ_PLC	DB1.DBD12
5	MCDstart_PLC	M8.0
6	release_PLC	M7.7
7	X_reach	DB1.DBX44.1
8	Z_reach	DB1.DBX44.2

图 4-38　OPC Digital Twin 编辑窗口

② 设定 OPC 软件中的 PLC 地址。单击"设置"按钮，进入网络设置窗口，设定 OPC 的 IP 地址为虚拟网卡地址，该地址由 Nettoplcsim 生成，如图 4-39 所示。

图 4-39 设定 OPC 中 PLC 地址

③ 添加 OPC 变量。在进行通信连接之前，要先确定需传递的通信变量，本例为两轴控制，需要传递两个轴的位置和速度参数以及轴运行到位的反馈信号，释放工件信号，轴启动信号，见表 4-1。

表 4-1 变量表

变 量 名	PLC 地址	数 据 类 型	IO 类型	含 义
posX_PLC	DB1.DBD0	Real（实数）	输入	X 轴目标
spdX_PLC	DB1.DBD4	Real（实数）	输入	X 轴速度
posZ_PLC	DB1.DBD8	Real（实数）	输入	Z 轴目标
spdZ_PLC	DB1.DBD12	Real（实数）	输入	Z 轴速度
release_PLC	M7.7	BOOL（布尔）	输入	释放工件
X_reach	DB1.DBX44.1	Real（实数）	输出	X 轴到位
Z_reach	DB1.DBX44.2	Real（实数）	输出	Z 轴到位
X_start	M4.5	BOOL（布尔）	输入	X 轴启动
Z_start	M24.5	BOOL（布尔）	输入	Y 轴启动

变量表中的变量只是针对 PLC 中的变量和 OPC 的交互信号。变量名和 PLC 地址都是 PLC 中的实际地址，IO 类型是针对 OPC 的输入和输出，PLC 到 OPC 定义为输入，OPC 到 PLC 定义为输出。

④ 运行 OPC。变量表定义完成后，启动 OPC 服务器，单击播放按钮，如果连接成功，右下角显示绿色滚动图标。在事件监视窗口也会显示连接成功信息，如图 4-40 所示。

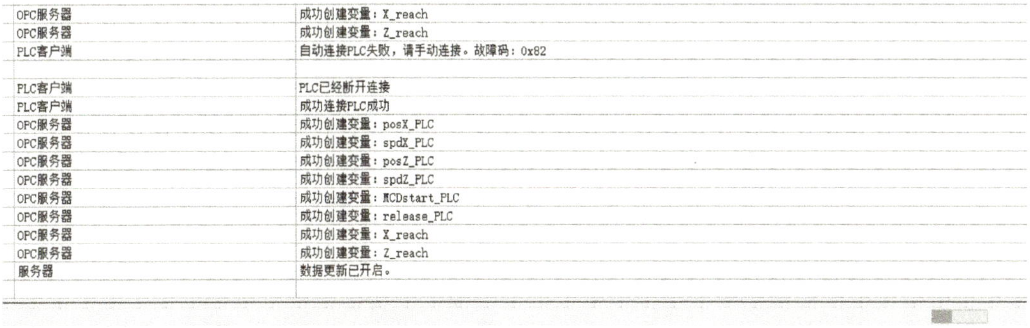

图 4-40 OPC 运行成功界面

10. 设置数字孪生体

本例所使用的数字孪生系统虚拟设计平台系统，采用基于 simensNX 中的机电概念设计模块（简称 MCD）。它将机械，电气，自动化包括软件等多个许可集成在同一平台，通过统一的数字化模型解决了多学科之间的协同问题，消除了电气、机械和自动化工程师之间的障碍。MCD 是一种为多学科并行设计的开发环境，涵盖了机械、电气、伺服驱动、液压驱动、传感器、自动化设计、程序编写、信息通信等诸多领域。

本例采用两轴系统，需要设计的虚拟模型包括 X 轴模组、Z 轴模组、工件、工作台等。因篇幅所限，设计模型的过程在此不做赘述，只讲述建立数字孪生体过程。将模型变为数字孪生体，相当于对模型赋予生命，是虚拟调试的前提条件。

（1）主要机电设计对象

如图 4-41 所示，X 轴模组为水平运动部件，Z 轴模组为上下运动部件，末端（吸嘴）固定于 Z 轴，工作台摆放工件。末端抓取工件，摆放至指定位置。根据功能分析，需创建机电对象和相关运动副。

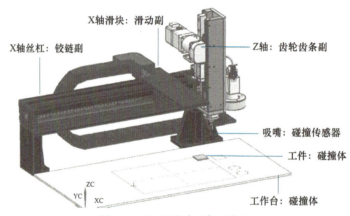

图 4-41　机电设计对象示意图

- X 轴丝杠：X 轴丝杠在步进电机驱动下旋转，组成了一个铰链副。
- X 轴滑块：X 轴滑块在模组基座上直线运动，组成一个滑动副。
- Z 轴齿轮：在电机的带动下旋转，组成一个齿轮齿条副。
- Z 轴模组：上下运动，组成一个滑动副。
- 耦合副 1：机械凸轮，将 X 轴丝杠-铰链副耦合到 X 轴滑块-滑动副。
- 耦合副 2：齿轮齿条，将 Z 轴齿轮-铰链副耦合到 Z 轴模组-滑动副。
- 执行器 1：X 位置控制，通过参数传递给 X 轴丝杠铰链副，实现丝杠旋转。
- 执行器 2：Z 位置控制，通过参数传递给 Z 轴滑动副，实现 Z 轴上下运动。
- 吸嘴：创建碰撞感应器，碰撞到工件时吸取工件以及吸取后按时释放工件。
- 信号：建立孪生体内部信号。
- 信号适配器：将内部信号指派给执行器变量，以便控制执行器。
- 信号映射：连接 OPC 变量，将外部变量和孪生体内部变量实行通信连接，以达到实体端和虚拟端相互控制的目的。

（2）机电对象实现原理示意图

如图 4-42 所示。

第 4 章 数字样机与虚拟调试

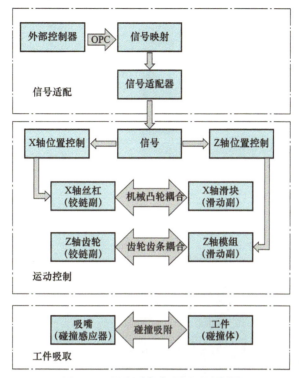

图 4-42 机电对象实现原理示意图

（3）X 轴组件数字孪生体设置

1）X 轴丝杠—铰链副。X 轴丝杠在电机的驱动下旋转，丝杠和基座组成了一个铰链副，设置丝杠为连接件，基座为基本件，如图 4-43 所示。

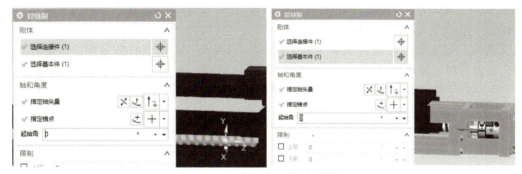

图 4-43 X 轴丝杠—铰链副设置

2）X 轴滑块—滑动副。X 轴滑块在丝杠的驱动下左右直线运动，因而 X 轴滑块和基座组成滑动副，设置 X 滑块为连接件，基座为基本件。如图 4-44 所示。

3）X 轴滑块—机械凸轮副。X 轴滑块在电机和丝杠的驱动下做左右直线运动，因而需要将丝杠的旋转运动转换成滑块的直线运动，对应的机电对象为将铰链副转换成滑动副，这种运动副的转换就是建立一个耦合副—机械凸轮副，机械凸轮副可使两个运动服按照定义好的耦合曲线运动。如图 4-45 所示。

141

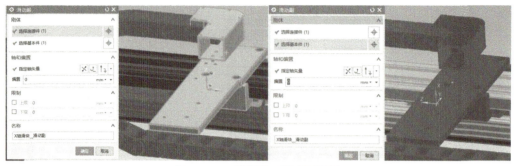

图 4-44　X 轴滑块—滑动副设置

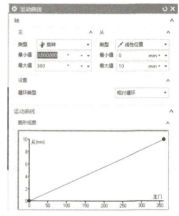

图 4-45　X 轴滑块—机械凸轮副设置

在设定对象后要进行耦合曲线设置，单击新运动曲线，弹出耦合曲线设定界面，如图 4-46 右侧所示。横坐标为主对象对应的运动副，此处为铰链副，单位为度（°），纵坐标表示从对象对应的运动副，此处为滑动副，单位为 mm，它们之间呈线性关系。其含义表示，当 X 轴丝杠旋转 360°时，X 轴滑动 10mm，对应丝杠的导程。设定时需要指定正确的单位和行程。

4）执行器设定—X 轴位置控制。执行器可以理解为在参数的驱动下，使运动副执行对应的运动，达到运动控制的目的。X 轴滑块的直线运动主驱动是电机的旋转运动，为此将铰链副作为位置控制的机电对象，如图 4-46 所示。

位置控制一般有两个参数约束，即目标和速度。给定目标和速度参数，铰链副将立即运动到目标位置。对于外部参数输入控制的场合，此处可不设定，由信号适配器输入参数。

图 4-46　X 轴位置控制设定

5)信号适配器设定。信号适配器的参数设定如图4-47所示,信号适配器负责将外部控制信号和数字孪生体信号进行适配并打包,将包括输入和输出信号在内的多个信号放在一个适配器中。其机电对象通常为执行器的控制参数,也包含其他逻辑控制信号或仿真系列控制信号。对于X轴位置控制,需要建立的适配器参数如下:

posMCD_X   X轴目标位置,输入
spdMCD_X   X轴运动速度,输入
X_reach   X轴目标到达,输出

X到达目标位置时输出信号给PLC控制器。

① 选择机电对象为X轴位置控制。

② 单击"+"将对象添加到参数表。选择"速度"或"位置"两个参数导入表中。

③ 在"别名"栏更改参数别名。

④ 在信号栏中单击"+",添加孪生体内部信号。

⑤ 在"名称"栏更改参数名。

⑥ 在机电对象参数栏勾选"指派为",将机电对象的"别名"指派为信号中的"名称",实现内部信号控制"执行器"的目的。

⑦ 勾选指派选项后,在公式栏中显示已经指派好的参数名称。

⑧ 如有必要可以在公式栏中添加公式。

图4-47 信号适配器参数设定

6)信号映射。信号映射的功能是将内部信号和外部信号进行映射,最终通过OPC服务器进行信号连接,完成孪生体内部和外部控制信号的交互。

信号映射如图4-48所示。在执行映射之前,要运行外部OPC服务器,只有OPC服务器运行成功后,才能在外部信号栏中发现外部信号。

需要映射的信号名如下:

内部信号 posMCD_X   ←   posPLC 外部信号   位置参数   输入
内部信号 spdMCD_X   ←   spdPLC 外部信号   速度参数   输入
内部信号 X_reach   →   X_reach 外部信号   目标到达   输出
内部信号 X_start   →   X_start 外部信号   X轴启动   输入

(4)Z轴组件数字孪生体设置

参考X轴数字孪生体的设置方法,Z轴与X轴的不同之处在于运动副的耦合方式不同,需要建立齿轮齿条耦合,按照顺序设置。

数字孪生在智能制造中的工程实践

运行外部 OPC 服务器：

① 搜索运行中的 OPC 服务器。

② 选择左侧栏中的内部信号。

③ 选择右侧栏中的外部信号。

④ 单击"连接"图标。

⑤ "映射的信号"栏显示已经连接的信号，水平箭头表示信号的方向。

⑥ 要断开连接，选择已经映射好的信号，单击"断开"。

图 4-48　信号映射设定

1）铰链副设定—Z 轴驱动齿轮—铰链副。主要功能是在 Z 轴电机的驱动下，Z 轴齿轮旋转，组成一个铰链副。连接件选择齿轮，基本件选择基座，如图 4-49 所示。

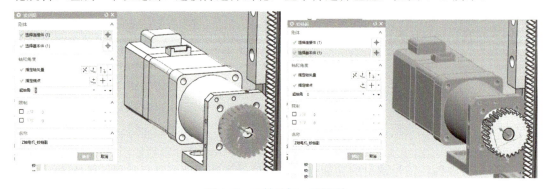

图 4-49　Z 轴丝杠—铰链副

2）滑动副设定—Z 轴上下组件_滑动副。Z 轴上下组件在齿轮的驱动下做上下运动，连接件选择上下组件，基本件选择电机座，如图 4-50 所示。

3）耦合副设定—Z 轴_齿轮齿条副。Z 轴上下组件在齿轮齿条的驱动下做上下运动，为此需要将 Z 轴的铰链副装换成 Z 轴滑动副，它们之间的耦合通过齿轮齿条的耦合完成。

主对象选择滑动副，从对象选择铰链副，齿轮齿条耦合为 1∶1 耦合，需准确设定齿轮分度圆半径，如图 4-51 所示。

4）执行器设定—Z 轴位置控制。Z 轴位置控制的对象设定为滑动副，目标和速度由信号适配器传入，可不设定，如图 4-52 所示。

图 4-50　Z 轴上下组件　滑动副

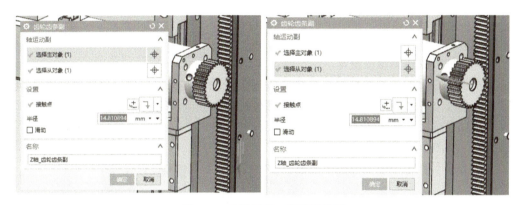

图 4-51　Z 轴组件—齿轮齿条副

5）信号适配器设定。同 X 轴设定方法，在信号适配器中设定以下 Z 轴参数（见图 4-53）：

posMCD_Z：Z 轴位置。

spdMCD_Z：Z 轴速度。

Z_reach：Z 轴到位反馈信号，当轴速度接近零时表示目标到达。

releaseMCD：工件释放信号。

图 4-52　Z 轴位置控制设定　　　　　图 4-53　Z 轴信号适配器设定

6)信号映射。Z 轴的位置和速度信号从外部输入,通过信号映射实现,信号名如下(见图 4-54):

内部信号 posMCD_Z ← posPLC 外部信号 位置参数 输入
内部信号 spdMCD_Z ← spdPLC 外部信号 速度参数 输入
内部信号 releaseMCD ← releasePLC 外部信号 释放工件 输入
内部信号 reach_Z → reach_Z 外部信号 位置到达 输出
内部信号 Z_start ← Z_start 外部信号 Z 轴启动 输入

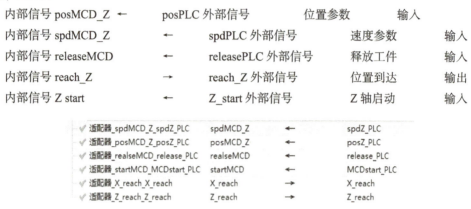

图 4-54　Z 轴信号映射图

（5）工件吸取相关参数设定

本例吸嘴在吸取工件的仿真,是通过固定副吸附的方法实现的。将吸嘴所在的组件设定为一个独立的固定副,将吸嘴设为碰撞传感器,当吸嘴碰到工件（碰撞体）时,碰撞传感器触发,固定副吸附碰撞体。当需要释放工件时,发出一个释放指令,固定副会释放工件,如图 4-55 所示。

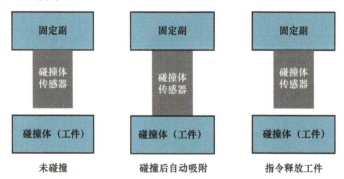

图 4-55　固定副吸附功能示意图

设定流程如图 4-56 所示。步骤如下：

① 设定固定副。将吸嘴所在的 Z 轴组件设定为固定副。

② 设定碰撞传感器。设定吸嘴为碰撞传感器,当吸嘴碰到碰撞体（工件）时,触发吸附工件。

③ 设定碰撞体。将被碰撞物体设为碰撞体时,才能触发碰撞信号。

11. 创建运行时表达式

运行时表达式是在仿真过程中用于计算的表达式,一般是对创建好的内部信号进行运算或判断,使之产生正确的值。本例中轴的虚拟位置到位后,需要反馈给控制器一个到位信号,以便进行下一个动作。因此需要创建一个运行时表达式来判断位置是否到位,该表达式的含义是,当数字孪生体的速度接近零时表示目标已到位。

图 4-56 吸附功能的固定副设定

设定过程如图 4-57 所示,步骤如下:

① 选择对象。从适配器中选择已创建的内部信号,此处为 X_reach,表示 X 轴目标到位。

② 输入参数。选择条件判读的参数,此处选择位置控制的速度参数,单击"+",从参数表中添加 X 轴 _ 位置控制的相关参数。

③ 表达式。此处可输入表达式名称,也可用默认名称。

④ 公式。输入参数判断语句,此处的判断语句如下:

If (X 轴 _ 位置控制 >-0.5 & X 轴 _ 位置控制 <0.5) // (反转时速度为负值)
　　Then (true)
　　Else (false)

公式含义:如果 X 轴 _ 位置控制 >-0.5 & X 轴 _ 位置控制 <0.5,即接近零速时,表示 X 轴已经到位,此时对象值为真,即 X_reach=1,输出给 PLC 控制器,PLC 接收到此信号后进行下一步动作。

图 4-57　运行时表达式设置参数

用同样的方法，创建 Z 轴运行时表达式，生成 Z 轴目标到位信号 Z_reach。

If (Z 轴 _ 位置控制 >-0.5 & Z 轴 _ 位置控制 <0.5)　//（反转时速度为负值）
　　Then (true)
　　Else (false)

创建完成后生成两个运行时表达式，如图 4-58 所示（选择框处打勾）。

12. 创建仿真序列

仿真序列是虚拟平台的流程步骤，目的是为了和控制器动作协调或同步。

（1）X 轴定位到 A 点

条件为收到 X 轴启动信号，设置如图 4-59 所示。

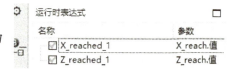

图 4-58　运行时表达式设置完成

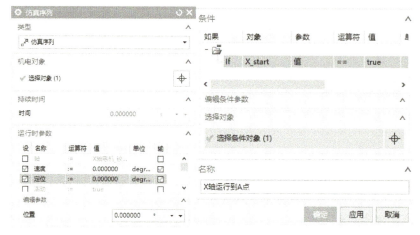

图 4-59　仿真序列—X 轴定位设置

① 选择机电对象，此处选择 X 轴位置控制。
② 设置运行时参数，选择速度和定位两个参数（勾选输入）。
③ "选择条件对象"选择信号 X_start。
④ 条件为 IF X_start=true。

以上仿真序列的含义是，当收到 X_start 信号后，将外部信号值传递给 X 轴位置控制信号的速度和位置，X 轴位置控制收到参数后立即启动轴运动。

仿真序列生成后，仿真名称为"X 轴定位到 A 点"，如图 4-60 所示。

图 4-60　生成一条仿真序列

（2）A 点 Z 轴一次下降

条件为收到 Z 轴启动信号，设置如图 4-61 所示。选择对象为 Z 轴位置控制，运行时参数为 Z 轴位置控制的速度和定位参数，条件为收到 Z_start 信号。

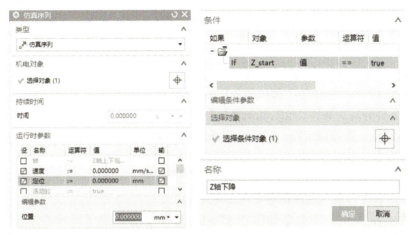

图 4-61　仿真序列—Z 轴定位设置

（3）A 点一次吸附工件

创建基于事件的仿真序列，条件是当碰撞体碰撞传感器触发时，固定副吸附工件。如图 4-62 所示。

图 4-62　仿真序列—吸附工件设置

设置流程如下：

① 选择对象。选择固定副，该固定副为吸嘴所在 Z 轴上下组件。

② 编辑参数。选择"触发器中的对象"，attachment 选择触碰撞传感器（吸嘴）。

③ 在"连接"前打勾，表示固定副实施连接功能，即吸附功能。

④"选择条件对象"选择"碰撞传感器"吸嘴。

⑤条件选择"如果'吸嘴'已触发 =TRUE",表示碰撞传感器已经碰撞。

以上设置的含义是：当 Z 轴上下组件（固定副）上的吸嘴（碰撞感应器）接触到工件（碰撞体）时，固定副启动连接碰撞体功能，将工件吸附在 Z 轴组件上。

（4）A 点 Z 轴一次上升

条件为收到 Z 轴启动信号，选择对象为 Z 轴位置控制（略）。

（5）X 轴定位到 B 点

条件为收到 X 轴启动信号，选择对象为 X 轴位置控制（略）。

（6）B 点 Z 轴一次下降

条件为收到 Z 轴启动信号，选择对象为 Z 轴位置控制（略）。

（7）B 点释放工件

如图 4-63 所示，当收到外部信号 releaseMCD 时，连接设为 NULL 时，固定副吸附功能消失，工件分离。条件为 IF releaseMCD 值 =true。设置流程如下。

①选择对象，选择固定副，该固定副为吸嘴所在 Z 轴上下组件。

②编辑参数，选择刚体。

③勾选"连接 =NULL",表示取消固定副吸附功能。

④"选择条件对象"选择信号"releaseMCD"。

⑤条件选择"如果'releaseMCD'值 =TRUE",表示收到了释放工件信号。

以上设置的含义是：当 Z 轴上下组件（固定副）收到"releaseMCD"释放信号时，连接 =NULL，固定副释放工件。

图 4-63　仿真序列—释放工件设置

（8）B 点 Z 轴一次上升

条件为收到 Z 轴启动信号，选择对象为 Z 轴位置控制（略）。

（9）B 点 Z 轴二次下降

条件为收到 Z 轴启动信号，选择对象为 Z 轴位置控制（略）。

（10）B 点二次吸附工件

设置同"A 点一次吸附工件"（略）。

（11）B点Z轴二次上升

条件为收到Z轴启动信号，选择对象为Z轴位置控制（略）。

（12）X轴二次定位到A点

条件为收到X轴启动信号，选择对象为X轴位置控制（略）。

（13）A点Z轴二次下降

条件为收到Z轴启动信号，选择对象为Z轴位置控制（略）。

（14）A点释放工件

同B点释放工件（略）。

（15）A点Z轴二次上升

条件为收到Z轴启动信号，选择对象为Z轴位置控制（略）。

以上步骤为一个流程的仿真序列，外部控制器为循环动作，仿真序列也跟着做循环控制。最终生成的仿真序列总表如图4-64所示。

13. 虚拟调试

① 打开PLC触摸屏界面，如图4-65所示。

② X轴手动测试。输入手动速度值50和手动位置值100，单击"手动定位"按钮，X轴将运行到100mm处，如图4-66所示。

图4-64 仿真序列总表　　　　图4-65 软件在环触摸屏画面

③ Z轴手动测试。输入手动速度值20和手动位置值40，单击"手动定位"按钮，Z轴将运行到40mm处，如图4-67所示。

④ 仿真系列测试。单击"启动"按钮，二轴系统按照指定的仿真系列进行运动，从A点吸取工件到B点释放，再从B点吸取工件到A点释放，一直循环，如图4-68所示。

通过以上手动及仿真系列运行结果，达到了项目的预期功能，证明数字孪生的软件在环调试已经完成。

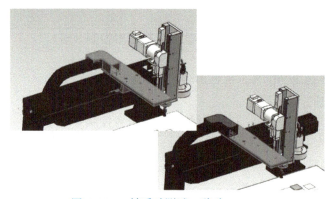

图 4-66 X 轴手动测试：移动 100mm

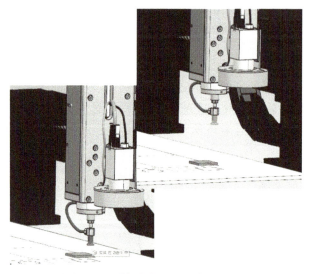

图 4-67 Z 轴手动测试：移动 40mm

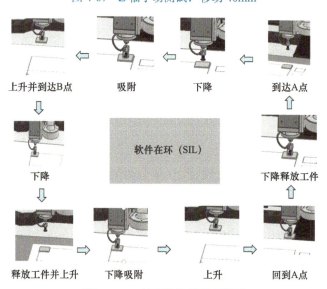

图 4-68 二轴系统软件在环调试

4.3.3 硬件在环虚拟调试

硬件在环虚拟调试（HIL）是指控制部分用 PLC，结构部分用虚拟三维模型，实现"实-虚"结合的闭环反馈回路中进行程序编辑与验证的调试。此处仍然采用双轴系统，展示硬件在环调试流程。

1. 软件构成

软件构成如图 4-69 所示。

图 4-69 硬件在环调试软件构成

2. 硬件构成

个人计算机一台，Windows 10 系统、CPU 3.0GHz 以上、内存 8GB 以上、100Mbit/s 网卡、S7-1200 系列 PLC，如图 4-70 所示。

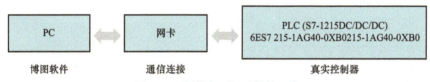

图 4-70 硬件在环调试软件组成

3. 虚拟调试步骤

① 编写 PLC 程序，设置网络连接，将程序下载到真实 PLC 中。
② 设置数字孪生体参数。
③ 运行 OPC 程序。
④ PLC 连接虚拟端进行调试。

4. 调试流程

（1）PLC 设备组态

触摸屏组态，PLC 物理地址设为 192.168.1.10，本地网络地址设为 192.168.1.100，本地网络地址需和 PLC 地址在一个网段，用网线连接好 PLC 和网卡。如图 4-71 所示。

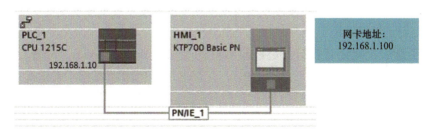

图 4-71 硬件组态

（2）新建项目

double_plcsimadv，编写 PLC 控制程序（略）。

（3）程序下载

将程序下载到 PLC，如图 4-72 所示。

① 选择 PG/PC 接口类型为 PN/IE。

② 选择 PG/PC 接口为本地网卡。

③ 接口连接选择 PN/IE。

④ 单击"开始搜索"，搜索成功会显示找到的 PLC，并显示其网络地址。

⑤ 单击"下载"，启动下载任务，最后单击"完成"按钮，完成下载。

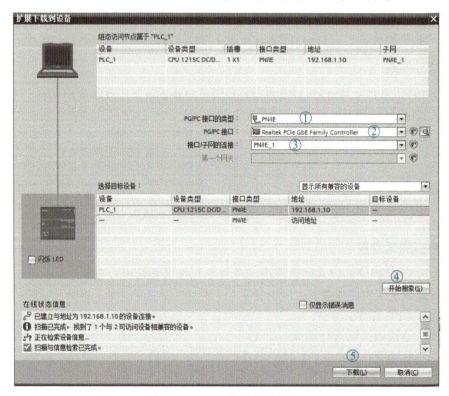

图 4-72　PLC 程序下载页面

（4）打开虚拟模型

设置好数字孪生体参数，设置方法与软件在环的类似，在此不再赘述。

（5）打开 OPC 软件

设置变量表，此处直接打开已经编写好的变量表 double_axies。配置 OPC 客户端地址，此处为 PLC 地址，然后运行 OPC，直至出现绿色滚动图标，表示运行成功，如图 4-73 所示。

（6）打开 PLC 上的触摸屏画面

触摸屏画面如图 4-74 所示。

第 4 章 数字样机与虚拟调试

图 4-73 打开 OPC 软件并运行

图 4-74 打开触摸屏画面

（7）手动调试

输入 X 轴位置 100，Z 轴位置 40，分别按"手动定位"按钮，X 轴和 Z 轴将运行到相应的位置，如图 4-75 所示。

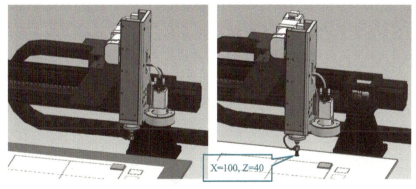

图 4-75 手动定位

（8）仿真序列调试

触摸屏画面单击"启动"按钮，将进行仿真序列运动，如图 4-76 所示。运行结果和图 4-68 一致。

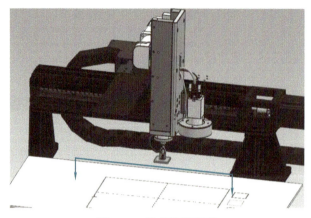

图 4-76　启动仿真序列

4.4　习题

1. 数字样机是指什么？
2. 简要说明数字样机的设计流程。
3. X 轴模组要实现直线运动，需要构建哪几个基本机电对象？

第 5 章
行为模型的构建

　　本章主要讲述行为模型构建的原则和方法，主要内容包括机器视觉系统、运动控制系统以及这两个系统之间的 TCP 通信；基于数字样机技术，采用硬件在环的方式，对所构建的行为模型进行虚拟调试，从而对行为模型进行验证、修改和优化。

―――――| 本章目标 |―――――

- 了解行为模型的构建原则和方法。
- 了解视觉伺服系统的构成。
- 掌握机器视觉和控制系统的通信协议及具体实现。
- 掌握视觉伺服系统程序设计的流程和方法。
- 掌握虚拟调试的流程和方法。

数字孪生在智能制造中的工程实践

　　行为模型的构建在数字孪生系统设计架构（特指本书中的工程化设计，不具通用性）中的第②模块，如图 5-1 所示。行为模型和空间模型构成虚拟实体。在制造业数字孪生中虚拟实体是设备或过程在虚拟空间里的数字化映射，依据的是内聚⊖原则，虚拟实体运行的逻辑规则与物理实体是相同的，这是虚拟实体与物理实体实时、同步的必要条件。

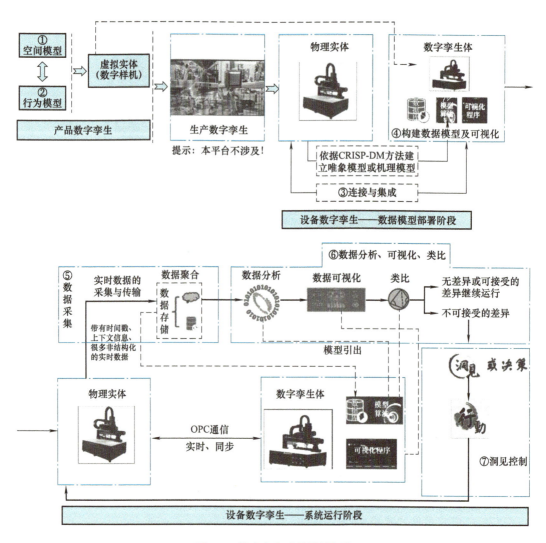

图 5-1　数字孪生系统设计架构

　　行为模型构建在制造业数字孪生应用中，属于产品数字孪生，如图 5-2 所示。

⊖　内聚，是一个模块内部各成分之间相关联程度的度量。

第 5 章 行为模型的构建

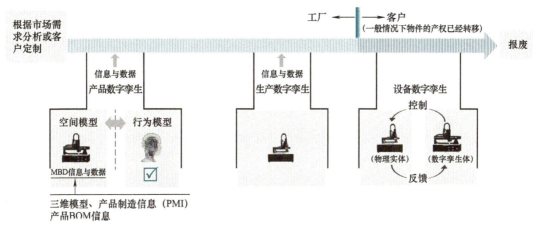

图 5-2 数字孪生在装备制造业中的应用

5.1 概述

行为模型是产品行为的逻辑或数学表示,也就是产品如何动作的。行为模型描述了物理实体的各种行为,如履行功能、响应变化、与他人互动、调整内部操作、维护健康状况等。物理行为的模拟是一个复杂的过程,涉及多个模型,如问题模型、状态模型等。这些模型通过基于有限状态机、马尔科夫链和基于本体建模等方法进行开发。

5.1.1 行为模型的基本认知

在数字孪生概念出现以前,其主要理念或者方法已经存在,基本指导思想来自于 SE (系统工程) 和 MBSE (基于模型的系统工程)。如图 5-3 所示,行为模型属于系统数字化模型,理解 MBSE V 形图,对理解行为模型的构建会有很大的帮助。

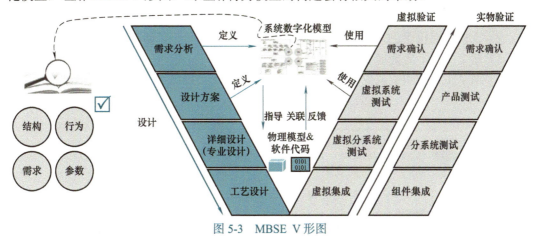

图 5-3 MBSE V 形图

行为模型一般情况下代表设备或系统的功能实现,其构建原则是满足需求。在行为模型构建阶段需要对系统或项目的整体需求进行分析,根据具体需求,将系统分解成若干个子系统,再对每个子系统进行详细设计。

行为模型构建在产品或系统的研发流程中非常重要。NASA 发现在商业飞机的研发过程中，随着时间节点和研发流程的推进，修复错误的代价呈指数级增长，到后期测试、运行阶段，需要付出的修复代价要高出设计初期的百倍以上，如图 5-4 所示。

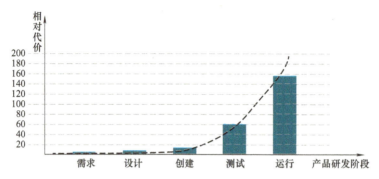

图 5-4 产品研发流程中修正错误节点与代价曲线

行为模型构建在产品或系统的研发过程中属于需求分析、系统（和子系统）设计、模型创建阶段，在这一阶段及早发现并解决问题，可以有效地降低产品或系统的研发成本和提高效率。以下针对本书内容所依赖的物理情景（智能分拣系统）行为模型的构建进行具体的讲解。

1. **需求分析**

如图 5-5 和图 5-6 所示，将摆放在 A、B、C、D 区的四种工件堆垛至对应的堆垛区 A、堆垛区 B、堆垛区 C、堆垛区 D。工件摆放的要求如下：

1）必须摆放在蓝色方框，即机器视觉的有效识别区域内。

2）工件不能压蓝色方框内蓝色虚线。

3）两个工件不能叠加。

4）两个工件的间距至少 1mm 以上。

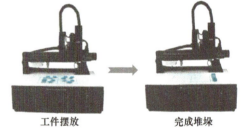

图 5-5 功能需求

图 5-6 功能需求示意图

第 5 章 行为模型的构建

2. 对构建行为模型所需要的技术进行分解

根据需求分析，需要设计一套功能比较简单的视觉伺服①系统，考虑到空间模型、行为模型构建的难易程度，机器人采用直角坐标工业机器人②，机器视觉系统采用具有形状、色彩、偏移角度、坐标（X、Y平面）识别功能的相对简化的系统。

（1）直角坐标工业机器人

如图5-7所示，机器人包含末端、传动、执行器、控制器。

机械部分包含以下组成部分：

- 末端（真空吸盘），属于气动装置，与R轴连接。
- X轴，左右直线运动，运动曲线为S形速度曲线，通过左支承座和右支承座与机箱连接。
- Y轴，前后直线运动，运动曲线为S形速度曲线，与X轴连接。
- Z轴，上下直线运动，运动曲线为S形速度曲线，与Y轴连接。
- R轴，旋转轴，与Z轴连接。

图 5-7 直角坐标工业机器人

X轴、Y轴、Z轴为直线运动，在三维空间内正交平移构成末端的空间曲线运动。

执行器：由步进驱动器和步进电机组成。

控制器：由PLC发出控制指令，体现行为模型的逻辑和规则等。PLC软件程序构成如图5-8所示。

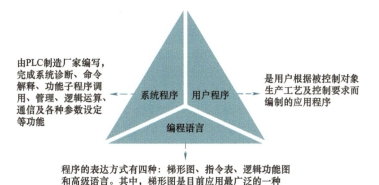

图 5-8 PLC软件程序构成

（2）机器视觉系统

机器视觉进行图像的采集、处理等，通过机器视觉与运动控制系统之间的通信协议，

---

① 视觉伺服，一般指的是通过光学的装置和非接触的传感器自动地接收和处理一个真实物体的图像，通过图像反馈的信息，来让机器系统对机器做进一步控制或相应的自适应调整的行为。

② 直角坐标工业机器人，是指在工业应用中，能够实现自动控制的、可重复编程的、运动自由度仅包含三维空间正交平移的自动化设备。其组成部分包含直线运动轴、运动轴的驱动系统、控制系统、终端设备。可在多领域进行应用，有超大行程、组合能力强等优点。

向控制系统发送在有效区域内各个工件的颜色、形状、XY 坐标、偏移角度等信息。机器视觉由光源、工业相机、镜头和机器视觉软件构成,机器视觉系统架构如图 5-9 所示。

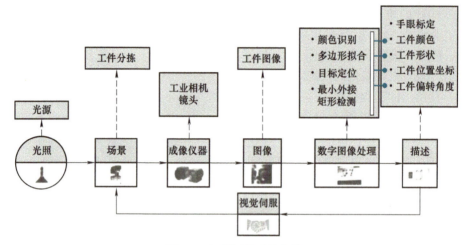

图 5-9　机器视觉系统架构

5.1.2　物理实体的行为逻辑和规则

物理实体是一套简单的视觉伺服系统,视觉伺服系统按照工业相机安装位置的不同分为 Eye-in-hand 和 Eye-to-hand 两种类型。将工业相机固定在机器人的末端或机械臂上称之为 Eye-in-hand,将相机固定在工作空间的某个位置称之为 Eye-to-hand。如图 5-10 所示,物理实体属于 Eye-in-hand,相机固定在 Z 轴,物理实体运行须遵守基于 Eye-in-hand 视觉伺服系统的逻辑和规则。

1. 通信协议

视觉伺服系统中工业机器人的控制器是 PLC,工业机器人与机器视觉的通信也就是 PLC 与机器视觉的通信,采用的通信协议是

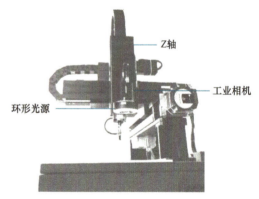

图 5-10　Eye-in-hand 视觉伺服系统

TCP(Transmission Control Protocol,传输控制协议),是一种面向连接的、可靠的、基于字节流的传输层通信协议,即客户端和服务器之间在交换数据之前会先建立一个 TCP 连接,才能相互传输数据。优点是可靠稳定,TCP 的可靠性体现在 TCP 在传递数据之前,会有三次握手来建立连接,而且在数据传递时,有确认、窗口、重传、拥塞控制机制,在数据传完后,还会断开连接用来节约系统资源。实现方式是网络上的两个程序可以通过建立 Socket⊖实现客户端与服务器之间的 TCP 通信。

⊖ 网络上的两个程序通过一个双向的通信连接实现数据的交换,这个连接的一端称为一个 Socket。Socket 里面已经封装好了 UDP 和 TCP/IP 协议。

本系统中机器视觉软件使用的是 BK Vision，PLC 的 CPU 型号是 S7-1215C。TCP 报文格式如图 5-11 所示。

图 5-11　TCP 报文格式

如图 5-11 所示，工件中心点坐标与工件旋转角度的格式均为 ±×××.××，即当该数字为正数时，需要在数字前加 +，小数点左侧保留三位数字，不足三位在前面补 0，小数点右侧保留两位数字，不足两位在后面补 0，例如：0xC，+011.20，-021.23，+000.00，R。控制器（PLC）接收到工件信息后会将协议头滤除，保存协议头后面内容。

机器视觉通过本地 IP 地址与设置的端口号建立服务器连接，PLC 通过服务器 IP 地址和端口号，与机器视觉连接。在分拣码垛过程中，通过建立好的连接按照通信协议进行数据交互，如图 5-12 和图 5-13 所示，具体过程如下：

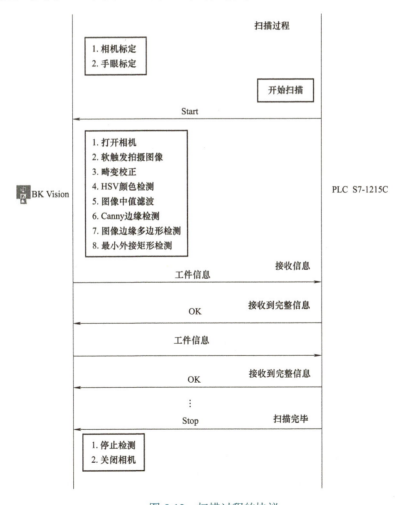

图 5-12　扫描过程的协议

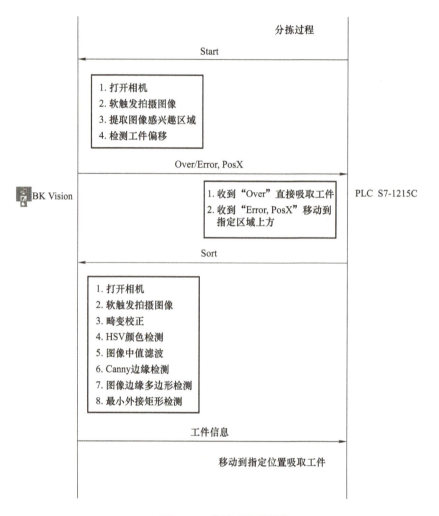

图 5-13 分拣过程的协议

① 机器视觉分拣系统通过本地 IP 地址与设置的端口号建立服务器连接。

② 控制器（PLC）通过服务器 IP 地址与端口号与机器视觉分拣系统连接。

③ 启动分拣后，控制器（PLC）控制机器末端移动到扫描区域（共四个扫描区域，分别为 A、B、C、D）上方，向机器视觉分拣系统发送"Start"。

④ 机器视觉分拣系统收到"Start"后，打开相机，开始检测工件，并将检测到的第一个工件信息发送到 PLC。

⑤ 控制器（PLC）接收到完整的工件数据后，向机器视觉分拣系统发送"OK"。

⑥ 机器视觉分拣系统接收到"OK"后，向 PLC 发送第二个工件信息，如此往复，直到所有检测到的工件信息发送完毕。

⑦ 当四个扫描区域扫描完成后，控制器（PLC）向机器视觉分拣系统发送"Stop"。

⑧ 机器视觉分拣系统接收到"Stop"后停止检测工件，并关闭相机。

⑨ 控制器（PLC）控制机器末端进行工件吸取，当移动到工件上方时，向机器视觉分拣系统发送"Sort"。

⑩ 机器视觉分拣系统接收到"Sort"后打开相机，检测工件是否发生偏移。如果没有发生偏移，则向控制器（PLC）发送"Over"，否则发送"Error，PosX"，其中X为工件所在的扫描区域，即A/B/C/D。

⑪ PLC接收到"Over"后，控制机器末端真空吸取工件，控制器（PLC）接收到"Error，PosX"后，控制机器末端移动到指定扫描区域上方，并向机器视觉分拣系统发送"Sort"。

⑫ 机器视觉分拣系统再次收到"Sort"后重新进行工件检测，并将检测到的工件信息发送到PLC。

⑬ PLC接收到工件信息后移动到指定位置吸取工件。

⑭ 循环执行上述操作，直到所有的工件分拣码垛完成。

2. PLC控制程序流程图

在设计PLC程序之前，需要制作符号表（见表5-1）。

表5-1 符号表

序号	寄存器	名称	备注	序号	寄存器	名称	备注
1	I0.0	磁栅尺A	读取X轴位置	14	I2.5	停止	系统停止
2	I0.1	磁栅尺B		15	I2.6	复位	系统复位
3	I0.2	横轴正限位	—	16	Q0.0	横轴脉冲	—
4	I0.3	横轴参考点	—	17	Q0.1	纵轴脉冲	—
5	I0.4	横轴负限位	—	18	Q0.2	竖轴脉冲	—
6	I0.5	纵轴正限位	—	19	Q0.3	旋转轴脉冲	—
7	I0.6	纵轴参考点	—	20	Q0.4	横轴方向	—
8	I0.7	纵轴负限位	—	21	Q0.5	纵轴方向	—
9	I1.0	竖轴负限位	—	22	Q0.6	竖轴方向	—
10	I1.1	竖轴参考点	Z轴参考点	23	Q0.7	旋转轴方向	—
11	I1.2	竖轴正限位	—	24	Q1.0	蜂鸣器	—
12	I1.3	R轴参考点	R轴参考点	25	Q1.1	末端吸盘	—
13	I2.4	启动	系统启动	26	Q2.0	光源控制	光源

PLC控制程序分为三个部分：初始化程序、扫描程序和分拣程序，如图5-14所示。

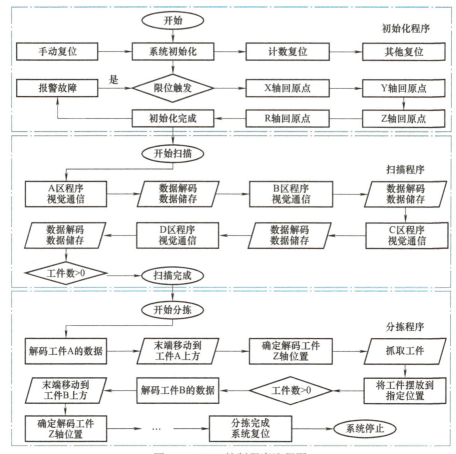

图 5-14 PLC 控制程序流程图

5.2 机器视觉系统的工程实践

本节内容依据智能分拣系统的设计需要，对相关技术内容进行讲述，属于项目式学习。视觉系统设计采用 Visual Studio 作为开发平台，编程语言是 C#，同时采用开源的图像处理库 OpenCvSharp 进行图像处理程序的开发。

5.2.1 通信程序设计

1. TCP 通信程序设计流程

在 5.1.2 节，概要性地讲述了 TCP，TCP 需要设计一些程序，程序设计中包括以下几个步骤：

视频
5-1 机器视觉系统介绍

① 建立 TCP 服务器。
② 进行客户端的连接。
③ 实时接收 PLC 发送的信号。
④ 视觉再次接收到"Sort"后重新进行工件检测，将距离原工件最近的同类型、同颜色工件信息发送给 PLC。

⑤ 接收到 PLC 的 "Stop" 后结束扫描，关闭相机软触发拍摄。

⑥ 最后向 PLC 发送工件的形状、坐标、角度、颜色信息，发送第一条后，等待接收 PLC 的 "OK"，收到 "OK" 后发送下一条。

2. TCP 通信核心程序

程序中涵盖了 TCP 通信连接建立、数据传输、数据确认以及数据重传等内容。

程序核心代码内容如下：

① 在主程序中建立 TCP 服务器。

```
Socket socketWatch = new Socket(AddressFamily.InterNetwork,
SocketType.Stream, ProtocolType.Tcp);
IPAddress ip = IPAddress.Parse("192.168.1.100");
IPEndPoint point = new IPEndPoint(ip, 2000);
socketWatch.Bind(point);
socketWatch.Listen(1);
Thread th = new Thread(Listen);
th.IsBackground = true;
th.Start(socketWatch);
```

② 在子线程程序中，进行客户端的连接。

```
void Listen(object o){
    Socket socketWatch = o as Socket;
    while (true){
    socketSend = socketWatch.Accept();
    Thread th1 = new Thread(Receive);
    th1.IsBackground = true;
    th1.Start(socketSend);
    }
}
```

③ 在子线程的程序中，实时接收 PLC 发送的信号。

```
void Receive(object ob){
    Socket socketSend = ob as Socket;
    if (socketSend == null) {return; }
    string clientID = socketSend.RemoteEndPoint.ToString();
    if (string.IsNullOrWhiteSpace(clientID) || !socketSend.Connected)
    {return; }
    while (true){
        try{
            if (!socketSend.Connected)break;
            byte[] buffer = new byte[1024 * 1024 * 2];
            int r = socketSend.Receive(buffer);
            if (r == 0) break;
            string str = Encoding.UTF8.GetString(buffer, 2, r);
            BK_ShowString(str);
            // 接收到 PLC 的 "Start" 后开始扫描：打开相机，软触发拍摄，进行工件检测
```

```csharp
            if (Encoding.UTF8.GetString(buffer, 2, 5) == "Start"){
                HikvisionSignalGrab();
                AreaNum++;
                Thread.Sleep(250);
                Workpiece_Index = 0;
                SortIndex = 0;
                MovementFlag = false;
                Array.Clear(Workpiece_Information, 0,Workpiece_Information.Length);
                Workpiece_Deetection1();
            }
        }
```

④ 在子线程程序中，视觉再次接收到"Sort"后重新进行工件检测，将距离原工件最近的同类型、同颜色工件信息发送给 PLC。

```csharp
    if (Encoding.UTF8.GetString(buffer, 2, 4) == "Sort"){
      HikvisionSignalGrab();
      Thread.Sleep(250);
      if (MovementFlag == false) MovementDetection();
      else{
        Re_Workpiece_Deetection();
        MovementFlag = false;
      }
    }
```

⑤ 在子线程程序中，接收到 PLC 的"Stop"后结束扫描，关闭相机软触发拍摄。

```csharp
    if (Encoding.UTF8.GetString(buffer, 2, 4) == "Stop"){
      BK_myCamera.StopGrab();
      IscontinueGrabing = false;
      BK_StopGrab.Enabled = false;
      BK_SignalGrab.Enabled = true;
      BK_SignalGrab1.Enabled = true;
      BK_ContinueGrab.Enabled = true;
      ScanPointNum = 0;
      AllWorkpieceIndex = 0;
      AreaNum = 0;
    }
```

⑥ 在子线程程序中，向 PLC 发送工件的形状、坐标、角度、颜色信息，发送第一条后，等待接收 PLC 的"OK"，收到"OK"后发送下一条。

```csharp
    if (Encoding.UTF8.GetString(buffer, 2, 2) == "OK"){
      if (Workpiece_Index > 1){
        socketSend.Send(System.Text.Encoding.UTF8.GetBytes(Workpiece_Information[Workpiece_Index - 1]));
        AllWorkpiece_Information[AllWorkpieceIndex] = Workpiece_Information[Workpiece_Index - 1];
        switch (AreaNum){
          case 1:
            Workpiece_Area[AllWorkpieceIndex] = "A";
```

```
          break;
        case 2:
          Workpiece_Area[AllWorkpieceIndex] = "B";
        break;
        case 3:
          Workpiece_Area[AllWorkpieceIndex] = "C";
        break;
        case 4:
          Workpiece_Area[AllWorkpieceIndex] = "D";
        break;
          default:
        break;
        }
        Workpiece_Index--;
        AllWorkpieceIndex++;
        }
      }
```

5.2.2 检测及数据收发程序设计

如图 5-15 所示，依据图像处理流程，可以将图像处理程序分为相机标定和图像处理两个部分。

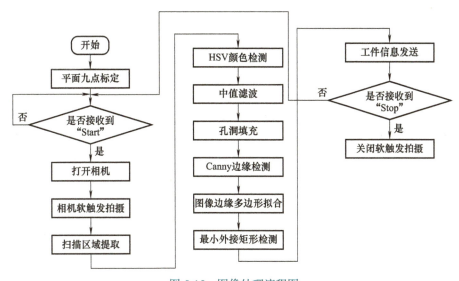

图 5-15 图像处理流程图

1. 相机标定程序设计

相机标定是确定相机拍摄图像的像素坐标与机器末端坐标之间的对应关系，如图 5-16 所示。采用九点标定法。相机标定选项卡主要分为坐标显示区、HSV 颜色范围设置区、机器末端移动间隔设置和标定操作。

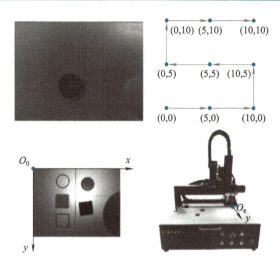

图 5-16 九点标定法

平面九点标定程序代码如下:

```
// 建立坐标矩阵，A- 像素坐标（x1, y1，1）；B- 机器末端坐标（X1，Y1，1）；C- 转换矩阵 A*C=B。
Mat A = new Mat(9, 3, MatType.CV_64F, Image_Point);
Mat B = new Mat(9, 3, MatType.CV_64F, End_Point);
Mat C = new Mat(3, 3, MatType.CV_64F);
Cv2.Solve(A, B, C, DecompTypes.SVD);
double[,] transfer_array = new double[3, 3];
C.GetArray(0, 0, transfer_array);
transfer_array.ToString();
saveFileDialog1.Filter = " 文本文件（*.txt) |*.txt";
if (saveFileDialog1.ShowDialog() == DialogResult.OK)
{
    FileStream fs = new FileStream(saveFileDialog1.FileName, FileMode.Append);
    StreamWriter wr = null;
    wr = new StreamWriter(fs);
    for (int i = 0; i < 3; i++){
        wr.WriteLine(Convert.ToString(transfer_array[i,0])+","+Convert.ToString(transfer_array[i, 1]) + "," +
        Convert.ToString(transfer_array[i, 2]));
    }
    wr.Close();
}
```

2. 区域扫描阶段的图像处理程序

扫描区域，检测工件边缘，先后对区域图像进行区域提取、HSV 颜色检测、中值滤波、孔洞填充、Canny 边缘检测。核心代码如下:

```
Mat result = new Mat();
Mat result1 = new Mat();
Mat cannyImg = new Mat();
Mat resultImage = new Mat();
```

```
MatOfPoint DPinput = new MatOfPoint();
MatOfPoint point1 = new MatOfPoint();
Random rnd = new Random();
RotatedRect box = new RotatedRect();
RotatedRect box1 = new RotatedRect();
RotatedRect box2 = new RotatedRect();
RotatedRect box3 = new RotatedRect();
double H;
OpenCvSharp.Point[] Tpoints = new OpenCvSharp.Point[3];
OpenCvSharp.Point Downpoint;
OpenCvSharp.Point Middlepoint;
string sendcontext;
OpenCvSharp.Point[][] contours;
  HierarchyIndex[] hierarchly;
  Stopwatch sw = new Stopwatch();
  sw.Start();
  BK_CurrentImage.CopyTo(resultImage);
  Rect rect;
  switch (ScanPointNum)
  {
     case 0:
          rect = ScanArea1_rect;
          Get_ROIImage(resultImage, result, ScanArea1_rect);
     break;
     case 1:
          rect = ScanArea2_rect;
          Get_ROIImage(resultImage, result, ScanArea2_rect);
      break;
     case 2:
          rect = ScanArea3_rect;
          Get_ROIImage(resultImage, result, ScanArea3_rect);
     break;
     default:
          rect = ScanArea4_rect;
          Get_ROIImage(resultImage, result, ScanArea4_rect);
     break;
  }
  workpiece_HSV_Recognition(result, result1);
  fillholes(result1, result1);
  ScanPointNum = ScanPointNum + 1;
  Cv2.Canny(result1, cannyImg, 50, 120);
```

5.3 运动控制系统的工程实践

视觉系统依据 5.1 节讲述的 TCP 通信协议，采集工件的图像信息并对图像进行处理。依据图 5-11 所示的 TCP 报文格式，将工件形状、工件中心坐标、工件旋转角度、工件颜色的信息发送给运动控制系统的控制器 PLC，PLC 规划出机器人末端运行轨迹和速度，实现对工件的分拣和堆垛功能。机器视觉的一切行为"听命"于 PLC，PLC 是实现机器视觉扫描、工件分拣、堆垛的指令发出中心。构建行为模型就是制定 PLC 完成工件分拣、堆垛等工艺要求的逻辑、规则。本节主要讲述控制系统的硬件组态、工艺程序设计，并对数字样机进行行为模型测试、验证。

5.3.1 系统构成

智能分拣系统是一套比较简单的视觉伺服，同时也是一个运动控制系统，行为模型的构建需要遵守运动控制系统的原理、逻辑和规则，需要对运动控制系统的"全貌"有一个深入的理解、认知。

视频
5-2 运动控制系统组态

闭环运动控制系统的框图如图 5-17 所示。一个完整的运动控制系统由人机接口（HMI）、运动控制器、驱动器、执行器、传动机构、反馈装置和负载构成。

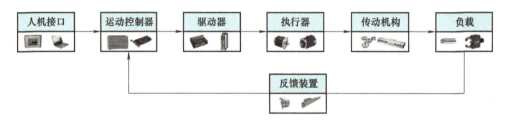

图 5-17　闭环运动控制系统框图

1. 人机接口

人机接口是用于人与控制器通信，主要有通过控制器对机器进行操作和信息传输控制两个功能，包括计算机、指示灯、指示器、按钮、触摸屏等。根据控制器制造商提供的软件通过计算机编写程序，并下载到控制器。

2. 运动控制器

运动控制器是运动控制系统的"大脑"，一切控制指令都是控制器发出的，对于多个轴的运动控制系统，比如机器人，将运动曲线分配给各个轴，监控 I/O 并且闭合反馈回路。

3. 驱动器

驱动器也称为放大器，将控制器发出的微小指令信号放大到高功率的电压和电流信号，以满足电机的工作需要。包括步进驱动器、伺服驱动器等。

4. 执行器

执行器是为负载能按照设计的轨迹运行提供能量的装置，包括液压、气动、电机等装置。

第5章 行为模型的构建

5. 传动机构

传动机构是负载与电机轴的连接装置，使负载按照设计的轨迹运行。包括变速箱、传送带、滚珠丝杠等。

6. 反馈装置

反馈装置是用于测量负载的速度和位置信息，同时控制器和驱动器也需要反馈信息，确定电机每相所需要的电流大小，包括旋转变压器、转速计、编码器、光栅尺、磁栅尺等。

7. 本章案例采用的组件

人机接口：工业计算机。
运动控制器：PLC。
驱动器：步进驱动器。
执行器：步进电机。
传动机构：滚珠丝杠线性模组。
反馈装置：编码器、磁栅尺。

5.3.2 硬件组态

在完成系统或设备功能需求分析后，制作符号表（见表 5-1），并在此基础上进行硬件组态。硬件组态是指将硬件设备按照一定的规则和方式进行组合和配置，包括选择合适的硬件设备、确定设备之间的连接方式和通信协议、配置设备参数和设置软件驱动等。硬件组态是控制系统设计和集成中不可或缺的环节，直接影响控制系统的性能和稳定性。组态的过程如下：

① 双击  图标，打开编程软件。
② 单击创建新项目，如图 5-18 所示。
③ 填写项目名称及存储路径后，单击"创建"按钮，如图 5-19 所示。

图 5-18　创建新项目

图 5-19　添加项目信息

④ 单击左下角的"项目视图"，添加硬件设备，选择对应的控制器型号，如图 5-20 所示。
⑤ 在硬件目录中找到对应的扩展 IO 模块，拖拽至右侧的机架中，如图 5-21 所示。
⑥ 配置 CPU 的 IP 地址，在扩展 IO 的属性中将 IO 地址的起始地址改成 2，如图 5-22 所示。

数字孪生在智能制造中的工程实践

图 5-20 组态 CPU

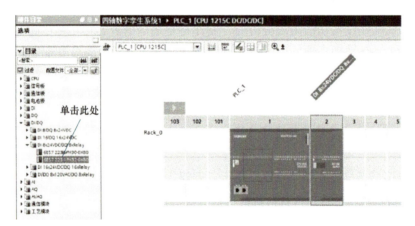

图 5-21 添加扩展 IO 模块

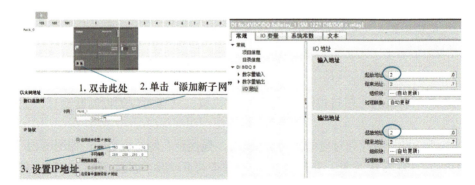

图 5-22 配置网络参数

第 5 章 行为模型的构建

⑦ 添加 PC 站及 PC 站软件,如图 5-23 所示。

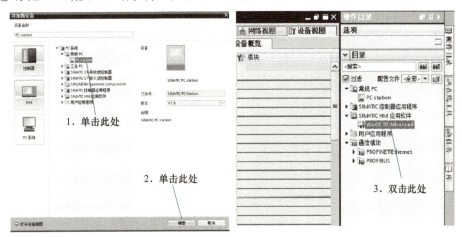

图 5-23 添加 PC 站及其软件

⑧ 配置 PC 站网卡,如图 5-24 所示。

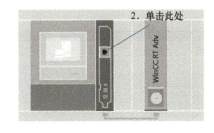

图 5-24 配置网卡

⑨ PC 站配置网络及 IP 地址为 192.168.1.100,如图 5-25 所示。

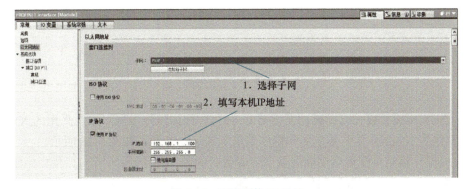

图 5-25 配置网络 IP 地址

⑩ 在网络视图中连接 PLC 和 PC，如图 5-26 所示。

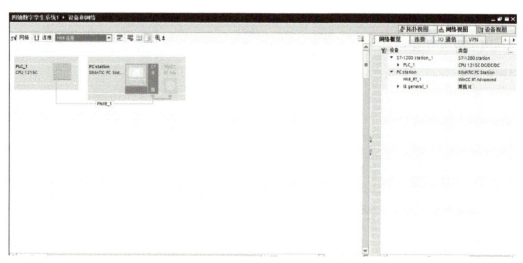

图 5-26　网络视图中连接 PC 与 PLC

⑪ 组态工艺对象，新建工艺轴 X 轴，如图 5-27 所示。

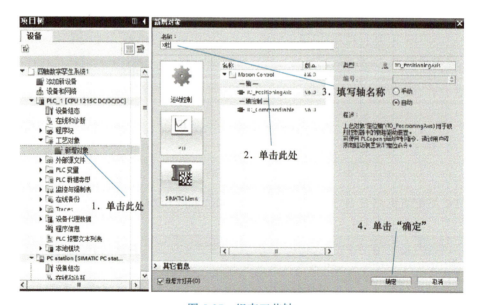

图 5-27　组态工艺轴

⑫ 配置 X 轴参数—选择脉冲发生器 Pulse_1，根据丝杆导程（本次采用的 X 轴滚珠丝杠的导程为 10mm）及设备速度和精度要求配置运动参数，如图 5-28 所示。

⑬ 根据计算结果配置运动曲线及急停参数，如图 5-29 所示。

⑭ 根据符号表，配置硬限位开关及回原点方式，如图 5-30 和图 5-31 所示。

第 5 章 行为模型的构建

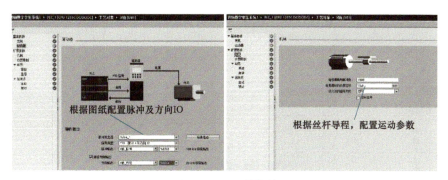

图 5-28 配置轴参数

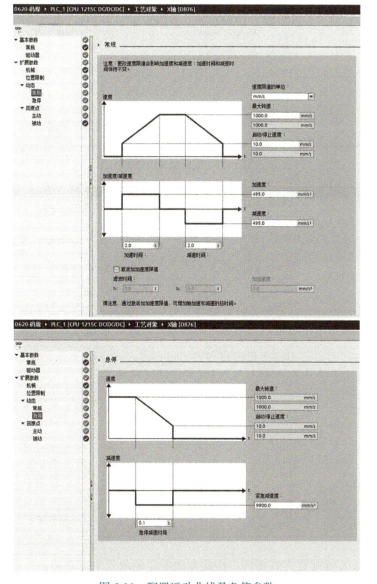

图 5-29 配置运动曲线及急停参数

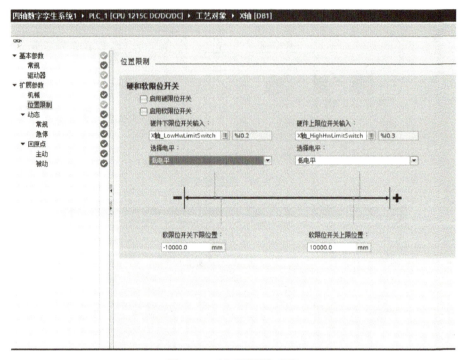

图 5-30 配置硬限位开关

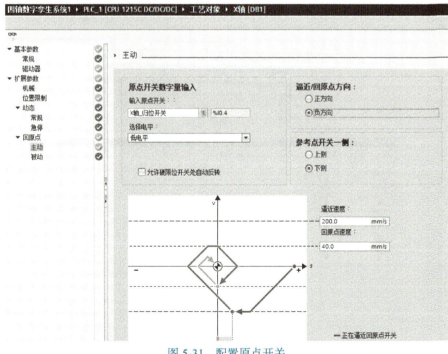

图 5-31 配置原点开关

其他各轴与 X 轴配置方式相同,按此方法配置剩余三个运动轴。

5.3.3 控制程序设计

依据 TCP 通信协议（见图 5-12 和图 5-13）和 PLC 控制程序流程图（见图 5-14），分段设计初始化程序、扫描程序、分拣程序。如图 5-32 所示，程序设计中需要使用以下程序模块。

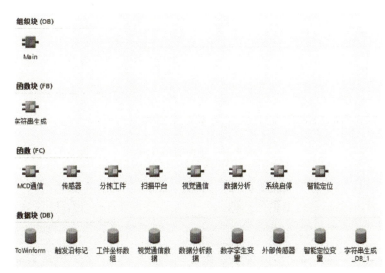

图 5-32　程序模块

1. 系统初始化

系统初始化是指在程序运行之前，对系统进行必要的设置和准备工作，以确保程序能够正常运行。系统初始化的目的是为了准备程序运行所需的环境和资源，包括变量的初始化、资源的加载、环境的配置等。

① 主程序 OB1 中调用子程序，如图 5-33 所示（程序位于 OB1：程序段 1）。这些功能块程序执行的先后顺序是无关紧要的，因为 CPU 总是以很高的速率不停地重复扫描整个程序（每秒至少扫描 3 次），一些特殊的限时任务可能需要确定的排序位置。

图 5-33　子程序调用

② X 轴使能和复位驱动程序调用，如图 5-34 所示（参考源程序：程序位于 OB1：程序段 2）。轴使能和复位驱动程序是用来控制机器人的电机或执行器的。轴使能驱动程序可以打开或关闭电机或执行器，而复位驱动程序可以将它们返回到初始位置。这些程序由 PLC 发送信号来控制。

③ X 轴回原点和暂停驱动程序，如图 5-35 所示（程序位于 OB1：程序段 3）。轴回原点是指将机器人的各个轴回到初始位置，以便准确定位。暂停驱动程序则是指暂停机器人的运动，以便进行其他操作。这两个功能都是为了更好地控制机器人的运动和操作。

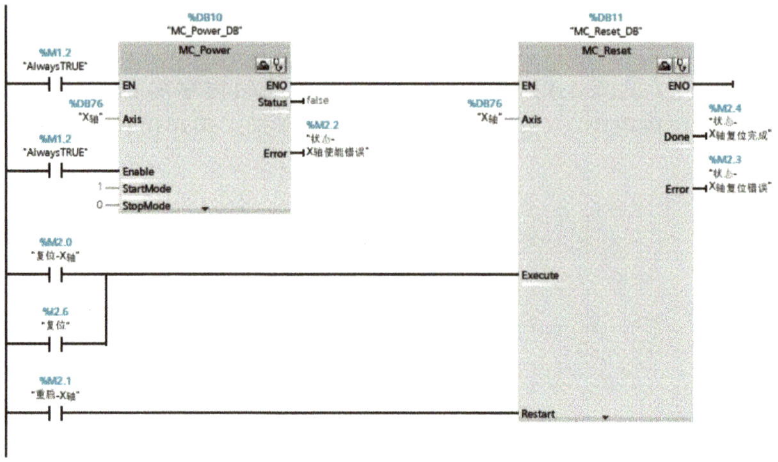

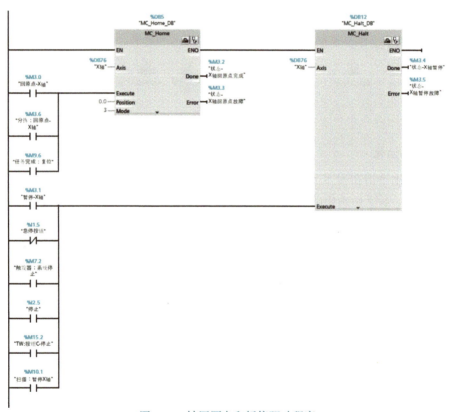

图 5-34 轴使能和复位

图 5-35 轴回原点和暂停驱动程序

④X 轴点动和绝对运动驱动程序,如图 5-36 所示(程序位于 OB1:程序段 4)。轴点动和绝对运动驱动程序是机器人控制系统中的两种常见方式。轴点动是指机器人在某个轴上进行微小的移动,以达到更精确的位置控制。而绝对运动驱动程序则是指机器人按照预设的坐标系进行移动,以达到特定的位置和姿态。这两种方式都可以用来控制机器人的运动。

图 5-36 轴回原点和轴停止

⑤ 系统初始化功能程序，常规使用自锁程序进行系统的初始化，初始化完成或异常停止后复位初始化的触点线圈，如图 5-37 所示（程序位于 FC20：程序段 2）。

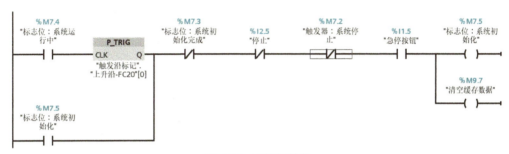

图 5-37 系统初始化

⑥ 系统启动及停止功能程序，如图 5-38 所示（程序位于 FC20：程序段 1）。系统启动功能可以确保机器人在开始工作之前，所有的硬件和软件都已经准备就绪，以确保机器人的正常运行。而系统停止功能则可以在机器人完成任务或出现故障时，安全地停止机器人的运行，以避免任何潜在危险。这两种功能都是保证机器人安全和高效运行的关键。

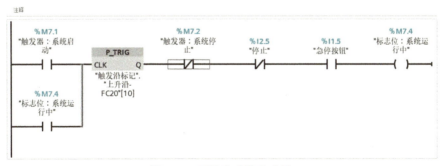

图 5-38 系统启动停止功能

⑦ 触发运动轴回原点程序，按照 X，Y，Z，R 的顺序逐个轴进行回原点操作，程序如图 5-39（程序位于 FC20：程序段 3）所示。

⑧ 系统初始化完成状态获取，用于在系统运行前判断是否初始化操作已经完成，程序如图 5-40 所示（程序位于 FC20：程序段 4）。

故障报警及复位程序在程序流程全部完成后，再做相应的添加即可。系统初始化是确保系统正常运行的必要步骤。它可以清除系统中的错误和冗余数据，确保系统的稳定

181

性和安全性。同时，系统初始化还可以提高系统的性能和效率，使其更加适应用户的需求。因此，系统初始化非常重要，应该定期进行。

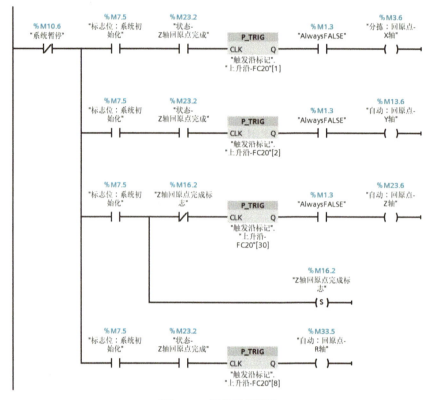

图 5-39 触发轴回原点

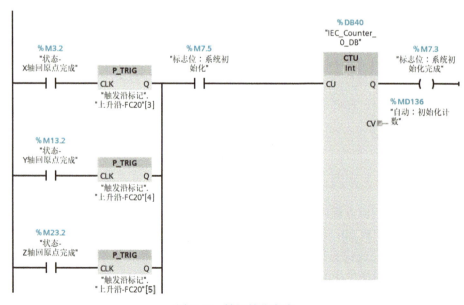

图 5-40 轴初始化完成

2. 扫描程序

通过扫描操作台操作，视觉系统可以获取操作台上工件的形状、颜色、位置等信息，并将这些信息以报文的形式发送给PLC，由PLC进行报文的解码和分析，对信息进行获取。通过PLC与机器视觉系统的配合，可以帮助机器人准确地识别和定位工件，从而实现精确的分拣和堆垛。

① 启动扫描功能程序，每个区域扫描完成复位开始扫描触点，结束扫描程序如图5-41所示（程序位于FC20：程序段3、FC21程序段5）。

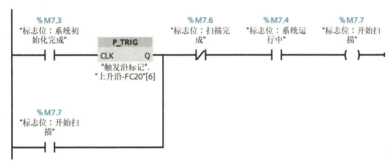

图5-41 扫描启动

② 扫描区域判断，轴每次运动中进行一次到达信号的获取，扫描步骤加一，如图5-42和图5-43所示（FC21程序段1，2）。

图5-42 到达信号获取

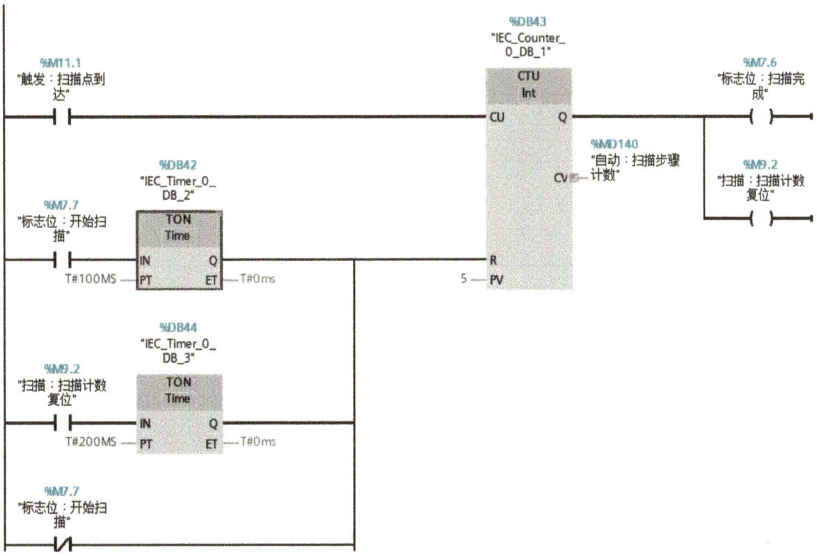

图5-43 扫描区域计数

③ 扫描区域判定后触发设备轴的运动,如图 5-44 所示(FC21 程序段 4)。

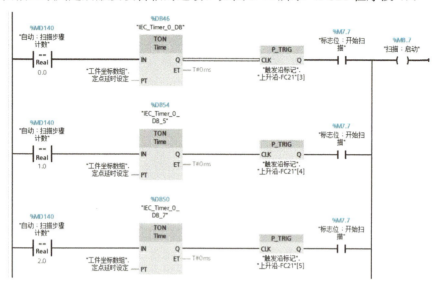

图 5-44　触发轴运动

④ 将对应轴的速度数据进行传送,程序如图 5-45 所示(FC21 程序段 5)。

图 5-45　速度信息发送

⑤ 将对应轴的位置数据进行传送,程序如图 5-46 所示(FC21 程序段 6)。

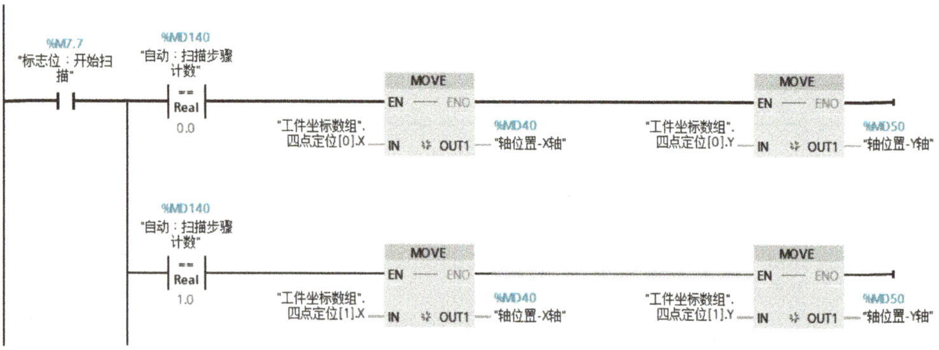

图 5-46　位置信息发送

在运动轴的速度、位置及触发信号发送之后,运动轴开始进行对应的运动,工业相机镜头到达对应的区域上方,获取图像信息。并完成 PLC 数据交互任务。

TCP 通信流程包括三个阶段:建立连接、数据传输和断开连接。

建立连接阶段:客户端向服务器发送一个 SYN(同步)请求,服务器收到请求后回复一个 SYN-ACK（同步-确认）响应，表示已经收到请求并准备好建立连接。客户端再回复一个 ACK（确认）响应，表示已经收到服务器的回复，连接建立成功。

数据传输阶段：连接建立成功后，客户端和服务器之间进行数据传输。客户端将数据分成若干个数据包发送给服务器，服务器接收到数据包后进行确认，如果有数据包丢失，则客户端会重新发送该数据包，直到服务器确认接收到所有数据包。

断开连接阶段：数据传输完成后，客户端和服务器可以选择主动断开连接或者等待对方断开连接。主动断开连接时，客户端发送一个 FIN（结束）请求，服务器收到请求后回复一个 ACK 响应，表示已经收到请求并准备好断开连接。客户端再回复一个 ACK 响应，表示已经收到服务器的回复，连接断开成功。如果等待对方断开连接，则当一方发送 FIN 请求后，另一方会回复一个 ACK 响应，表示已经收到请求，然后再发送一个 FIN 请求，等待对方回复 ACK 响应，连接断开成功。

⑥ PLC 采用软件平台封装好的 TRCV 和 TSEND 功能模块建立 TCP 服务器和客户端，实现机器视觉和 PLC 的数据交互，调用程序如图 5-47 所示（程序位于 FC24：程序段 2；视觉通信采集指令生成）。

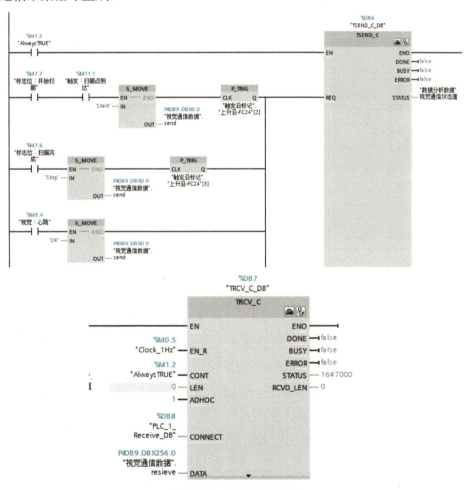

图 5-47　TCP 模块调用

⑦ 将获取到的无效报文剔除掉，并保存有效报文，程序如图 5-48 所示（程序位于 FC24：程序段 2）。

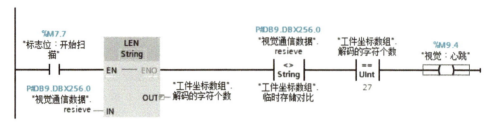

图 5-48　报文剔除

⑧ 对读取到的工件数量与对应变量进行赋值，程序如图 5-49 所示（程序位于 FC24：程序段 3）。

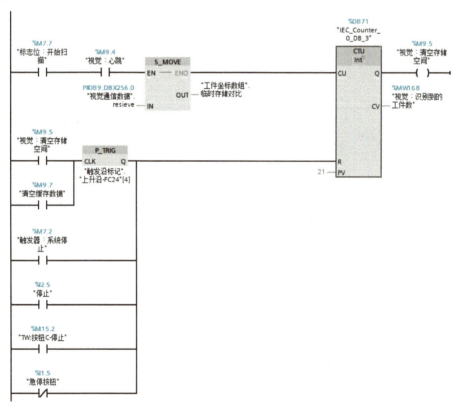

图 5-49　变量赋值

⑨ 对机器视觉当前所在的区域进行判定，初始化开始时将其数据复位，程序如图 5-50 所示（程序位于 FC24：程序段 4）。

⑩ 将接收到的字符串解码存储到字符数组，调用程序如图 5-51 所示（程序位于 FC24：程序段 5）。

⑪ 将解码后的报文数据进行分类存储，并对工件形状、颜色所对应的变量进行赋值数值计算，程序如图 5-52 所示（程序位于 FC24：程序段 5）。

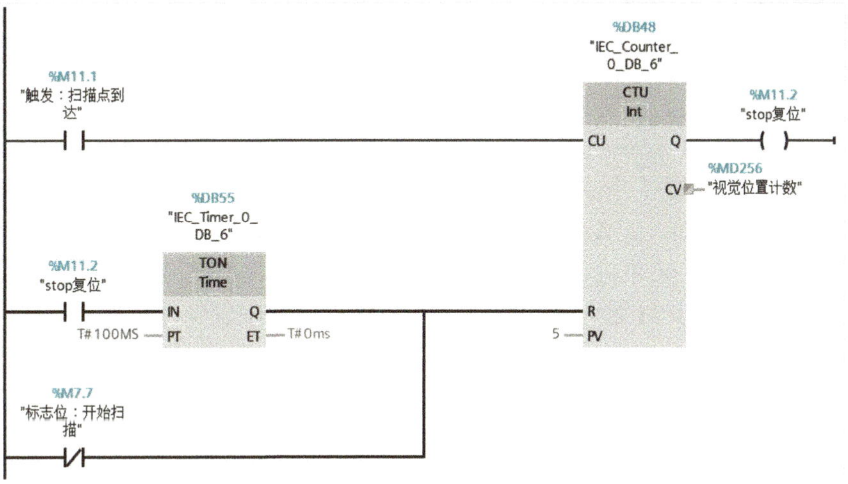

第 5 章 行为模型的构建

图 5-50 工件计数和计数复位

```
1
2  IF "视觉：心跳" THEN
3      //将数据解码
4      Strg_TO_Chars(Strg := "视觉通信数据".resieve,
5                    pChars := 0,
6                    Cnt => "工件坐标数组".解码的字符个数,
7                    Chars := "工件坐标数组".解码用字符数组);
8      Chars_TO_Strg(Chars := "工件坐标数组".解码用字符数组,
9                    pChars := 0,
10                   Cnt := 1,
11                   Strg =>#定位参数.Shape);
12
13     Chars_TO_Strg(Chars := "工件坐标数组".解码用字符数组,
14                   pChars := 2,
15                   Cnt := 7,
16                   Strg => #定位参数.X);
17     Chars_TO_Strg(Chars := "工件坐标数组".解码用字符数组,
18                   pChars := 10,
19                   Cnt := 7,
20                   Strg => #定位参数.Y);
```

图 5-51 字符串存储

```
1:  // Statement section case 1//"视觉：识别到的工件数"
    "工件坐标数组".工件绝对坐标["视觉：识别到的工件数" - 1].X :=
    "工件坐标数组".工件绝对坐标["视觉：识别到的工件数" - 1].Y :=
    "工件坐标数组".工件绝对坐标["视觉：识别到的工件数" - 1].R :=
2:  // Statement section case 2 to 4
    "工件坐标数组".工件绝对坐标["视觉：识别到的工件数" - 1].X :=
    "工件坐标数组".工件绝对坐标["视觉：识别到的工件数" - 1].Y :=
    "工件坐标数组".工件绝对坐标["视觉：识别到的工件数" - 1].R :=
3:  // Statement section case 2 to 4
    "工件坐标数组".工件绝对坐标["视觉：识别到的工件数" - 1].X :=
    "工件坐标数组".工件绝对坐标["视觉：识别到的工件数" - 1].Y :=
    "工件坐标数组".工件绝对坐标["视觉：识别到的工件数" - 1].R :=
4:  // Statement section case 2 to 4
    "工件坐标数组".工件绝对坐标["视觉：识别到的工件数" - 1].X :=
    "工件坐标数组".工件绝对坐标["视觉：识别到的工件数" - 1].Y :=
    "工件坐标数组".工件绝对坐标["视觉：识别到的工件数" - 1].R :=
```

1. "工件坐标数组".四点定位[0].X + #定位参数值.X + "工件坐标数组".设置偏移坐标.OffsetX;
2. "工件坐标数组".四点定位[0].Y + #定位参数值.Y + "工件坐标数组".设置偏移坐标.OffsetY;
3. #定位参数值.R/5 + "工件坐标数组".设置偏移坐标.OffsetR;

4. "工件坐标数组".四点定位[1].X + #定位参数值.X + "工件坐标数组".设置偏移坐标.OffsetX;
5. "工件坐标数组".四点定位[1].Y + #定位参数值.Y + "工件坐标数组".设置偏移坐标.OffsetY;
6. #定位参数值.R/5 + "工件坐标数组".设置偏移坐标.OffsetR;

7. "工件坐标数组".四点定位[2].X + #定位参数值.X + "工件坐标数组".设置偏移坐标.OffsetX;
8. "工件坐标数组".四点定位[2].Y + #定位参数值.Y + "工件坐标数组".设置偏移坐标.OffsetY;
9. #定位参数值.R/5 + "工件坐标数组".设置偏移坐标.OffsetR;

10. "工件坐标数组".四点定位[3].X + #定位参数值.X + "工件坐标数组".设置偏移坐标.OffsetX;
11. "工件坐标数组".四点定位[3].Y + #定位参数值.Y + "工件坐标数组".设置偏移坐标.OffsetY;
12. #定位参数值.R/3 + "工件坐标数组".设置偏移坐标.OffsetR;

图 5-52 报文解码

3. 分拣程序

前述，PLC通过TCP通信协议获取了工件的位置信息，根据工艺要求还需将工件分别堆垛在相应的位置上。主要为逻辑控制程序，程序设计过程将分为几个步骤。

① 分拣启动程序，程序如图5-53所示（程序位于FC20：程序段6）。

② 将分拣流程分成7个步骤，步骤标记计数程序如图5-54所示（程序位于FC22：程序段2），启动轴运动，配置脉冲实现程序计数。

③ 使用计数触发脉冲进行分拣步骤的计数触发，对步骤变量进行赋值，程序如图5-55所示（程序位于FC22：程序段3），启动轴运动，配置脉冲实现程序计数。

④ 分拣计数程序，程序如图5-56（程序位于FC22：程序段1）所示，从第0次开始分拣，对分拣完成的件数进行计数，分拣完成或系统异常时对计数进行相应的复位操作。

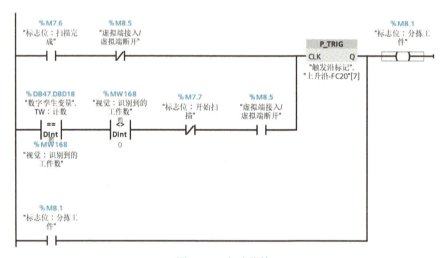

图5-53 启动分拣

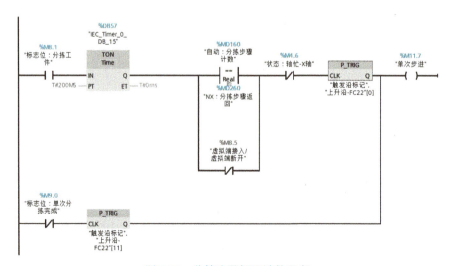

图5-54 分拣步骤标记计数程序

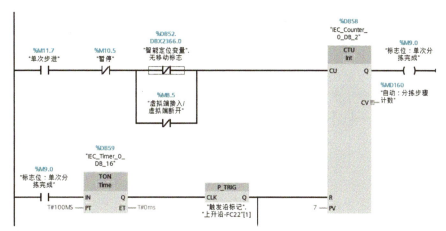

图 5-55 分拣步骤计数触发

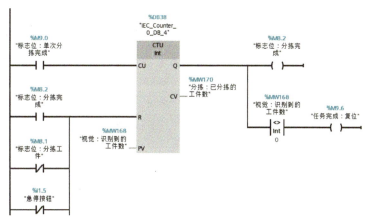

图 5-56 分拣计数

⑤ 根据原点坐标（0，0）和工作台上的实际图形布置，进行手动确定堆垛区的各区所在位置，分别为 P1（100，35），P2（100，35），P3（100，35），P4（100，35）如图 5-57 所示（程序位于 FC22：程序段 4）。

```
 1  IF "标志位：系统初始化" THEN
 2      // Statement section IF
 3      "码垛：红色圆形工位工件数" := 0;
 4      "码垛：蓝色圆形工位工件数" := 0;
 5      "码垛：红色正方形工位工件数" := 0;
 6      "码垛：蓝色正方形工位工件数" := 0;
 7      "码垛：Z走位置" := "工件坐标数组".设置触底距离;
 8      "颜色形状组合错误" := FALSE;//故障复位
 9  END_IF;
10
11  IF "标志位：分拣工件" THEN
12      "CoordinateX" := "工件坐标数组".工件绝对坐标["分拣：已分拣的工件数"].X;
13      "CoordinateY" := "工件坐标数组".工件绝对坐标["分拣：已分拣的工件数"].Y;
14      "CoordinateZ" := "工件坐标数组".设置触底距离;
15      "CoordinateR" := "工件坐标数组".工件绝对坐标["分拣：已分拣的工件数"].R;
16      "轴速度-X轴" := 150;
17      "轴速度-Y轴" := 100;
18      "轴速度-Z轴" := 50;
19      "轴速度-R轴" := 100;
```

图 5-57 码垛工位赋值

⑥ 确定解码工件 Z 轴位置，码垛时 Z 轴末端下降的实际高度值需要计算得出。坐标值用于分拣程序和视觉程序标定，程序如图 5-58 所示（程序位于 FC22：程序段 5）。

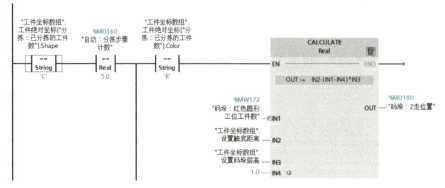

图 5-58　Z 轴高度计算

⑦ 分拣的第 3 步抓取工件和第 6 步放置工件，如图 5-59 所示（程序位于 FC22：程序段 8）。

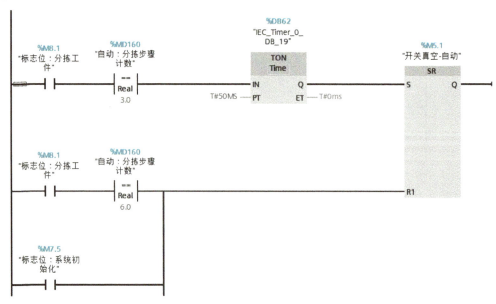

图 5-59　抓取和放置工件

⑧ 程序在各步骤时各运动轴的位置值赋值，如图 5-60 所示（程序位于 FC22：程序段 6）。

⑨ 执行各轴的运动触发，即触发在 OB1 中配置的"绝对运动"功能，如图 5-61～图 5-63 所示（程序位于 FC22：程序段 7）。

⑩ 后续分拣重复分拣步骤 1～5，直至所有工件分拣完成。

⑪ 分拣完成后清空坐标数组的缓存数据，如图 5-64 所示（程序位于 FC22：程序段 10）。

第 5 章 行为模型的构建

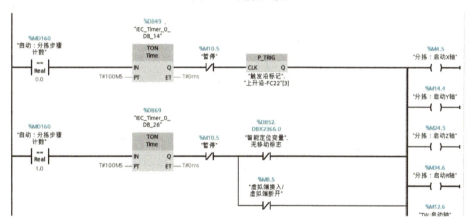

图 5-60 定位赋值

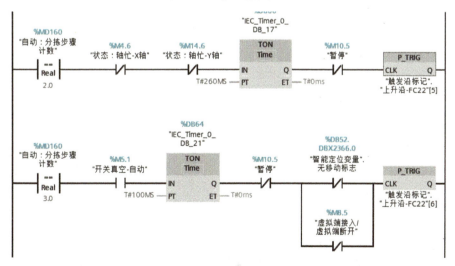

图 5-61 轴运动触发 1

图 5-62 轴运动触发 2

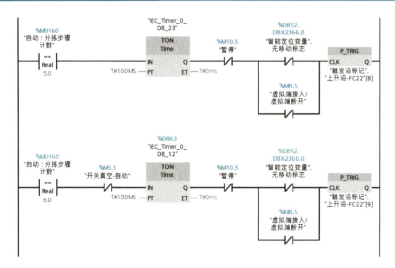

图 5-63　轴运动触发 3

```
IF "触发器:系统停止" AND "停止" AND "TW:按钮C-停止" AND NOT "急停按钮" THEN
    FOR "工件坐标数组".清空历史 := 20 TO 0 BY -1 DO
        "工件坐标数组".工件绝对坐标[0].Shape := '';
        "工件坐标数组".工件绝对坐标[0].X := 0.0;
        "工件坐标数组".工件绝对坐标[0].Y := 0.0;
        "工件坐标数组".工件绝对坐标[0].R := 0.0;
        "工件坐标数组".工件绝对坐标[0].Color := '';
    END_FOR;
END_IF;
```

图 5-64　清空缓存数据

⑫ 人机界面程序设计。主程序部分完成之后，还要进行人机界面程序设计。人机界面是指用户与计算机系统进行交互和通信的界面。它可以让用户输入指令、查询信息、控制设备等，而计算机系统则可以根据用户的指令和需求进行相应的操作和反馈。

本章案例的人机界面如图 5-65 所示，用户可以快速便捷地进行设备调试，实现系统的启停功能。界面中包含 X、Y、Z、R 轴的手动及自动控制按钮，X、Y、Z 轴的运动曲线显示以及外围器件（如光源、执行器）的手动控制，界面程序参考源代码中的 PC_Station 代码。

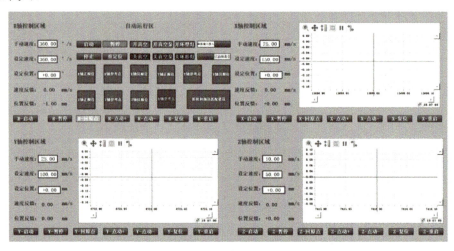

图 5-65　人机界面

5.4 虚拟调试的工程实践

虚拟调试是通过软件模拟真实设备的行为和交互，以便测试和验证设备的功能和性能，同时也可以模拟设备在不同环境下的运行情况，收集和分析设备的运行数据，识别和解决设备的故障和问题，从而提高设备的可用性和稳定性。虚拟设备调试可以节省时间和成本，同时也可以提高设备的开发效率和质量。

本节所称的虚拟调试，是指为了验证、完善、优化行为模型中的 TCP 通信协议和各种程序。

5.4.1 需求分析

虚拟调试所要完成的任务有三个：
- 设备的运动行为测试，验证设备的综合性能。
- 设备与其他设备或系统的交互，测试设备的互操作性。
- 识别和解决设备控制程序中的故障和问题，提高设备的可用性和稳定性。

本节案例，虚拟调试有三个要点：
- 虚拟设备与 PLC 的通信连接。
- 虚拟轴的手动控制。
- 控制器和虚拟端的行为逻辑同步。

5.4.2 硬件在环调试

1. PLC 的项目配置及运行

① 打开 PLC 项目程序（5.3 节中的项目源代码），在需要数据交互的数据块的属性中取消优化的块访问，如图 5-66 所示。

图 5-66 数据块的属性

② 在项目属性中勾选"允许来自远程对象的 PUT/GET 通信访问"，如图 5-67 所示。

数字孪生在智能制造中的工程实践

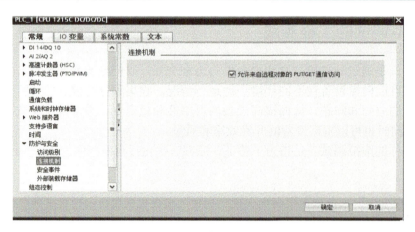

图 5-67　通信访问设置

③ 在设备和网络中选择 PLC 的网口，设置其 IP 地址为 192.168.1.10，对应的子网掩码为 255.255.255.0，如图 5-68 所示。

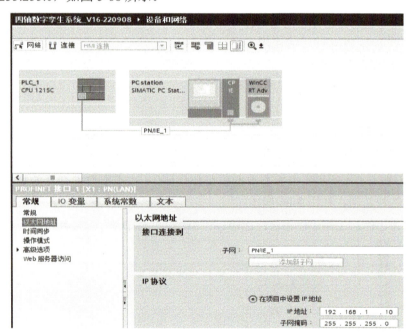

图 5-68　PLC 的网络配置

④ 设置本地计算对应网卡的 IP 地址为 192.168.1.200（与 PLC 为同一网段），子网掩码为 255.255.255.0。如图 5-69 和图 5-70 所示。

⑤ 在博图软件的项目树中找到"在线访问"，选择对应网卡更新可访问的设备，硬件 PLC 会显示在下方，如图 5-71 所示。

⑥ 在设备和网络中选择 PC 的网口，设置其 IP 地址为 192.168.1.100，对应的子网掩码为 255.255.255.0，如图 5-72 所示。

第 5 章 行为模型的构建

图 5-69 本地网卡选择

图 5-70 本地网卡网络设置

图 5-71 在线访问

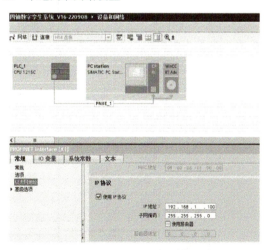

图 5-72 人机界面的网络设定

⑦ 将程序硬件及全部软件下载到 PLC 中并启用监视，程序能够在线仿真，表示通信正常，如图 5-73 所示。

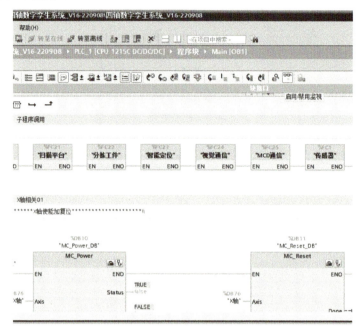

图 5-73　程序在线仿真

⑧ 在工具栏上单击"在 PC 上启动运行系统"，会在本地进行人机界面程序的仿真运行，如图 5-74 所示。

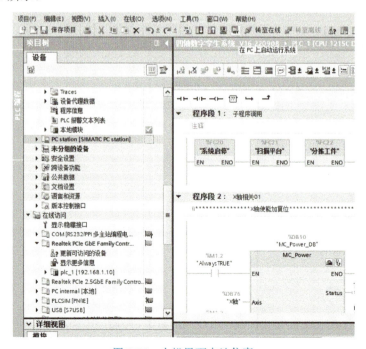

图 5-74　人机界面本地仿真

第 5 章 行为模型的构建

⑨ 运行后的程序,参数全部可以正常显示,表示系统已经正常连接,如图 5-75 所示。

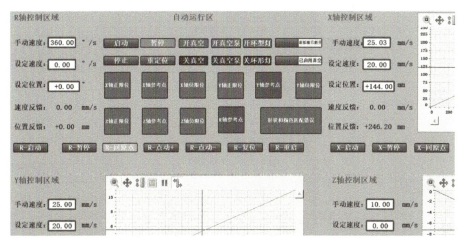

图 5-75　HMI 运行画面

2. OPC 软件变量配置

① 双击 图标,打开 BK OPC Digital Twin 服务器软件。

② 在文件中选择打开变量表,在弹出的菜单中选择建立好的变量表"Data",单击"打开"按钮,如图 5-76 所示。

③ 在文件中选择"PLC 网络配置",设置对应的 PLC 机架号、槽号,如图 5-77 所示。

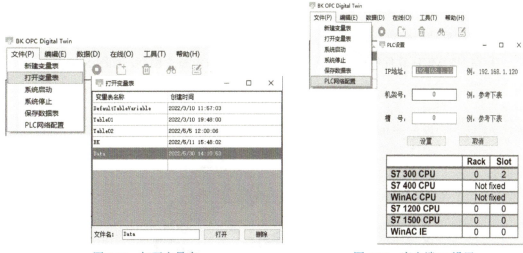

图 5-76　打开变量表　　　　　图 5-77　客户端 IP 设置

④ 单击工具栏上的启动按钮,在弹出的快捷菜单中单击"确定"按钮,OPC 服务器开始运行,如图 5-78 和图 5-79 所示。

图 5-78　启动 OPC

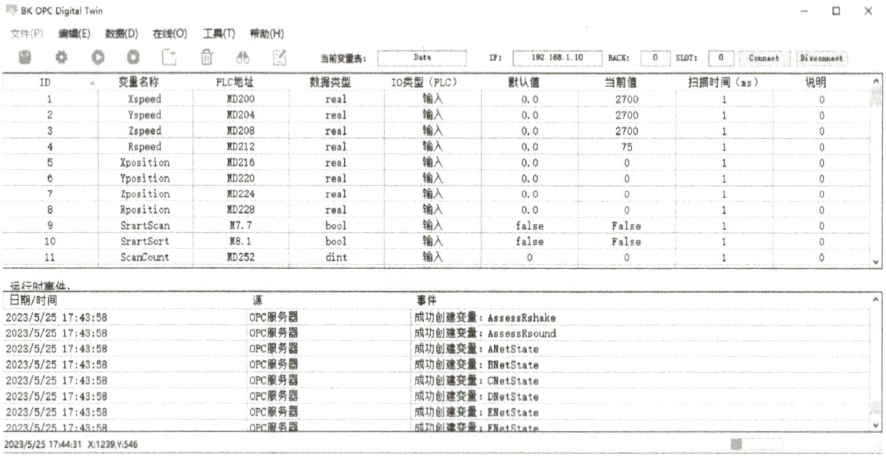

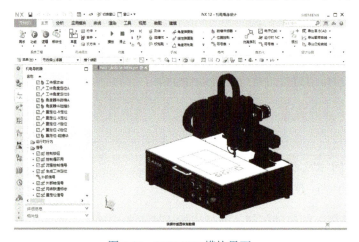

图 5-79　OPC 服务器运行

3. 虚拟端信号配置

① 在 NX MCD 软件中打开在第 4 章中配置好的机电概念模型，如图 5-80 所示。

图 5-80　NX MCD 模块界面

② 选择符号表的外部信号配置，如图 5-81 所示。

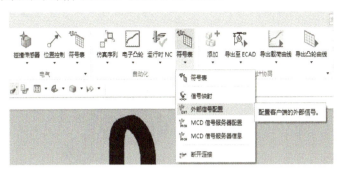

图 5-81　外部信号配置

③ 关联对应的 OPC DA 服务器，选中服务器后，对变量进行全部勾选，如图 5-82 所示。
④ 在信号映射中关联对应的 OPC 变量到虚拟模型中，如图 5-83 所示。

图 5-82　关联服务器　　　　　　　　　　图 5-83　关联 OPC 变量

⑤ 单击工具栏中的"播放"按钮，其他图标变成灰色，下方开始刷新数据提示后，表示虚拟端已经开启，如图 5-84 所示。

4. 通信测试

① 单击人机界面上的启动按钮，如图 5-85 所示。
② 虚拟设备开始分别进行 4 个拍摄区域的扫描工艺，根据运行情况，进行扫描区域

的初步定位，如图 5-86 所示。

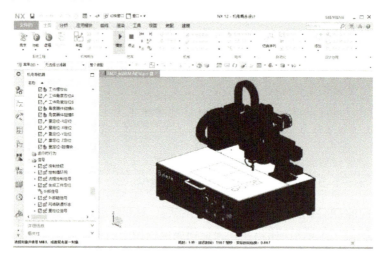

图 5-84　虚拟端运行

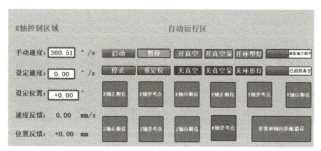

图 5-85　启动界面

图 5-86　虚拟设备运行

③ 调整末端执行器到 4 个分拣位置，根据运行情况，初步确定各工件堆垛位置的坐标，如图 5-87 所示。

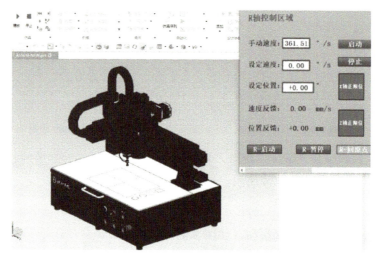

图 5-87　虚拟设备的运行及启停

完成本节以上步骤后，证明行为模型的虚拟调试完成。

5.5 习题

一、简答题

1. 简述你对行为模型的认识？

2. 九点标定法要解决什么问题？请将九点标定法的数学原理推导出来，并思考为什么要标九个 mark 点，标两个 mark 点行不行？标三个 mark 点行不行？并回答原因。

3. 什么是 TCP 通信协议？请简述 TCP 服务器程序设计流程。

二、实践题

实验 1：TCP 服务器程序设计

实验目的：

本实验主要目的是，熟悉 TCP 的程序设计，加深对 TCP 的认识。使用软件 Visual Studio 2017 和博图完成 TCP 服务器端和客户端的程序编写。

实验要求：

PLC 给 TCP 服务器发送字符串"Start"，服务器收到字符串之后，服务器发送字符串"OK"给 PLC。

实验 2：九点标定法

实验目的：

本实验主要目的是熟悉九点标定法的基本操作。使用机器视觉软件和 TIA Portal V16 软件完成相机和机器人坐标系的关系标定。

实验要求：

完成标定操作并求解出标定结果矩阵。

实验 3：工件图像的轮廓提取及拟合

实验目的：

本实验主要目的是熟悉图像处理的基本手法。使用 Visual Studio 2017 软件和 opencvsharp。dll 动态链接库对采集的工件图像进行处理。

实验要求：

提取图像中工件的轮廓以及轮廓的中心点，原图及效果如下图所示。

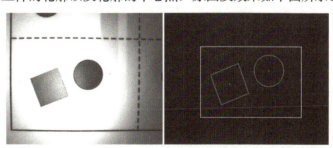

第 6 章
虚实交互技术基础

本章聚焦于空间模型和行为模型在数字孪生系统设计架构中的连接与集成,旨在建立虚拟实体与物理实体的通信连接,并进行数字孪生系统调试。详细探讨了数据通信、OPC 协议、系统调试等技术内容。本章内容是数据采集与分析的基础,也是实现数字孪生最终价值的基础设施之一。

▎本章目标▎

- ➢ 了解数据通信的过程和原理。
- ➢ 了解 OPC 通信协议及 OPC 服务器软件的使用。
- ➢ 掌握虚拟端和物理端的通信测试方法。
- ➢ 掌握机器视觉和控制系统通信的测试方法。
- ➢ 掌握数字孪生系统的调试方法和流程。

第 6 章 虚实交互技术基础

第 3～5 章完成了虚拟实体的构建，本章在第 5 章的基础上，讲述虚拟实体与物理实体在信息、数据方面的交互，如图 6-1 所示，在数字孪生系统设计架构中的连接与集成模块（第③模块），建立虚拟实体与物理实体的通信连接，并对通信进行调试，使虚拟实体与物理实体实时和同步。

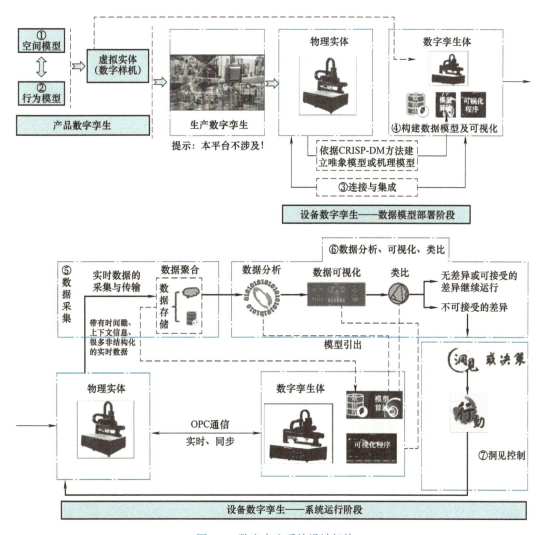

图 6-1 数字孪生系统设计架构

建模仿真是装备制造业数字孪生的基础，建立虚拟实体与物理实体在信息和数据的交互后，已经超出了仿真的范畴，这时的"虚拟实体"可以称之为"数字孪生体"。

本章所讲述的内容，在装备制造业数字孪生应用中，属于设备数字孪生，如图 6-2 所示。

数字孪生在智能制造中的工程实践

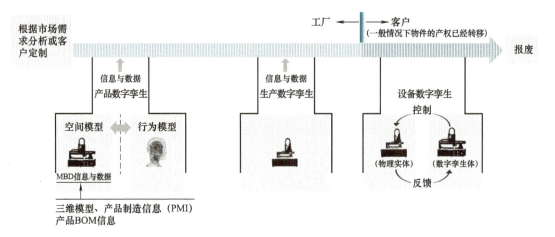

图 6-2　数字孪生在装备制造业中的应用

6.1　概述

数字孪生是以模型为基础，数据为核心。数字孪生体需要采集物理实体设备的状态、工艺、流程和环境数据等，数据贯穿于数字孪生系统的全生命周期，包括数据采集、传输、存储、处理、融合、可视化等多个环节，完成上述环节首先应选择通信接口和通信协议。

6.2　通信

通信，指人与人或人与自然之间通过某种行为或媒介进行的信息交流与传递，从广义上指需要信息的双方或多方在不违背各自意愿的情况下采用任意方法、任意介质，将信息从某方准确安全地传送到另一方。

通信包含发送方、传输方式、接收方三个基本单元。数字孪生体既是接收方也是发送方，同样，物理实体是发送方也是接收方，体现数字孪生体与物理实体的数据交互。传输方式是本章所要讲述的内容。

制造业自动化、数字化、网络化、智能化的各个发展阶段，通信是必要的环节，不可或缺。在智能制造系统架构中（见图 6-3）通信表述为"互联互通"，在"智能特征"维度，将"互联互通"表述为：互联互通是指通过有线或无线网络、通信协议与接口，实现资源要素之间的数据传递与参数语义交换。

在《智能制造工程技术人员国家职业技术技能标准（职业编码：2-02-07-13，2013版）》中，职业功能"智能装备与产线开发"项下的 2.1.3 节，将通信方面的职业要求表述为：网络与通信基础，包括传感、通信协议、通信接口、物理安全、功能安全、信息安全等。

如图 6-4 所示，在工业 4.0 参考架构模型（RAMI4.0）中，通信在层级维度，体现的是各种专业网络架构等。

第 6 章 虚实交互技术基础

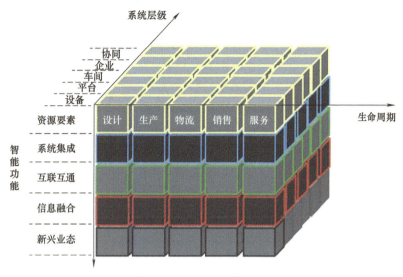

图 6-3 智能制造系统架构

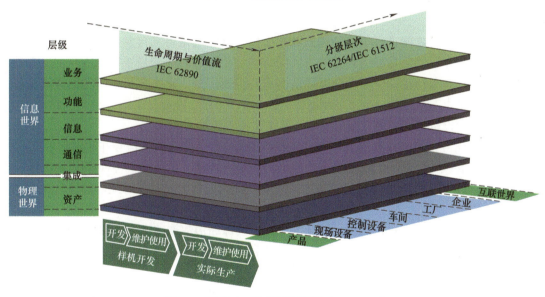

图 6-4 工业 4.0 参考架构模型（RAMI4.0）

工业 4.0 在通信方面的追求，解决传统自动化金字塔信息的传输层级的限制，通过 CPS（信息物理系统）实现分布式自动化，使端到端的连接成为可能，产品、机器和人在信息、数据交互上更加方便、快捷，即所谓的"即插即用"，如图 6-5 所示。

6.2.1 通信接口

通信接口是一种规范，用于定义通信设备之间的连接方式、电气特性、协议等细节。通信接口可以是硬件接口，也可以是软件接口。硬件接口主要包括物理接口和电气接口，用于规定通信设备之间连接的物理形式、电气信号等规格；而软件接口则主要用于规范

数字孪生在智能制造中的工程实践

通信设备之间的通信协议、数据格式等信息。

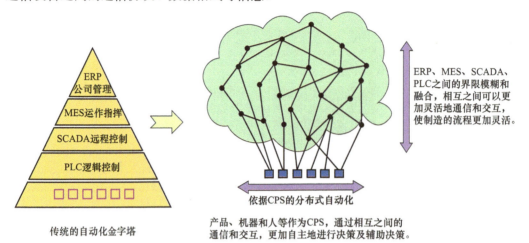

图 6-5　工业 4.0 端到端的连接

1. 功能

连接通信设备之间进行信息传输的物理接口，其作用是将来自发送方的数字信号转换成适合传输介质的信号并送到接收方，同时将接收方传回的信号转换成适合发送方处理的数字信号。通信接口是实现数据通信的重要组成部分，它决定了不同种类通信设备之间能否互连和正常通信。

作为通信设备之间桥梁的通信接口，其主要作用包括：

- 传输信号，将来自发送方的数字信号转换成适合传输介质的信号并送到接收方。
- 协议转换，实现不同通信设备之间通信协议的转换，从而满足各种应用需求。
- 电平匹配，根据不同通信设备之间的电气特性进行信号电平匹配，确保信息正确传输。
- 增强数据安全，提供加密、认证等功能，确保通信数据的安全性和完整性。
- 简化连接，通过通用标准的通信接口规范，简化设备之间的连接方式，提高互操作性等。

2. 常见的通信接口

用于工业现场的通信接口种类繁多，常见的有以下几种：

（1）标准串口（RS232）。这种接口线路简单，只要一根交叉线即可与 PC 主机进行点对点双向通信。线缆成本低，但传输速率慢，不适于长距离通信。消费类 PC 也逐渐取消了该接口，多存在于工控机及部分通信设备中。工控机在安装完系统及必要的驱动后，其串口便可直接使用，网络上也有许多流行的串口调试工具可用于测试仪器。用户二次开发通信程序也相对简单。

（2）GPIB（通用接口总线）。GPIB 最大的特点是可用一条总线连接若干个仪器，组成一个自动测试系统。该接口通信速率较低，常用于发送控制类命令，适用于电气干扰轻微的实验室或生产现场。由于普通的 PC 及工控机较少提供 GPIB 接口，所以需要购买专用的控制卡、安装驱动程序后才能与仪器通信。

（3）以太网。大多数设备都配有 LAN 网络接口，俗称"水晶头"，它具有可灵活组网、多点通信、传输距离不限、高速率等优点，使其成为主流的通信方式。该接口本身的作用主要是用于路由器与局域网进行连接。但是，局域网类型是多种多样的，所以这也就决定了路由器的局域网接口类型也可能是多样的。不同的网络有不同的接口类型，常见的以太网接口主要有 AUI、BNC 和 RJ-45 接口，还有 FDDI、ATM、光纤接口，这些网络都有相应的网络接口。在仪器行业或者系统集成行业，大多的工程师也会选择通过网口写入命令对仪器做控制。

（4）USB（通用串行总线）。作为最常用的接口，USB 只有 4 根线，两根电源线两根信号线，信号是串行传输的，因此 USB 接口也称为串行口，接口的输出电压和电流是 +5V 和 500mA，实际上有误差，最大不能超过 +/-0.2V 也就是 4.8～5.2V。USB 接口的 4 根线分配方式如下：黑线 -gnd、红线 -vcc、绿线 -data+、白线 -data-。USB 的主要作用是对设备内的数据进行存储或者设备通过 USB 接口对外部信息进行读取识别。除此以外，USB 也是做二次开发的有效接口。虽然 USB3.0 的技术已经在笔记本电脑等领域应用得非常成熟，但是在仪器领域，受处理速度和架构的影响，常见的还是 USB2.0。

（5）无线接口。除了常见的通信接口外，无线连接也是一种非常重要的通信方式，它无实体线连接、传输速率快，有很多仪器设备内部都直接内置了 802.11 无线接口。可以将仪器与无线路由相连接，或连接到手机的 WiFi 热点形成组网。

（6）多机同步接口。不同于 USB、LAN 等常见通信接口，是功率分析仪类设备为保证同时测量时能获得更多的通道数而设计的接口。通过线缆连接两台仪器即可同时测试多路信号，保证了信号测试的同步性。

（7）OPC 数据采集协议。是微软公司的对象连接和嵌入技术在过程控制方面的应用。OPC 规范从 OLE/COM/DCOM 的技术基础上发展而来，并以 C/S 模式为面向对象的工业自动化软件的开发建立了统一标准，该标准中定义了在基于 PC 的客户机之间进行自动化数据实时交换的方法。采用 OPC 标准后，驱动程序不再由软件开发商开发，而是由硬件开发商根据硬件的特征，将各个硬件设备驱动程序和通信程序封装成可独立运行或嵌入式运行的数据服务器。

3. 常见问题

PC 与智能设备通信多借助 RS232、RS485、以太网等方式，主要取决于设备的接口规范。但 RS232、RS485 只能代表通信的物理介质层和链路层，如果要实现数据的双向访问，就必须自己编写通讯应用程序，但这种程序多数都不能符合 ISO/OSI 的规范，只能实现较单一的功能，适用于单一设备类型，程序不具备通用性。

在 RS232 或 RS485 设备连成的设备网中，如果设备数量超过 2 台，就必须使用 RS485 作为通信介质，RS485 网的设备间要想互通信息只有通过主（Master）设备中转才能实现，这个主设备通常是 PC，而这种设备网中只允许存在一个主设备，其余全部是从（Slave）设备。而现场总线技术是以 ISO/OSI 模型为基础的，具有完整的软件支持系统，能够解决总线控制、冲突检测、链路维护等问题。

6.2.2 通信协议

通信协议是指双方实体完成通信或服务所必须遵循的规则和约定。通过通信信道和设备互连起来的多个不同地理位置的数据通信系统，要使其能协同工作实现信息交换和资源共享，它们之间必须具有共同的语言。交流什么、怎样交流及何时交流，都必须遵循某种互相都能接受的规则。这个规则就是通信协议。通信协议需要参考 OSI。

1. OSI 简介

OSI（Open System Interconnection Reference Model，开放式系统互联通信参考模型）是一种概念模型，由国际标准化组织（International Organization for Standardization，ISO）提出，是一个试图使各种计算机在世界范围内互连为网络的标准框架。

OSI 是一个定义良好的协议规范集，并有许多可选部分完成类似的任务。它定义了开放系统的层次结构、层次之间的相互关系以及各层所包括的可能的任务，作为一个框架来协调和组织各层所提供的服务。

OSI 参考模型并没有提供一个可以实现的方法，而是描述了一些概念，用来协调进程间通信标准的制定。OSI 参考模型并不是一个标准，而是一个在制定标准时所使用的概念性框架，有三个基本的功能：提供给开发者一个必需的、通用的概念以便开发完善、可以用来解释连接不同系统的框架。

如图 6-6 所示，OSI 将计算机网络体系结构划分为以下七层：

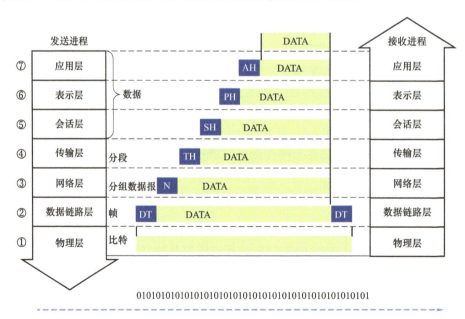

图 6-6　OSI 模型的七层结构

第①层，物理层在局域网上传送数据帧，它负责管理计算机通信设备和网络媒体之间的互通。包括了引脚、电压、线缆规范、集线器、中继器、网卡、主机适配器等。

第②层，数据链路层，负责网络寻址、错误侦测和改错。当表头和表尾被加至数据包时，会形成帧。数据链表头是包含了物理地址和错误侦测及改错的方法。数据链表尾是一串指示数据包末端的字符串。例如以太网、无线局域网和通用分组无线服务等。

第③层，网络层，决定数据的路径选择和转寄，将网络表头加至数据包，以形成分组。网络表头包含了网络数据。例如互联网协议（IP）等。

第④层，传输层，把传输表头加至数据以形成数据包。传输表头包含了所使用的协议等发送信息。例如传输控制协议（TCP）等。

第⑤层，会话层，负责在数据传输中设置和维护计算机网络中两台计算机之间的通信连接。

第⑥层，表示层，把数据转换为能与接收者的系统格式兼容并适合传输的格式。

第⑦层，应用层，提供为应用软件而设的接口，以设置与另一应用软件之间的通信。例如HTTP、HTTPS、FTP、TELNET、SSH、SMTP、POP3等。

2. 通信协议

通信协议是指双方实体完成通信或服务所必须遵循的规则和约定。协议定义了数据单元使用的格式、信息单元应该包含的信息与含义、连接方式、信息发送和接收的时序，从而确保网络中数据顺利传送到确定的地方。

在计算机通信中，通信协议用于实现计算机与网络连接之间的标准，网络如果没有统一的通信协议，计算机之间的信息传递就无法识别。通信协议是指通信各方事前约定的通信规则，可以简单地理解为各计算机之间进行相互会话所使用的共同语言。两台计算机在进行通信时，必须使用通信协议。

（1）三个要素组成
- 语法：即如何通信，包括数据的格式、编码和信号等级（电平的高低）等。
- 语义：即通信内容，包括数据内容、含义以及控制信息等。
- 定时规则（时序）：即何时通信，明确通信的顺序、速率匹配和排序。

（2）体系结构

体系结构分为三层，如图6-7所示，分层通信体系结构的基本概念如下：
- 将通信功能分为若干层，每一层完成一部分功能，各层相互配合共同完成通信的功能。
- 每一层只和直接相邻的两层打交道，它利用下一层提供的功能，向高一层提供本层所能完成的服务。
- 每一层是独立的，隔层都可以采用最适合的技术来实现，每一层可以单独进行开发和测试。当某层技术进步发生变化时，只要接口关系保持不变，则其他层不受影响。

每一层实现相对独立的功能，下层向上层提供服务，上层是下层的用户，各个层次相互配合共同完成通信的功能。将网络体系进行分层就是把复杂的通信网络协调问题进行分解，再分别处理，使复杂的问题简化，以便于网络的理解及

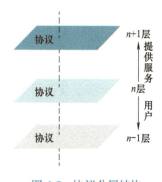

图6-7 协议分层结构

各部分的设计和实现。协议仅针对某一层,为同等实体之间的通信制定,易于实现和维护,灵活性较好,结构上可分割。

(3) 工业中几种常用通信协议

1) Modbus 通信协议。Modbus 是工业领域全球最流行的协议,支持传统的 RS-232、RS-422、RS-485 和以太网设备,完全公开透明的,所需的软硬件又非常简单,是一种通用的工业标准。Modbus 协议是应用于电子控制器上的一种通用语言。通过此协议,控制器之间、控制器经由网络(例如以太网)和其他设备之间可以通信。它已经成为一通用工业标准。此协议定义了一个控制器能认识使用的消息结构,而不论它们是经过何种网络进行通信的。

2) RS-232 通信协议。RS-232 是美国电子工业协会制定的一种串行物理接口标准。RS 是英文"推荐标准"的缩写,232 为标识号。RS-232 接口以 9 个引脚(DB-9)或 25 个引脚(DB-25)的型式出现,一般个人计算机上会有两组 RS-232 接口,分别称为 COM1 和 COM2。

3) RS-485 通信协议。RS-485 标准是在 RS-232 的基础上发展而来的,增加了多点、双向通信能力,即允许多个发送器连接到同一条总线上,同时增加了发送器的驱动能力和冲突保护特性,扩展了总线共模范围,后命名为 TIA/EIA-485-A 标准。

4) HART 协议。HART(Highway Addressable Remote Transducer,可寻址远程传感器高速通道的开放通信协议)是美国 ROSEMOUNT 公司于 1985 年推出的一种用于现场智能仪表和控制室设备之间的通信协议。HART 装置提供具有相对低的带宽,适度响应时间的通信,HART 技术在国外已经十分成熟,并已成为全球智能仪表的工业标准。

5) MPI 通信协议。MPI 是一个跨语言的通信协议,用于编写并行计算机,支持点对点和广播。MPI 的目标是高性能,大规模性和可移植性。MPI 在今天仍为高性能计算的主要模型。

6) OPC 数据采集协议。OPC(OLE for Process Control)数据采集协议,也可以称为 OPC 标准或规范。定义了在基于 PC 的客户机之间进行自动化数据实时交换的方法。采用 OPC 标准后,驱动程序不再由软件开发商开发,而是由硬件开发商根据硬件的特征,将各个硬件设备驱动程序和通信程序封装成可独立运行或嵌入式运行的数据服务器。

6.3 OPC 数据采集的工程实践

本章所讲述的案例中,数字孪生体与物理实体数据的交互采用的是 OPC,理解、掌握 OPC 标准是装备制造业数字孪生工程化设计的重要环节。

如图 6-8 所示,在制造业的车间层面有很多数字化设备与应用软件进行通信,绝大多数情况下要求它们实时、同步,但往往不能经常做到。这个问题的出现主要是因为接口的不标准,系统之间不能相互通信,应用程序提供者仅提供了有限的连接性,缩小了制造厂商对硬件和软件的选择范围。据不完全统计,对于从事监控软件的开发人员有 20%~30% 的时间是用于编写通信驱动程序的,不仅增加了用户负担,也不能真正解决不同系统的互操作性。

如图 6-9 所示，OPC 给出了一个标准，为过程控制和工厂自动化提供了真正的即插即用软件，使过程控制和工厂自动化中的每一个系统、每一台设备、每一个驱动器能够自由连接和通信。OPC 标准使得系统之间和设备之间，包括从车间级到管理信息系统（MIS），都能实现远距离、安全无缝、方便且真正开放的连接，让企业级的通信成为可能。

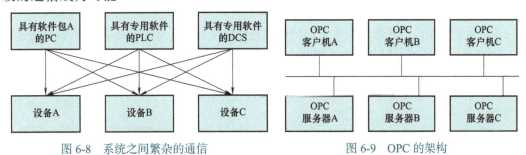

图 6-8　系统之间繁杂的通信　　　　图 6-9　OPC 的架构

6.3.1　OPC 技术综述

OPC 是微软公司的对象连接和嵌入技术在过程控制方面的应用。OPC 规范从 OLE/COM/DCOM 的技术基础上发展而来，并以 C/S 模式为面向对象的工业自动化软件的开发建立了统一标准。

1. OPC 主要标准

如表 6-1 所示，OPC 在数据访问规范、报警与事件规范等方面制定了标准。

表 6-1　OPC 的主要标准

标　准	主　要　版　本	主　要　内　容
OPC Data Access	V1.0，2.0，3.0	数据访问规范
OPC Alarm and Events	V1.10，1.00	报警与事件规范
OPC Batch	V2.00，1.00	批量过程规范
OPC Data Exchange	V1.00	数据交换规范
OPC Historical Data Access	V1.2，1.0	历史数据存取规范
OPC Security	V1.00	安全性规范
OPC XML DA	V1.00，0.18	XML 数据访问规范
OPC Complex Data	V1.0	复杂数据规范
OPC Commands	V1.0	命令规范

2. 通信方式

OPC 规范规定了两种通信方式：同步通信方式和异步通信方式。数据读取工作步骤可以描述如下：

1) OPC.DA 客户端要能够连接到 DA 服务器上,并建立 OPC 组(Group)和 OPC 数据项(Item),这是 OPC.DA 的基础,如果没有这个基础,DA 的其他功能是不可能实现的。为了访问过程数据,DA 客户需要事先指定 DA 服务器的名称、运行 DA 服务器的机器名、DA 服务器上的 Item 定义。

2) 客户端通过对其建立的 Group 与 Item 进行访问实现对过程数据的访问,客户端可以选择设备(Device)或缓冲区(Cache)作为其访问的数据源。客户端的过程数据访问包括过程数据的读取、更新、订阅、写入等。

3) 完成通知,服务器响应客户端的过程数据访问请求,并进行处理,完毕时通知客户,如果是异步读写,服务器要在操作完毕时通知客户端。

3. OPC 的特点

(1) 标准化

OPC 是专门为过程控制而设计的标准,它将访问现场设备的方式以标准接口的形式统一提供给用户,使得用户可以从硬件通信中解放出来,而专注于监控软件的功能。在高级商业软件中,OLE 自动化接口独立于 COM 用户化接口,单独实现该接口即可适用于所有的客户应用程序,这样就实现了软件的"即插即用",使得过程控制的软硬件的选择范围大为增加。硬件制造商只要开发出支持 OPC 规范的驱动程序,该硬件就可以为所有支持 OPC 规范的客户软件所兼容,系统可以方便地进行修改和升级。

(2) 分布式

OPC 规范以 COM/DCOM 技术为基础,使得过程控制的软硬件配置具有分布性。作为分布式应用系统的基本架构,客户端程序与 DCOM 组件对象之间形成了客户/服务器关系,客户端程序只负责接收用户的输入并把服务器的响应结果反馈给用户,这种分布式结构不仅可以减轻客户端程序的负担,还能够提高系统的整体性能,对客户端程序而言,组件程序所处的位置是透明的,不必编写任何处理远程调用的代码,因为 DCOM 已经处理了底层网络协议的所有细节。

(3) 开放性

对客户和生产商来说,OPC 意味着开发性。OPC 的规范是开放的,也就是说只要选择了 OPC 标准,就可以很容易地选择设备或软件,系统集成变得非常容易。企业可以更有效、更迅速地使原先相互分割的商务系统和控制系统集成起来,把企业众多的监控和制造系统无缝集成为一体,构造一个工业自动化体系,大大提高企业的运营效率。

(4) 组件化

OPC 接口规范并不依赖于任何编程语言,它只是规定了二进制级的标准。任何语言只要有足够的数据表达能力就可以用于 OPC 组件的开发。组件化的编程方式使自动化软件的开发变得简单,各个功能模块保持其接口的不变性,各个软件厂商只需面向接口编写自己的程序就可以达到预期效果。随着应用系统和组件程序版本的升级,接口也要发展,在添加了新功能新接口的同时,也保留了原有接口的功能,保证了软件版本的向后兼容性。

(5) 实时性

OPC 服务器可以是本地的也可以是远程的,与传统动态数据交换 DDE 相比传送的

第 6 章 虚实交互技术基础

数据量更大、速率更快。例如，本地服务器每秒可进行 1000 次数据交换，远程服务器每秒可进行 100 次数据交换；多个数据项可同时交换。OPC 标准的关键在于它提供了一种开放、高效的通信机制，为监控软件提供了一种一致的存取现场设备数据的方法。

6.3.2 控制器程序仿真与网络扩展

在理解通信技术及相关的网络协议等基础知识的基础上，本节建立智能分拣系统虚拟实体与物理实体的通信连接，并对通信进行调试，实现虚拟实体与物理实体的实时和同步。虚拟实体与物理实体的通信采用标准以太网接口，OPC.DA 作为网络通信协议。

建立网络通信以及网络测试，首先需要在控制器中编写一个测试程序，用于测试通信结果，然后对控制器的通信接口进行网络扩展。用计算机自带的以太网接口替代实际控制器的通信接口，便于在仿真环境中进行通信连接测试，最后启动 OPC 服务器软件进行相关配置，建立虚拟实体与物理实体的通信连接。

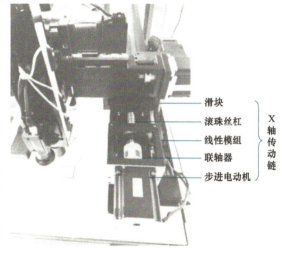

本节主要是基于通信相关技术，完成控制程序的设计仿真及控制器的网络扩展任务。以 X 轴（见图 6-10）的往复运动为例，动作流程是在上位机中设置 X 轴位置和速度，在数字样机中，根据上位机中的运动参数配置，实现 X 轴的往复运动。

图 6-10 X 轴构成

1. 往复程序设计及仿真

控制器程序仿真是通过计算机模拟实现对控制器程序的测试和验证，以确保其在实际应用中的正确性和稳定性，程序编写参考第 5 章行为模型中的技术内容，新建 PLC 项目，并完成 X 轴的运动工艺组态。在主程序 OB1 中编写循环程序，目标是控制虚拟轴，实现往复运动。

视频
6-1 OPC 数据采集协议

1) 编写测试通信用的变量赋值程序，后续调试时使用，赋值测试程序如图 6-11 所示。

图 6-11 赋值测试程序

2) 启动、停止控制的自锁程序，用于控制系统的启动和停止，自锁程序如图 6-12 所示。

图 6-12 自锁程序

3）运动行为计数，对计数器的值进行赋值操作，将当前的运行状态进行记录，步骤计数程序如图 6-13 所示。

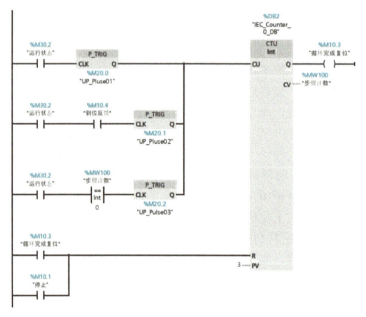

图 6-13 步骤计数程序

4）运动参数赋值，即轴运动的速度和位置赋值，参数赋值程序如图 6-14 所示。

图 6-14 参数赋值程序

2. 控制器网络扩展

S7-PLCSIM 采用了内部协议与博图软件通信（不能对外通信），采用网络扩展软件 NetToPLCsim 实现 S7-PLCSIM 与外部的以太网通信，实现过程如下：

1）用管理员权限打开 NetToPLCsim 软件（暂不要配置），如果要求停用西门子的服务，则单击同意，以便获取 102 端口的使用权，如图 6-15 所示。

2）启动仿真器 PLCSIM，下载 PLC 程序，如图 6-16 所示。

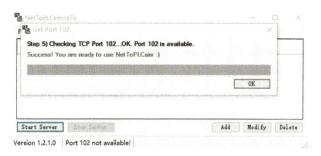

图 6-15 获取 102 端口使用权

图 6-16 启动 PLCSIM 仿真器

3）在 NetToPLCsim 中单击"Add"按钮，添加扩展站，如图 6-17 所示。

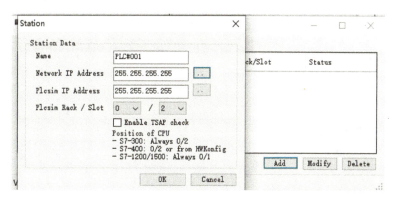

图 6-17 添加扩展站

4）在站点配置对话框中，单击"Network IP Address"旁的"…"按钮来选择现有的网络，选择一个将来访问该 PLC 的 IP 地址，本地网卡地址添加，如图 6-18 所示。

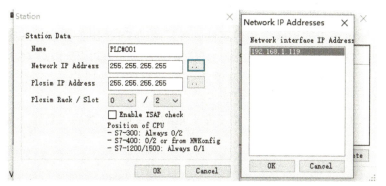

图 6-18 本地网卡地址添加

5）单击"Plcsim IP Address"旁的"…"来选择已下载的 PLC 地址，设置 CPU 的框架号和槽号，注意与硬件配置要一致，PLC 的 IP 地址添加如图 6-19 所示。

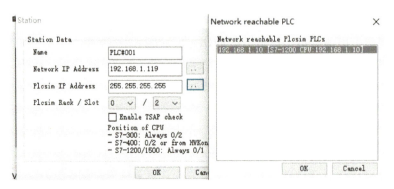

图 6-19　PLC 的 IP 地址添加

6）关闭对话框，单击"Start Server"，确认"Port 102 OK"，启动服务器，如图 6-20 所示，至此网络扩展任务完成。

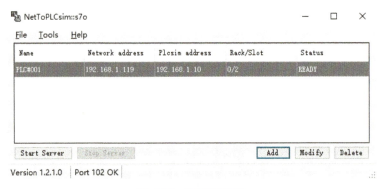

图 6-20　启动服务器

6.3.3　OPC 服务器变量配置

本节将对 OPC 服务器中的变量进行配置，以便在网络中传输数据。OPC 服务器变量配置可以帮助实现不同自动化系统之间的数据传输，提高网络的可靠性和性能。在控制器程序仿真中，OPC 服务器变量配置可以帮助实现对控制器程序的测试和验证，以确保其在实际应用中的正确性和稳定性。各厂家的 OPC 服务器软件的实施过程类似，本节案例使用的 OPC 服务器软件为 BK OPC Server，是一款用于 PLC（S7-1200）与 NX MCD（软件）进行 OPC 通信，可快速建立 OPC 连接的服务器软件，操作简单、便捷。

OPC 服务器变量配置的具体过程如下：

① 打开 BK OPC Server 软件，单击左上角的"文件"，然后"新建变量表"，在变量表中新建变量，如图 6-21 所示。

图 6-21　新建变量

② 建立所需的变量，如图 6-22 所示，完成后单击"保存"按钮。

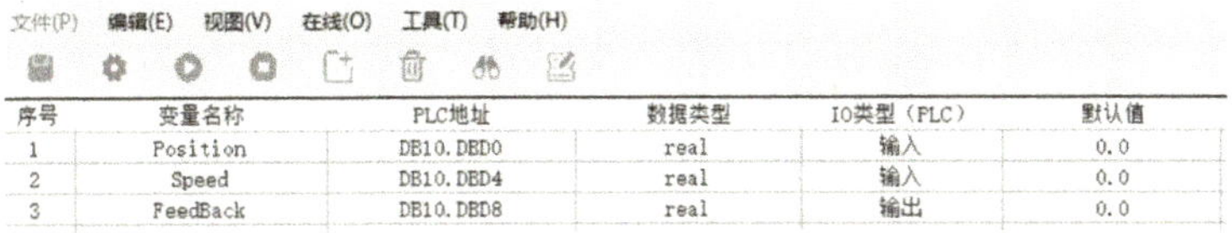

图 6-22　变量表

③ 指定 IP 地址，单击"文件"，选择"PLC 网络配置"，设置"IP 地址"，如图 6-23 所示。

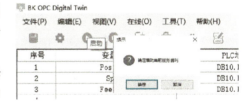

图 6-23　PLC 网络配置

④ 单击工具栏中的"启动"按钮，在弹出的对话框中单击"确定"按钮，启动 OPC 服务器，如图 6-24 所示。

⑤ OPC 服务器启动后，在 PLC 仿真器中修改 Position 的当前值，如图 6-25 所示，OPC 中的参数值状态如图 6-26 所示。

图 6-24　启动 OPC 服务器

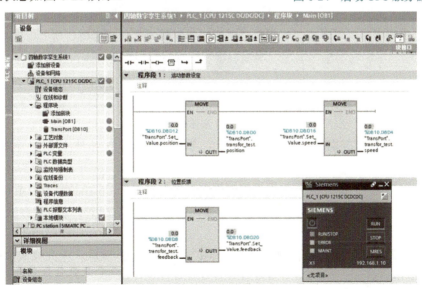

图 6-25　仿真器中修改参数

图 6-26　OPC 变量值当前状态

6.3.4　虚拟端信号映射

虚拟端信号映射是将虚拟机器的端口映射到物理机器的端口，从而实现虚拟机器与物理机器之间的通信。在控制器程序仿真中，虚拟端信号映射有助于实现对控制器程序的测试和验证，以确保其在实际应用中的正确性和稳定性。虚拟端信号映射的实现步骤如下：

① 打开在第 4 章中已经配置完成的 X 轴虚拟样机，在符号表下拉列表中选择"外部信号配置"，X 轴结构如图 6-27 所示。

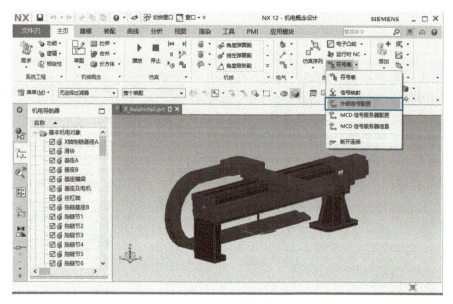

图 6-27　X 轴结构

② 选择 OPC 服务器并勾选相应的标记。单击"确定"按钮建立 OPC 服务器连接，如图 6-28 所示。

③ 单击右键，选择"信号"→"创建机电对象"→"信号适配器"，如图 6-29 所示。

④ 设置信号参数后，单击"信号"选项，在公式中建立信号与轴参数的关联，如图 6-30 所示。

⑤ 选择信号适配器，建立 OPC 变量与 MCD 内部信号的关联，至此完成虚拟端信号映射，如图 6-31 所示。

图 6-28 OPC 服务器连接

图 6-29 选择信号适配器

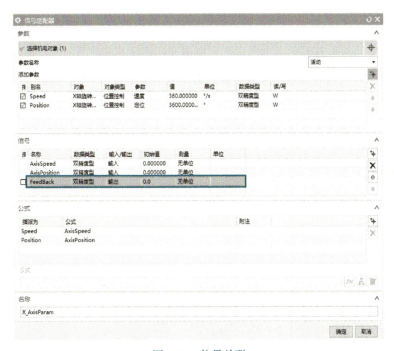

图 6-30 信号关联

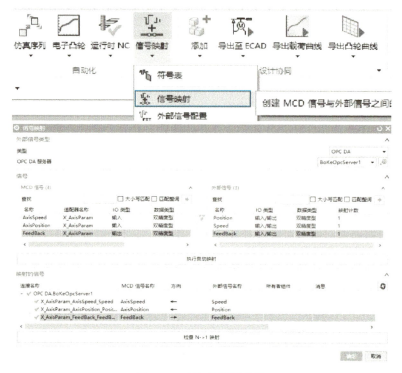

图 6-31 虚拟端信号映射

6.3.5 通信测试

对 OPC 通信进行测试和验证，目的是确保其在实际应用中的正确性和稳定性。在测试过程中，可以模拟不同的通信场景和异常情况，以检测 OPC 通信的可靠性和性能。测试结果可以帮助优化 OPC 通信的配置和参数，从而提高网络的可靠性和性能。测试步骤如下：

① 在 TIA 程序代码中设置运动参数，如图 6-32 所示。将参数下载到 PLC 中，设置轴位置为 7200，轴速度为 360。

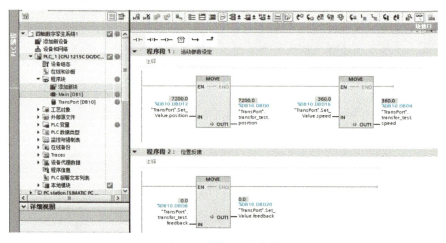

图 6-32 设置运动参数

② 在 NX 中单击"播放"按钮,启动虚拟端,可以看到滑块运动到指定位置,如图 6-33 所示。

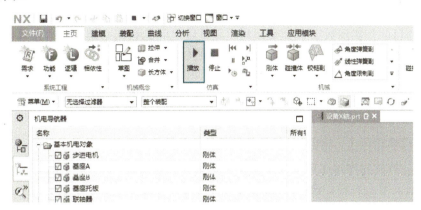

图 6-33 启动虚拟端

③ 单击"信号连接"中的 X_AxisParam 信号,打开观察器,设置 FeedBack 的反馈值为 1000,如图 6-34 所示。

④ 在 TIA 的程序在线仿真中反馈值已经改变为 1000,观察反馈值,如图 6-35 所示。

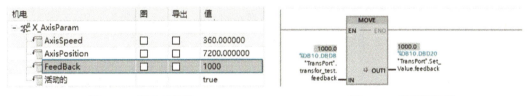

图 6-34 设置反馈值　　　　　　　　图 6-35 观察反馈值

⑤ 在 OPC 软件中可以看到,"当前值"会根据设定值而改变,OPC 运行状态如图 6-36 所示。至此通信测试完成。

图 6-36 OPC 运行状态

6.4 数字孪生系统调试工程实践

本节在完成 6.3.5 节通信测试的基础上,将进行数字孪生系统调试。通过这一阶段的调试,旨在实现数字孪生体与物理实体之间的通信和连接,调试各部件的参数,确保虚拟实体与物理实体实时同步,并保证系统稳定运行。同时在不影响实际系统运行的前提下,对系统进行优化和改进,以提升系统的性能和可靠性。

6.4.1 网络配置及参数调整

数字孪生系统调试的网络配置涉及对网络拓扑结构、网络设备和网络协议等方面。网络配置的目的是实现数字孪生模型与实际系统之间的数据交换和通信。其中,网络拓扑结构的配置旨在实现数字孪生模型与实际系统之间的无缝连接,网络设备的配置旨在实现数字孪生模型与实际系统之间的数据交换和通信,网络协议的配置旨在实现数字孪生模型与实际系统之间的数据传输和通信。本节案例参数调整部分主要涉及视觉成像、PLC 内部参数设定、各工艺位置定位等。

1. 配置本地网卡,建立 PLC 与 PC 间的通信

① 在计算机的控制面板中依次选择"网络和 Internet"→"网络连接",找到与 PLC 连接的网卡,单击右键,选择"属性"。在打开的"属性"窗口中勾选"Internet 协议版本 4(TCP/IPv4)",并双击打开其属性窗口,连接 PLC 的网卡 IP 配置如图 6-37 所示。

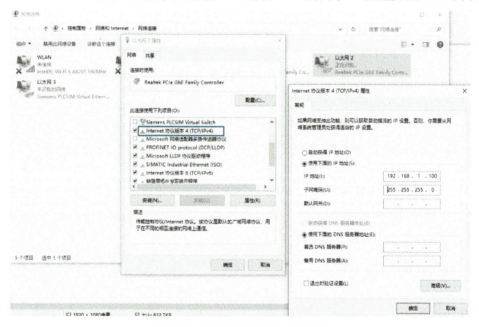

图 6-37 连接 PLC 的网卡 IP 配置

② 在计算机的控制面板中依次选择"网络和 Internet"→"网络连接",找到与机器视觉连接的网卡,单击右键,选择"属性",在打开的"属性"窗口中勾选"Internet 协议版本 4(TCP/IPv4)",并双击打开其属性窗口,连接机器视觉的网卡 IP 配置如图 6-38 所示。

③ 打开 PLC 控制程序,单击右键,在项目中选择"下载全部硬件到 PLC",在弹出的菜单中选择适合的网络接口并搜索 PLC 设备,找到 PLC 设备后单击"下载"按钮。采用同样的方法将全部软件程序下载到 PLC 中,如图 6-39 所示。

④ 在弹出的对话框中单击"装载"→"完成"(选择启动模块),将显示 PLC 程序下载预览及下载结果,如图 6-40 所示。

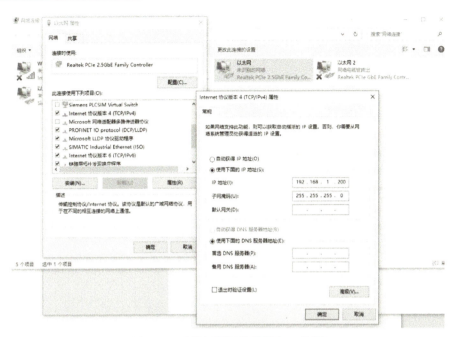

图 6-38　连接机器视觉的网卡 IP 配置

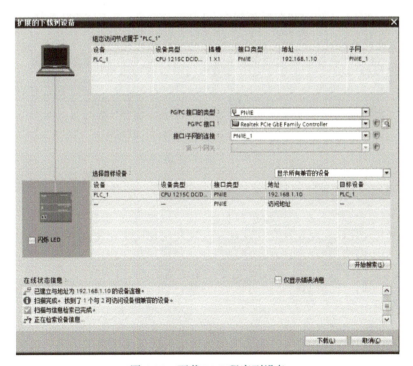

图 6-39　下载 PLC 程序到设备

⑤ 在项目树中单击 PC station，在工具栏中选择"在 PC 上启动运行系统"，如图 6-41 所示。

⑥ 当 PC 界面运行后，其 HMI 运行画面效果如图 6-42 所示，如果数据显示无异常，则表示 PC 与 PLC 之间的通信已成功建立。

数字孪生在智能制造中的工程实践

图 6-40 PLC 程序下载预览及下载结果

图 6-41 在 PC 上运行

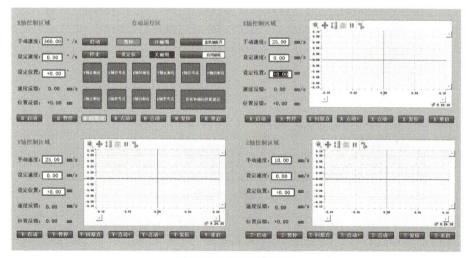

图 6-42 HMI 运行画面

第 6 章　虚实交互技术基础

2. 机器视觉成像测试

① 打开工业相机厂家自带的调试软件（本节案例采用海康工业相机），在图 6-43 所示位置右击，选择"修改 IP"，然后设置相机的 IP 地址。

② 在弹出的"修改 IP 地址"对话框中设置静态 IP 地址，如图 6-44 所示。设置完成后单击"连接"，再单击"开始采集"，此时在图框位置出现工作台的画面，如图 6-45 所示。

图 6-43　设置相机 IP 地址

图 6-44　设置静态 IP 地址

③ 调整相机镜头的焦距和曝光度，直至画面清晰，如图 6-46 所示。

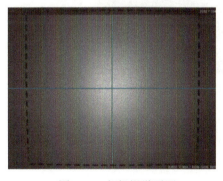

图 6-45　相机视觉画面

图 6-46　镜头

3. 机器视觉参数配置

① 打开机器视觉软件，单击工具栏中的"视觉分拣"，在分拣设置中，单击"开启视觉分拣"，视觉软件窗口画面如图 6-47 所示。当下方的消息栏中显示已连接的客户端 IP 时，表示通信成功，通信连接状态如图 6-48 所示。

② 根据智能分拣系统的工艺要求，相机需要分别对 4 个分拣区域进行图像获取。启动设备开始图像捕获，捕获到 4 个区域的图像后，需要对各区域进行精细化边界剪裁，以便更精准地进行图像处理。在补充设置中，双击需划定的区域图像进行范围划定，在弹出的对话框中单击"确定"按钮，图像边界定位如图 6-49 所示，在视觉分拣窗口单击"参数复位"。

225

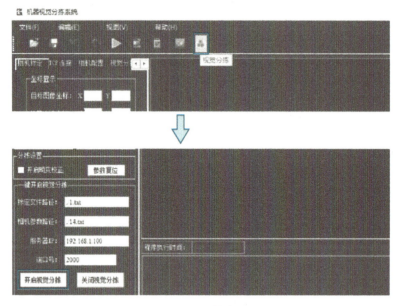

图 6-47 视觉软件窗口画面

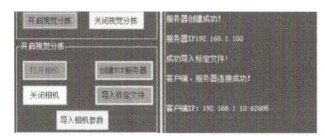

图 6-48 通信连接状态

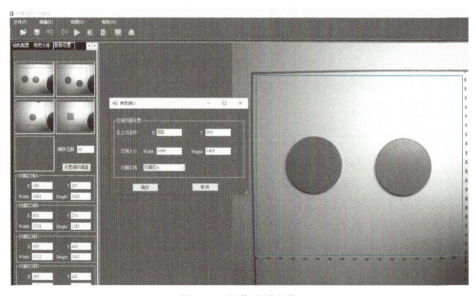

图 6-49 图像边界定位

4. 相机标定

相机标定是为了确定相机拍摄图像的像素坐标与机器末端坐标之间的对应关系，本系统采用九点标定法。相机标定选项卡主要分为坐标显示区、HSV 颜色范围设置区、机器末端移动间隔设置和标定操作。相机标定过程如下：

① 在"相机配置"选项卡的"相机操作"中单击"打开相机"，然后在"软触发拍摄"中单击"开始拍摄"。

② 通过 PLC 操作界面将各个轴重置回原点，此时机器末端坐标为 (0, 0)，在相机镜头下方放一个工件。在"相机标定"选项卡中单击"标定操作"中的"单张拍摄"，采集相机图像。单击"目标定位"，确定图像中工件中心坐标。单击"添加标定点（0/9）"，此时该按钮变为"添加标定点（1/9）"。

③ 通过 PLC 操作界面将机器末端移动到 (5, 0)，5 为设置的机器末端移动间隔。单击"标定操作"中的"单张拍摄"，采集相机图像。单击"目标定位"，确定图像中工件中心坐标。单击"添加标定点（1/9）"，此时该按钮变为"添加标定点（2/9）"。

④ 通过 PLC 操作界面将机器末端移动到 (10, 0)，10 为设置的机器末端移动间隔的 2 倍。单击"标定操作"中的"单张拍摄"，采集相机图像，单击"目标定位"，确定图像中工件中心坐标。单击"添加标定点（2/9）"，此时该按钮变为"添加标定点（3/9）"。

⑤ 通过 PLC 操作界面将机器末端移动到 (10, 5)，10 为设置的机器末端移动间隔的 2 倍，5 为设置的机器末端移动间隔。单击"标定操作"中的"单张拍摄"，采集相机图像。单击"目标定位"，确定图像中工件中心坐标。单击"添加标定点（3/9）"，此时该按钮变为"添加标定点（4/9）"。

⑥ 通过 PLC 操作界面将机器末端移动到 (5, 5)，5 为设置的机器末端移动间隔。单击"标定操作"中的"单张拍摄"，采集相机图像。单击"目标定位"，确定图像中工件中心坐标。单击"添加标定点（4/9）"，此时该按钮变为"添加标定点（5/9）"。

⑦ 通过 PLC 操作界面将机器末端移动到 (0, 5)，5 为设置的机器末端移动间隔。单击"标定操作"中的"单张拍摄"，采集相机图像。单击"目标定位"，确定图像中工件中心坐标，单击"添加标定点（5/9）"，此时该按钮变为"添加标定点（6/9）"。

⑧ 通过 PLC 操作界面将机器末端移动到 (0, 10)，10 为设置的机器末端移动间隔的 2 倍。单击"标定操作"中的"单张拍摄"，采集相机图像。单击"目标定位"，确定图像中工件中心坐标。单击"添加标定点（6/9）"，此时该按钮变为"添加标定点（7/9）"。

⑨ 通过 PLC 操作界面将机器末端移动到 (5, 10)，5 为设置的机器末端移动间隔，10 为设置的机器末端移动间隔的 2 倍。单击"标定操作"中的"单张拍摄"，采集相机图像。单击"目标定位"，确定图像中工件中心坐标。单击"添加标定点（7/9）"，此时该按钮变为"添加标定点（8/9）"。

⑩ 通过 PLC 操作界面将机器末端移动到 (10, 10)，10 为设置的机器末端移动间隔的 2 倍。单击"标定操作"中的"单张拍摄"，采集相机图像。单击"目标定位"，确定图像中工件中心坐标。单击"添加标定点（8/9）"，此时该按钮变为"添加标定点（9/9）"，机器末端移动的轨迹，如图 6-50 所示。

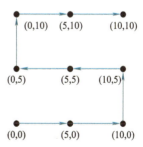

图 6-50 机器末端坐标系下九点坐标

⑪ 单击"标定操作"中的"开始标定",选择标定文件保存的路径与名称,即可完成相机标定。如果在标定过程中发生错误,可单击"标定操作"中的"重新标定"来重新开始标定过程。标定完成后在"相机配置"选项卡的"软触发拍摄"中单击"停止拍摄",然后在"相机操作"中单击"关闭相机"。

5. PLC 程序中分拣参数确定

① 在 PC 界面中先选择虚拟端断开,然后单击"启动"按钮来启动程序运行,如图 6-51 所示。

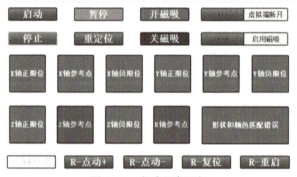

图 6-51　启动程序运行

② 在 PC 界面上找到 Z 轴控制区域,如图 6-52 所示。在 PLC 程序的对应数据块中调整 Z 轴触底的距离,具体数值如图 6-53 所示。

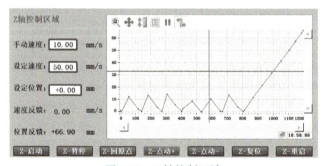

图 6-52　Z 轴控制区域

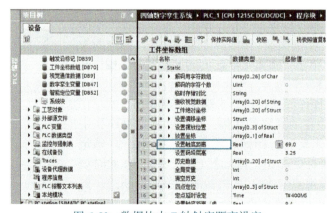

图 6-53　数据块中 Z 轴触底距离设定

③ 开启分拣，Z 轴的设定以成功抓取到工件时的距离为准，Z 轴触底效果如图 6-54 所示。

图 6-54　Z 轴触底效果

④ 确定 4 个堆垛区域位置，具体位置根据实际坐标进行微调，堆垛区域的位置，如图 6-55 所示。参数修改完成后，重新下载复位 PLC 程序。

图 6-55　堆垛区域的位置

6.4.2　系统调试

调试是一个发现并修复错误的过程，错误来源可能是应用程序或系统配置。任何软件程序或产品，都要经过不同的步骤来测试和排除故障，需要在不同的环境下进行调试。调试看似简单，但却是一项很复杂的任务，因为需要在调试的每个阶段修复所有错误。

调试的主要任务是查找导致缺陷的原因，通过手动重新检查代码或使用调试工具来完成检查。尤其要注意一些具有挑战性的代码部分，如果检测到代码错误，则修改代码的相应部分，然后重新检查缺陷是否得到纠正，调试完成后测试人员应继续进行设备的测试过程。

本节案例是基于智能分拣设备的数字孪生系统调试，通过建立数字孪生模型，对实际系统进行仿真和测试，以识别和解决系统中的问题。

① 对已完成安装的设备进行检查。主要检查设备安装是否正确、稳固，接线是否牢固等内容。同时检查设备接线是否存在错误，特别是是否有短接或漏接现象。所有检查按照电气原理图进行操作，防止发生漏项。同时还要特别注意检查系统的接地是否正确。

② 单点测试（也称为打点），即在屏蔽 PLC 内部程序后，对设备进行上电，然后通过强制置位/复位等操作，对设备的输入/输出进行测试，以确保所有 I/O 点的功能均正常（包括所有数字量和模拟量点）。

③ 功能测试。逐步解除对 PLC 程序的屏蔽，对系统的功能进行逐项测试，通过仿真现场的操作环境和条件，验证每个自动化程序功能块的逻辑是否正确。例如，测试光源是否正常、物理设备及虚拟设备同时开始扫描、虚拟设备扫描过程中开始生成工件、停止和紧急停止的条件。

④ 仿真联调。在不对设备加载真实载荷的情况下，对系统进行联调。着重测试系统的自动化联动、手动功能操作、报警及紧急停止功能，工件生成完成后物理端和虚拟端同时开始分拣。

⑤ 轻负载联调。设备进行低负荷调试，验证系统在真实条件下的工作能力。

⑥ 全负载调试。使设备工作在设计的满负荷之下，以测试系统的实际输出能力。

至此，数字孪生系统调试完成，分拣完成后虚拟端的运行效果如图 6-56 所示。

分拣完成后，物理端运行效果如图 6-57 所示。

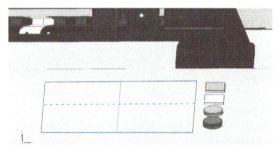
图 6-56 虚拟端运行效果

图 6-57 物理端运行效果

综上，本章主要完成了网络通信、OPC 服务器的使用和系统通信测试三项技术内容的学习。

首先，采用网络通信技术，将数据分成若干个数据包，通过网络传输到目的地，然后再将数据包组装成完整的数据。作为现代信息技术的重要组成部分，网络通信以其高效、快速、安全、可靠和灵活的特性，在各个领域都得到了广泛应用。

本节案例中，网络通信数据的传输是通过 OPC 服务器来实现的。OPC 服务器是一种软件，它将不同类型的设备数据转换成 OPC 标准格式的数据，然后通过网络传输到客户端。客户端可以通过 OPC 客户端软件来访问 OPC 服务器，获取设备数据。OPC.DA 通信是一种重要的数据交换协议，为不同类型设备间的数据交换提供了一种高效、可靠、安全和灵活的解决方案。

最后，通过系统调试对数字孪生系统进行异常排除和性能优化，并对网络通信进行测试。在系统调试中，使用各种工具和技术来诊断和解决问题。常用的工具包括仿真器、性能分析器、日志分析器等。常用的技术包括在线调试、追踪调试等。在解决系统异常方面，对系统进行全面故障排查，找出故障原因并进行修复。在提高系统性能方面，对系统进行优化，包括优化代码、优化配置等。本章所讨论的网络通信技术，为建立虚实交互的数据管道提供了基础，对数字孪生技术价值的深度挖掘起到至关重要的作用。

6.5 习题

一、简答题

1. 通信协议与通信接口的关系是什么？列出几种工业中常用通信接口及协议。
2. OPC 主要标准有哪些？OPC 技术主要解决工业上的什么问题？

二、实践题

实验 1：OPC 连接 S7-PLCSIM

实验目的：

学会使用 NetToPLCsim 软件实现 S7-PLCSIM 的对外通信。本次实验主要使用 NetToPLCsim 软件、TIA Portal V16 软件和 OPC 软件来完成。

实验要求：

使用 NetToPLCsim 软件作为桥梁，在 TIA Portal V16（博图）仿真环境中改变变量值，同时确保 OPC 软件中对应变量值能够同步改变。

实验 2：OPC 连接 NX MCD

实验目的：

熟悉 NX 虚拟端的 MCD 信号如何通过信号映射的方式实现与 OPC 的连接。本次实验使用 NetToPLCsim 软件、TIA Portal V16 软件、NX 软件和 OPC 软件完成。

实验要求：

1. 在 TIA Portal V16（博图）仿真环境中改变位置和速度变量的值，同时确保 OPC 软件中对应的变量值同步改变并且在 NX 软件中播放仿真时，能够通过轴的实时运动将速度和位置的变化体现出来。
2. NX 仿真软件启动时，在 NX 中修改 FeedBack 这个 MCD 信号的值，那么 OPC 和博图软件中的 FeedBack 变量值要做到同步更新。

实验 3：数字孪生设备的系统调试

实验目的：

熟悉数字孪生设备的整体调试流程；在完成通信测试和虚拟调试测试的基础上，进行系统调试，以识别和解决系统中的问题。本次实验需要使用到的软件包括 TIA Portal、Bkvision、MVS。

实验要求：

1. 完成 PC 与工业相机和 PLC 的通信测试。
2. 完成视觉软件的参数配置以及九点标定。
3. 在 TIA Portal 软件中完成分拣参数的设置。
4. 在每个区域放置若干工件，从而完成一次完整的视觉分拣系统调试。

第 7 章
数字孪生数据

　　本章聚焦于数字孪生系统中数据的采集、传输及处理,详细介绍了数据采集和数据传输的常用方式及关系型数据库的设计原则和步骤,并对数据分析的基础知识进行了梳理,最后通过实际的项目案例,展示了数据采集、传输及分析处理全部流程。

┤本章目标├

- ➢ 掌握工业数据分析的范畴和特点。
- ➢ 了解工业数据采集的过程方法。
- ➢ 了解工业大数据分析的常用工具软件。
- ➢ 掌握关系型数据库的设计原则和方法。
- ➢ 了解机器学习算法的工业应用及其实现过程。

第 7 章 数字孪生数据

第 6 章讲述了利用 OPC 技术建立数字孪生体与物理实体之间的通信,使二者实时、同步。本章在第 6 章的基础上,进一步探讨根据数字孪生实施目的来确定采集什么数据、如何采集,以及如何进行数据的传输、处理等内容。本章所讲述的内容属于数字孪生系统设计架构(特指本书中的工程化设计,不具通用性)中的"数据采集"(第⑤模块)和"数据分析、可视化、类比"(第⑥模块)两个模块,如图 7-1 所示。

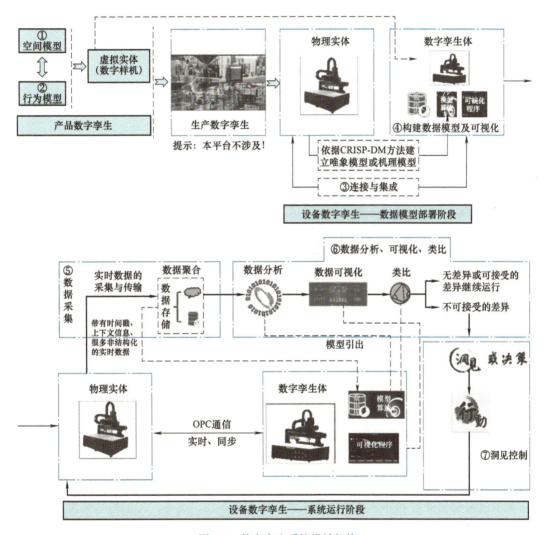

图 7-1 数字孪生系统设计架构

本书中讲解的智能分拣数字孪生系统属于设备数字孪生,如图 7-2 所示。

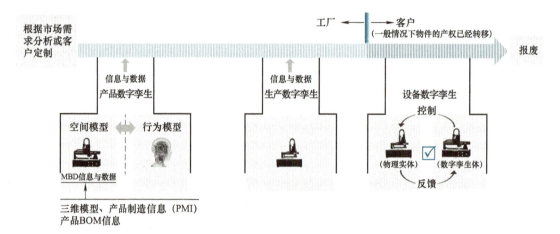

图 7-2　数字孪生在装备制造业中的应用

7.1 概述

谭建荣院士在为《工业大数据分析算法实战》作序中曾论述,"数字经济是数据的经济,既是各项高新技术发展的动力,又为传统产业转型提供了新的数据生产要素与数据生产力"。

数据是指对客观事件进行记录并可以鉴别的符号,是对客观事物的性质、状态以及相互关系等进行记载的物理符号或这些物理符号的组合。它是可识别的、抽象的符号。

数据不仅指狭义上的数字,还可以是具有一定意义的文字、字母、数字符号的组合、图形、图像、视频、音频等,也是客观事物的属性、数量、位置及其相互关系的抽象表示。例如"0、1、2…""阴、雨、下降、气温""学生的档案记录、货物的运输情况"等都是数据。数据经过加工后就成为信息。

本章所称的数据是指可输入计算机进行处理,具有一定意义的数字、字母、符号和模拟量等的通称。计算机存储和处理的对象十分广泛,表达这些对象的数据也随之变得越来越复杂。

为理解数据在经济中的重要性,讲述一个案例。如图 7-3 所示,超市商品一般按照类别摆放,以方便消费者挑选,而沃尔玛超市将尿不湿与啤酒放在两个相邻的货架。

> 尿不湿属于婴幼儿物品,啤酒属于酒类饮品,这两类商品看上去并无直接的联系,将尿不湿与啤酒放在相邻货架上似乎既不合情也不合理。然而,沃尔玛超市在 20 世纪 90 年代将 Apriori 算法引入 POS 机数据分析中,结果却发现了令人惊讶的现象:尿不湿与啤酒这两种类别不同的商品经常是放在同一购物篮内。进一步的研究表明,购物者大多是年轻的父亲,在购买尿不湿的时候会"顺便"购买啤酒,沃尔玛这样的摆放,使尿不湿和啤酒的销量同时增加。这是一个 Apriori 算法分析数据相关性的经典案例。

数据分析是指用适当的统计分析方法对收集来的大量数据进行分析,将它们加以汇总、理解并消化,以最大化地开发数据的功能,发挥数据的作用。数据分析是为了提取有用信息和形成结论而对数据加以详细研究和概括总结的过程。

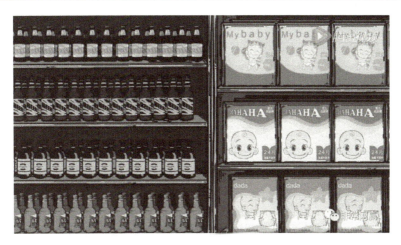

图 7-3 尿不湿与啤酒

数据分析的数学基础在 20 世纪早期就已确立,但直到计算机的出现才使得实际操作成为可能,并使得数据分析得以推广。数据分析是数学与计算机科学相结合的产物。

数据分析的目的是把隐藏在一大批看似杂乱无章的数据中的信息集中和提炼出来,从而找出所研究对象的内在规律。在实际应用中,数据分析可帮助人们做出判断,以便采取适当行动。数据分析是有组织、有目的地收集数据、分析数据,使之成为信息的过程。在产品的整个寿命周期,包括从市场调研到售后服务和最终处置的各个过程中,都需要适当运用数据分析,以提升过程分析的准确性和有效性。例如,设计人员在开始新的设计之前,要通过广泛的设计调查,分析所得数据以确定设计方向。数据分析在工业设计中具有极其重要的地位。

7.1.1 制造业数据窘境

制造业的数据相对于金融、电信、互联网等行业,具有多样、多模态、高通量、强关联和丰富的上下文信息等独特之处。这些特性使制造业的数据不仅需要高效的数据存储优化,还需要利用元数据、索引、查询推理等手段进行高效便捷的读取,从而实现多元异构数据的一体化管理。

制造业的数据存在维度不完备、样本量不足(且严重有偏)、数据蕴含大量上下文信息等问题,这些问题也造成了"拥有的数据非常多,但可用的数据很少"的窘境。

1. 维度不完备

数据分析需要集成多个维度的信息,任何一个维度的信息缺失都会造成分析数据集的缺失。很多分析常常需要一个完整的制造过程,过程序列中的局部中断,可能导致当前数据不能完整勾画出真实的物理过程。另外,有些维度间缺乏精确关联,例如在洗衣液罐装生产线中,考虑到成本和生产节拍,不可能按袋追踪,称重的数据和罐装工艺过程数据做不到一一对应,在对应时只能采用概率模型。

2. 样本量不足

样本量不足，且数据样本通常严重有偏（biased），多数制造系统被设计为具有高可靠性且严格受控的系统，绝大多数时间都在稳定运行，异常工况相对稀缺（对于数据分析来说具有"高价值"）。很多数据在历史上没有被标记，对历史数据的大规模重新标记通常也不可行（工作量大，对标记人员的要求高）。还有一些制造场景要求捕获故障/异常瞬间的高频细微状况，这样才能还原和分析故障发生的原因。最后，设备、传感器、工艺和环境也是在不断变化的，历史数据的有效性会随着时间而流逝。这些都造成了工业数据分析时的样本量不足。

3. 数据蕴含大量上下文信息

制造业是一个强机理、高知识密度的技术领域，很多监测数据仅是精心设计下系统运行的部分表征。很多数据间的关系都可以用机理去解释（不需要挖掘），领域知识也提供了很多有用的特征变量（如齿轮箱振动的倒谱），这些隐形信息都大大缩小了数据分析的参数搜索空间。但不幸的是，并不是所有的专家经验或领域知识都是正确的，数据分析仍然需要保持"谨慎的相信"，但不是迷信。

7.1.2 制造业数据分析的典型主题

制造业数据分析如表 7-1 所示，可以分为三类。第一类智能装备与产品，是以智能运维环节需求为主，适当地融入智能运维带来的新业务模式以及研发创新和产品运作闭环。第二类智慧工厂与车间，是智能制造的纵向整合，打通了不同生产单元与业务环节，结合不同时空颗粒度，从效率、质量和安全的角度，保证制造过程的可视、可溯、可决。第三类产业互联，是智能制造的纵向整合，通过数据的融合和深度分析，提高协作效率，支撑新的协作模式。

表 7-1 制造业数据分析的典型主题

业务领域		分析主题
智能装备/产品	设备故障诊断与健康管理 （Prognostics & Health Management，PHM）	• 剩余寿命 • 健康评估 • 失效预警 • 故障检测 • 异常报警 • 故障诊断 • 运维优化
	设备效能优化 （Asset Performance Management，APM）	• 工况聚类 • 性能评估 • 控制优化
	产品运作闭环 （Operation Lifecycle Management，OLM）	• 使用行为分析 • 研发洞察 • 定向营销

(续)

业务领域		分析主题
智慧工厂/车间	生产效率优化 （Process Efficiency Management，PEM）	・需求预测 ・调度优化 ・节能降耗
	生产质量管理 （Production Quality Management，PQM）	・根因分析 ・工艺参数优化 ・操作优化 ・智能排查 ・质量溯源 ・表面质量检测
	生产安全管理 （Production Safety Management，PSM）	・微观生产安全分析 ・宏观生产安全分析
产业互联	协作效率管理 （Collaboration Efficiency Management，CEM）	・市场洞察 ・供需预测 ・协同优化

7.1.3 制造业数据分析的典型手段

如图 7-4 所示，人类刻画物理世界有认知模型、理论模型、经验模型三大类模型。

图 7-4 刻画物理世界的三大类模型

认知模型提供了一些概念和理论层面的指导，是物理世界在概念和结构方面的抽象，包括概念模型、经验知识和系统动力学。

理论模型中的唯象模型是从输入—输出关系上去逼近，是实验现象的概括和提炼，主要包括统计模型和模拟仿真。机理模型是根据对象、生产过程的内部机制或者物质流的传递机理建立起来的精确数学模型，基于质量平衡方程、能量平衡方程、动量平衡方程、相平衡方程以及某些物性方程、化学反应定律、电路基本定律等而获得对象或过程的数学模型，其优点是参数具有非常明确的物理意义。

经验模型又称为黑箱模型，是指在实践中对过程或决策的经验性总结。比如生命科学、社会科学等方面的问题，由于因素众多、关系复杂，其内部规律还很少为人们所知，可简化为经验模型来研究。

在实际应用中采用的模型大多是形式化的（或部分形式化）模型，这里简要地讲述一下理论模型和经验模型,在经验模型中不刻意区分专家规则和经验公式。如表 7-2 所示,不同的模型有其各自的特点,适合于不同的场景。机理模型推演能力强,但不够精准(很多理想化假设);统计模型自适应能力强,但不充分(概率意义上的外推);仿真模型对极端情形检验能力强(对系统和策略设计很有用),但通常不解决日常运行情形;专家模型实用,但不完备。模型的使用中,应根据实际需要选择不同类型的模型,或者采用多种类型的模型组合。

表 7-2 几种模型的特点和适用场景

模 型 名 称	优　　点	前提(或限制)	适 用 场 景
机理模型	分析推演能力强	基于大量的简化或强假设模型 参数的可测量行	理论基础、实验条件良好
统计模型	归纳能力强,具备自适应能力	对数据要求高 预测结果具有一定的不确定性	大量类似的场景 概念逻辑清楚,概念逻辑缺乏具象的关系
仿真模型	计算能力强,可以计算不同场景下的行为(包括极端情形)	物理过程模型和的输入不会与现实运动互动(一旦给定,就不会再改变)	假设推演分析(what-if 分析)
专家模型	可解释性强	规则的模糊与不完备	逻辑简单明了,需要实时计算

1. 统计模型的应用范式

大多数情况下,大数据统计模型的作用与机理复杂度密切相关,如图 7-5 所示。

图 7-5 统计模型在不同情形的作用

从工业产品的相似度来看,可以分为大量相似产品和少量的定制化产品。对于大量相似产品,在数据分析时可以充分利用产品间的交叉信息,对于少量的定制化产品,应深度挖掘其时间维度的信息。

从产品机理的复杂度维度看,可以分为无须了解内部机理产品、简单明确机理产品和复杂机理产品,对复杂机理产品进行数据分析时,应注重机理模型和专家经验的融合。

2. 统计模型与机理模型的融合

如图 7-6 所示,机理模型对不同物理过程的描述精度是不同的,微观机理模型通常无法直接用到中观决策[⊖],如腐蚀电化学模型无法直接用于地下管道的季度预防性维修计划。很多机理模型在环境(如充分光滑、没有阻力)模型(如集总参数、刚体、模型参数可以相对精确获得)、动力学形态(如不存在湍流)、初始状态(可测量且测量成本可接受)等方面都有一定的前提假设或合理简化,在实际过程中就需要用数据来检验其合理性,或与分析模型融合,进一步提高模型的实用性。

图 7-6 不同工业场下的机理模型可信度

机理模型对于不同场景下物理过程描述的精度是不同的,因而对分析模型的需求也不同。如图 7-7 所示,分析模型与机理模型融合有 4 种范式。

1)分析模型为机理模型做模型校准,提供参数的点估计或分布估计,如 Kalman 滤波。

2)分析模型为机理模型做后处理。例如,利用统计方法对 WRF(Weather Research and Forecasting Model)等天气预报模型的结果进行修正;或者利用统计方法综合多个机理模型,提高预测的稳定性。

3)机理模型的部分结果作为分析模型的特征。例如,在风机结冰预测中,计算出风机的理论功率、理论转速等并将其作为统计分析模型的重要特征。

4)分析模型与机理模型做融合。例如,在空气质量预测中,WFF-CHEM、CMAQ(Community Multiscale Air Quality)等机理模型可及时捕获空气质量的全局动态演化过程,而统计模型可对空气质量的局部稳态周期模式有较高精度的刻画。二者的融合可以发挥两类模型各自的优势。

⊖ 中观决策是为实现决策目标而进行的定量分析,以及制定目标分解方案、目标选择方案、应变对策和协调措施的中层决策。中观一词是相对于宏观与微观而言,指的是多层系统的中间层次,这个中间层次在系统中起着承上启下的作用。

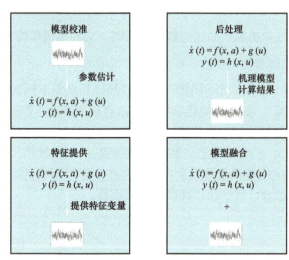

图 7-7 分析模型与机理模型融合的 4 种范式

3. 统计模型与专家规则的融合

在设备异常预警等很多工业数据分析中，大量历史数据没有标记，领域专家通常可以提供少量的异常样本。这时候除了无监督学习（包括异常样本的相似度匹配）方式外，就是采用专家规则与统计模型融合的方式。

专家规则通常不够完备，专家规则中很多参数和阈值通常不够精准，大数据平台可以为专家规则提供一个迭代式验证平台，数据分析师将当前版本的专家规则形式化，用大量历史数据运行验证，领域专家对关键结果（例如预测为故障状态）进行研究，完善专家规则逻辑，通过这样多次迭代运行，通常可以获得一个相对可靠的专家规则。另外，也可以采用主动学习（Active Learning）策略，在统计学习模型中可以挑一些易混淆的样本，让领域专家去标记。

7.1.4 数据分析工具软件

严格来说，任何数据处理软件都可以被称为数据分析工具软件，例如，Excel 可以做很多统计工作，Tableau 等 BI 软件支持不同维度的数据探索。本节所讲述的数据分析工具软件指的是可以进行统计分析或机器学习的软件。

不同工具软件侧重点不同，适合的场景也不同。数据分析工具选择，需要综合考虑各种应用场景，例如，使用者的技能要求、算法包（包括处理算法、可视化和报告输出等）的丰富程度、运行环境、开发调试的便捷性、处理性能等。基于这样的差异，不同类型组织使用的数据分析工具也不同。数据分析公司 Rexer Analytics 2017 年对数据分析软件在企业、咨询、学术、政府与公共机构等 4 个领域的使用情况做了调查，结果如图 7-8 所示，在所有领域，开源软件 R 和 Python 的使用频度都很高，在企业和咨询行业，SQL 和 Tableau 等工具也是常用的软件。在学术界，MATLAB 作为工程分析软件，使用频度也非常高。

1. 脚本语言软件

典型脚本语言软件包括 R、Python、MATLAB 等，依靠编程脚本、交互式开发和大量工具包支撑分析建模。

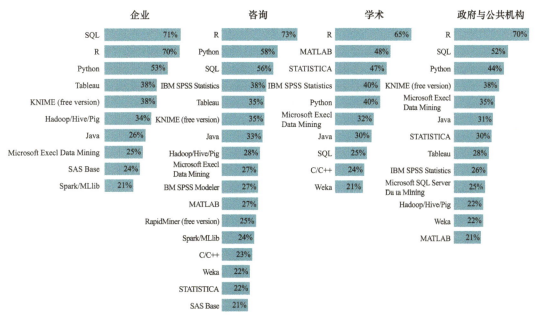

图 7-8　Rexer Analytics 2017 年对数据分析软件使用的调研结果

R 是一套完整的数据处理、计算和制图软件系统。R 语言有着完整数据读取、预处理统计分析、机器学习、制图 / 报告等功能的编程语言，R 语言的优势在于统计分析，有 1 万多个官方工具包，对统计分析、机器学习算法和周边效率工具的支持非常完善。R 语言的核心数据类型是数据框（Data Frame），同时也支持矩阵或向量运算，数据框类似于关系数据查询组件中的 recordSet，是由有相同属性列构成的记录集，不同列的类型可以不同。数据框的概念也逐步被 Python（2008 年发布第 1 版 pandas 包）、MATLAB 等软件采纳。为提高计算能力，R 语言也提供了 C、C++、Fortran 等语言的开发接口。RStudio 作为 R 语言最常用的 IDE（集成开发环境），提供了很多便捷性的交互式开发调试功能，也支持 Python、C/C++、HTML、Markdown 等语言的开发。

MATLAB 是著名的科学计算软件包，对矩阵运算、数值分析、图形显示和工程分析算法（如控制系统设计、信号处理）支持非常完备，动力学仿真包 Simulink 不仅支持连续动力学系统的仿真，也支持离散事件系统的仿真，除了数值仿真，也支持半物理仿真（通过 PLC、通信协议接口）。在机器学习方面，MATLAB 从 2018 年开始提供了 Statistics and Machine Learning Toolbox。

Python 是一种跨平台的高级编程语言，可以应用在多个领域，尤其是深度学习领域。Python 拥有 numPy、sciPy、matplotlib 等科学计算包，也有 scikit-learn、pandas 等机器学习算法包。Python 常用的 IDE 包括 Spyder、pyCharm，也可以使用 Vscode、Eclipse 通用环境的 Python 插件。在交互式分析上，Jupyter notebook 或 Jupyter lab 可以将分析过程与文档工作同步进行。

由于 Python 底层是使用 C 语言写的，很多标准库和第三方库也是用 C 语言写的，因此相比 R 语言和 MATLAB，Python 的速度更快，可移植性更强。但在统计算法和机器学习算法方面，R 语言更丰富一些。需要注意，不要不加前提地对比运行速度，MATLAB、R、Python 语言背后的矩阵运算都是基于 BLAS、LAPACK 等线性运算包（基于 Fortran 或 C 语言实现的，不同实现版本略有不同），如果采用内置的矩阵运算，MATLAB、R、Python 语言之间的差别应该是很小的。因此，编程时应该尽量遵循一个软件的前提假设与推荐习惯，例如，在 MATLAB 中尽量采用矩阵或向量运算，避免用标量循环。在 R 中，尽量用内置的数据框操作函数，避免用循环。

2. 图形化桌面软件

图形化桌面软件主要指的是拖拽式建模分析环境，典型软件见表 7-3。不包括 SPSS Statistics、SAS、STATA、Minitab、STATISTICA 等基于菜单或脚本语言的工具软件。

表 7-3 图形化桌面软件特点对比

软件名称	特点
SPSS Modeler SAS Enterprise Miner（EM）	商用产品，性能稳定，产品文档全面
Rapid Miner	用 Java 开发，基于 Weka 来构建，也就是说它可以调用 Weka 中的各种分析组件
KNIME	基于 Eclipse 开发环境，用 Java 开发。采用的是类似数据流（data flow）的方式来建立分析挖掘流程（和 SASEM 或 SPSS Modeler 等商用数据挖掘软件的操作方式类似）。挖掘流程由一系列功能节点（node）组成，每个节点有输入/输出端口（port）
Orange	底层核心采用 C++ 编写，同时允许用户使用 Python 脚本语言来进行扩展开发。Orange 的控件对节点没有 KNIME 分得细，也就是说要完成同样的分析挖掘任务，Orange 里使用的控件数量比 KNIME 中的节点数少一些，但控制能力要比 KNIME 弱

3. 云端分析软件

在云平台上也提供了很多分析软件，典型软件见表 7-4。

表 7-4 云端分析软件特点对比

产品名称	功能	主要差异点
AWS Machine Learning	机器学习基本算法	完善的 Rest API 定义与文档
Azure ML Studio	机器学习基本算法	ML Studio 的建模环境不错，很多云端建模环境（如阿里 PAI）与之类似
IBM Analytics Server	SPSS Modeler Server 的大数据版本（基于 BigInsight）	SPSS Modeler 的用户社区

7.1.5 数据赋智数字孪生

模型、数据是数字孪生的根基，模型承载了传统以文本格式传递的信息和数据，数据是装备数字孪生实现闭环管理的核心。这些数据来自产品设计阶段（产品数字孪生）、产品生产阶段（生产数字孪生，零件、部件和整机的全部数据，包括是依据什么标准、哪台机器哪个时间生产的等）和设备使用阶段（设备数字孪生）。设备数字孪生的数据来自于 ERP、MES、设备的运行状态、流程、工艺，也包括环境数据，这些数据可以体现为数字模型，可以作为一个"权威真相源"，通过类似于数字线程供利益攸关者（或价值链）使用。通过对数据的获取，利用人工智能算法对其进行分析，使设备故障诊断、健康管理和效能优化实现智能化。

如图 7-9 所示，制造业数字孪生主要包括数据采集→数据传输→数据存储→数据处理→数据融合→数据可视化等技术。

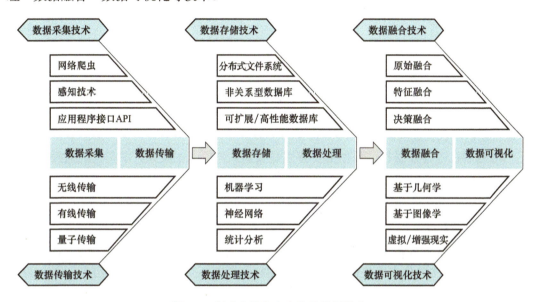

图 7-9 制造业数字孪生中的数据技术

7.2 数据采集

本节所讲的数据采集是指数字孪生体对物理实体的设备、流程、运行状况、工艺等数据的采集。工业数据的采集是利用泛在的感知技术对企业、工厂、车间的设备、人员、环境等多种要素进行采集，考虑到知识负荷问题，本节只是简要讲述对生产现场的设备层级的数据采集。

对于设备数字孪生，采集哪些数据与数字孪生系统实施目的有直接关系，比如数字孪生系统要完成故障诊断、预测性维护与优化设备性能，所采集的数据种类会有所差异。

日常生活中经常接触到数据采集工具有很多，如交通路口的探头、各种摄像头、麦克风等。数据采集是一种数据获取手段，是利用一种装置，从系统外部采集数据并输入到系统内部的一个接口，广泛应用在各个领域。

对于工业来讲，被采集数据为电信号的各种物理量，如温度、水位、风速、压力等，可以是模拟量，也可以是数字量。采集一般是采样方式，即隔一定时间（称采样周期）对同一点数据重复采集。采集的数据大多是瞬时值，也可以是某段时间内的一个特征值。准确的数据测量是数据采集的基础。数据测量方法有接触式和非接触式，检测元件多种多样。不论哪种方法和元件，均以不影响被测对象状态和测量环境为前提，以保证数据的正确性。数据采集含义很广,包括对面状连续物理量的采集。在计算机辅助制图、测图、设计中,对图形或图像数字化过程也可称为数据采集,此时被采集的是几何量(或包括物理量,如灰度)数据。

7.2.1 数据采集方式

数据采集包括设备接入、协议转换和边缘计算等,设备接入是基础,可以采用有线和无线两种方式。

1. 传感器

传感器是能感受到被测量的信息,并能将感受到的信息按一定规律变换成电信号或其他所需形式的信息输出,以满足信息的传输、处理、存储、显示、记录和控制等要求的检测装置,具有微型化、数字化、智能化、多功能化、系统化、网络化等特点,它是实现自动检测和自动控制的首要环节。

传感器在采集数据的过程中主要特性是其输入与输出的关系,其静态特性反映了传感器在被测量各个值处于稳定状态时的输入和输出关系,这意味着当输入为常量,或变化极慢时,这一关系就称为静态特性。

2. 控制器

工业现场的设备很多数据通过控制器采集,如PLC(可编程序控制器)、MCU(微控制单元)、DCS(分布式控制系统)、SCADA(数据采集与监视控制系统),控制器在依据设计的程序发出控制指令的同时,也同时兼具了接入设备的功能。

控制器集成了数字输入输出I/O单元、网络通信单元,以及针对特定应用的选配功能,如模拟量输入单元、模拟量输出单元、计数器单元、运动控制单元等,通过串口或以太网物理接口连接,然后基于现场总线、工业以太网或标准以太网完成数据采集协议的解析。

通用的控制器应用于数控机床、工业机器人、AGV等各种自动化装备的SCADA系统的通信管理机,有些自动化装备拥有专用控制器,采用不同的硬件架构如PowerPC、ARM Cortex等,基于通用控制器的设备接入,完成自动化装备自身数据、工艺过程数据采集。

3. 专用的数据采集模块

专用的数据采集模块包括数据采集卡和嵌入式数据采集系统,采集系统对象的物理信号,传感器将物理信号变换为电信号后,专用数据采集模块通过模拟电路的A/D模数转换器或数字电路将电信号转换为可读的数字量。

例如,风力发电机利用力传感器实现风机混凝土应力状态的实时在线监测,为风机混凝土基础承载力的评估提供依据,同时利用加速度传感器采集振动信号,在风力发电系统的运行过程中,实时在线监测振动状况并发送检测信息,根据检测信息有效控制风机运转状态,避免由于共振而造成的结构失效,并对超出幅度阈值的振动进行安全预警。

4. 射频识别技术

射频识别技术(Radio Frequency Identification,RFID)是自动识别技术的一种,通

过无线射频方式进行非接触双向数据通信,利用无线射频方式对记录媒体(电子标签或射频卡)进行读写,从而达到识别目标和数据交换的目的,其被认为是 21 世纪最具发展潜力的信息技术之一。

无线射频识别技术是通过无线电波不接触快速进行信息交换和存储的技术,通过无线通信结合数据访问技术,然后连接数据库系统,以实现非接触式的双向通信,从而达到了识别的目的,借助数据交换,串联起一个极其复杂的系统。在识别系统中,通过电磁波实现电子标签的读写与通信。根据通信距离,可分为近场和远场,为此读/写设备和电子标签之间的数据交换方式也对应地被分为负载调制和反向散射调制。

5. 智能产品和终端

智能产品和终端强调远程无线接入和移动属性。例如,通过运营商 4G/5G 蜂窝网络、Wi-Fi 等室内短距离通信,或者低功耗广域网无线连接上报数据。通过无线方式可以采集智能产品和终端的各种指标数据,如电量、信号强度、功耗、定位、嵌入式传感器数据等。

大部分智能产品和终端在产品定义时直接集成了无线通信能力,手机和可穿戴设备属于典型的例子。当前智能产品越来越丰富,万物互联时代,默认具备远程接入能力,对智能产品使用过程中的各种运行指标进行监测,分析采集的数据,可以指导研发团队更好地改进产品。

例如,具有移动属性的自动化装备,如 AGV 机器人在室内基于 Wi-Fi 自组网集群,实现 AGV 之间的通信,草皮收割机在户外作业时的远程监测和控制。有些产品终端本身不具备远程接入能力,可间接通过数传模块(Data Transfer Unit,DTU)或工业网关实现同样的效果。

7.2.2 数据采集的难点

工业数据采集与互联网数据、经济数据的采集有很大的差异。

1. 通信协议繁杂

目前,在制造业中常用的有 ModBus、OPC、CAN、ControlNet、Profibus、MQTT 等各种类型的通信协议,而且各个自动化设备生产及集成商还会自己开发各种私有的通信协议,导致在实现通信协议的互联互通时出现极大的难度。很多开发人员在工业现场实施综合自动化等项目时,遇到的最大问题即是面对众多的通信协议,无法有效地进行解析和采集数据。

2. 通信方式多样

由于历史原因,采集的数据往往会通过局域网、蓝牙、Wi-Fi、2.5G、3G、4G 等各种传输方式被传送到服务器中,导致各种通信方式并行存在,连接管理变得复杂。

3. 数据获取难度大

在实施大数据项目时,数据采集往往不是针对传感器或者 PLC,而是从已经完成部署的 DCS 或者是 PLC 的上位机系统获取。这些系统在部署时厂商水平参差不齐,系统是没有数据接口的，文档也大量缺失，大量的现场系统没有点表等基础设置数据，使得对于这部分数据采集的难度极大。

4. 时序性

数据是时序的，一定带有时间戳，联网的设备按照设定的周期，或受外部事件的触发，源源不断地产生数据，每个数据点是在哪个时间点产生的，这个时间对于数据的计算和分析十分重要，必须要记录。

5. 数据缺失

制造业数据分析常见的目的是故障诊断和预测性维护，但实际情况是一套设备在生命周期内出现故障的次数是很少的，而数据分析需要通过积累足够多的数据来描述故障出现前的运营数据的特征，这就需要建立一个足够准确的机理模型。

7.3 数据传输

本节所讨论的数据传输是指物理实体的设备、流程、运行状况、工艺等数据作为数据源向数字孪生体的传输。

数据传输是按照一定的规程，通过一条或者多条数据链路，将物理实体和环境作为数据源传输到数字孪生体，它的主要作用就是实现物理世界与虚拟世界的数据交换。一个好的数据传输方式可以提高数据传输的实时性和可靠性。

7.3.1 概述

数据传输在整个系统中处于重要的地位，相当于人体的神经给身体的各个部位传输信号，如何高效、准确、及时地传输数据是设计、集成一个数字孪生系统所要必须考虑的重要问题。

1. 简要介绍

数据传输是数据从一个地方传送到另一个地方的通信过程。数据传输系统通常由传输信道和信道两端的数据电路终接设备组成，在某些情况下，还包括信道两端的复用设备。传输信道可以是一条专用的通信信道，也可以由数据交换网、电话交换网或其他类型的交换网络来提供。数据传输系统的输入输出设备为终端或计算机，统称数据终端设备，它所发出的数据信息一般都是字母、数字和符号的组合，为了传送这些信息，需将每一个字母、数字或符号用二进制代码来表示。常用的二进制代码有国际五号码（IA5）、EBCDIC 码、国际电报二号码（ITA2）等。

2. 传输方式分类

数据信号的基本传输方式有三种：基带传输、频带传输和数字数据传输。

基带传输是基带数据信号（数据终端输出的未经调制变换的数据信号）直接在电缆信道上传输，基带传输可以理解为是不搬移基带数据信号频谱的传输方式。

频带传输是基带数据信号经过调制,将其频带搬移到相应的载频频带上再传输(频带传输时信道上传输的是模拟信号)。

数字数据传输是利用 PCM 信道传输数据信号,即利用 PCM30/32 路系统的某些时隙传输数据信号。

7.3.2 数据传输方式

数据传输方式是指数据在信道上传送所采取的方式。按数据代码传输的顺序可以分为并行传输和串行传输;按数据传输的同步方式可分为同步传输和异步传输;按数据传输的流向和时间关系可分为单工、半双工和全双工数据传输。

1. 并行传输

如图 7-10 所示,并行传输是将数据以成组的方式在两条以上的并行信道上同时传输。如果采用 7 单位代码字符(再加 1 位校验码)时可以用 8 条信道并行传输,另加一条"选通"线用来通知接收器,以指示各条信道上已出现某一字符的信息,可对各条信道上的电压进行取样。

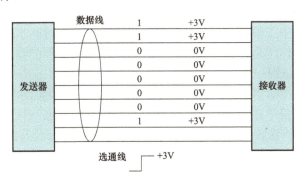

图 7-10 并行传输

并行传输的优点是不需要另外措施就实现了收发双方的字符同步。缺点是需要传输信道多,设备复杂,成本高。所以并行传输一般适用于计算机和其他高速数字系统内部,外线传输时特别适于在一些设备之间的距离较近时采用。

2. 串行传输

串行传输是数据码流以串行方式在一条信道上传输。在串行传输时,接收端如何从串行数据码流中正确地划分出发送的一个个字符所采取的措施称为字符同步。 传输的优点是易于实现,缺点是为解决收、发双方字符同步,需外加同步措施。通常在远距离传输时串行传输方式采用较多。

3. 异步传输

根据实现字符同步方式的不同,数据传输有异步传输和同步传输两种方式。异步传输是每次传送一个字符,各字符的位置不固定。为了在接收端区分每个字符,在发送每一个字符的前面均加上一个"起"信号,其长度规定为一个码元,极性为"0",后面均加一个"止"信号。对于国际电报 2 号码,"止"信号长度为 1.5 个码元,对于国际 5 号码或其他代码,"止"信号长度为 1 或 2 个码元,极性为"1"。

字符可以连续发送,也可以单独发送;不发送字符时,连续发送"止"信号。每一字符的起始时刻可以是任意的(这正是称为异步传输的含义),但在同一个字符内各码元长度相等。接收端可根据字符之间的从"止"信号到"起"信号的跳变("1"→"0")来检测识别一个新字符的"起"信号,从而正确地区分一个个字符。因此,这样的字符同步方法又称起止式同步。

异步传输的优点是实现字符同步比较简单,收发双方的时钟信号不需要精确的同步。缺点是每个字符增加了起、止的比特位,降低了信息传输效率,所以,常用于 1200bit/s 及其以下的低速数据传输。

4. 同步传输

同步传输是以固定时钟节拍来发送数据信号的,在串行数据码流中,各字符之间的相对位置都是固定的,因此不必对每个字符加"起"信号和"止"信号,只需在一串字符流前面加个起始字符,后面加一个终止字符,表示字符流的开始和结束。

同步传输有字符同步和帧同步有两种同步方式。同步传输一般采用帧同步,接收端要从收到的数据码流中正确区分发送的字符,必须建立位定时同步和帧同步。位定时同步又叫比特同步,其作用是使接收端的位定时时钟信号和收到的输入信号同步,以便从接收的信息流中正确识别一个个信号码元,产生接收数据序列。

同步传输与异步传输相比,在技术上要复杂(因为要实现位定时同步和帧同步),但它不需要对每一个字符单独加起、止码元作为识别字符的标志,只是在一串字符的前后加上标志序列,因此传输效率较高。通常用于速率为 2400bit/s 及其以上的数据传输。

5. 单工、半双工和全双工传输

如图 7-11 所示,根据实际需要数据通信可采用单工、半双工和全双工数据传输,通信一般总是双向的,有来有往,这里所谓单工、双工等,指的是数据传输的方向。

单工数据传输是两数据站之间只能沿一个指定的方向进行数据传输。如图 7-11a 所示,数据由 A 站传到 B 站,而 B 站至 A 站只传送联络信号,前者称为正向信道,后者称为反向信道。一般正向信道传输速率较高,反向信道传输速率较低。远程数据收集系统,如气象数据的收集,采用单工传输,因为在这种数据收集系统中,大量数据只需要从一端送到另一端,而另外需要少量联络信号(也是一种数据)通过反向信道传输。

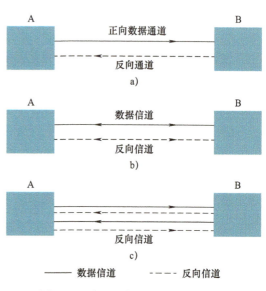

图 7-11 单工、半双工和全双工传输

a) 单工传输 b) 半双工传输 c) 全双工传输

半双工数据传输是两数据站之间可以在两个方向上进行数据传输,但不能同时进行。问询、检索、科学计算等数据通信系统适用于半双工数据传输。

全双工数据传输是在两数据站之间,可以在两个方向上同时进行传输,适用于计算机之间的高速数据通信系统。通常四线线路实现全双工数据传输;二线线路实现单工或半双工数据传输,在采用频率复用、时分复用或回波抵消技术时,二线线路也可实现全双工数据传输。

7.3.3 数据交换方式

数据交互的方式主要包括 socket 方式、FTP/ 文件共享服务器方式、数据库共享数据方式以及 message 方式等几种。

1. socket

socket 方式是比较简单的交互方式,服务器提供服务,通过 IP 地址和端口进行服务访问。客户机通过连接服务器指定的端口进行消息交互。常用的 http 调用、JAVA 远程调用、webserivces 都是采用的这种方式。不同的是传输协议及报文格式不同。socket 方式具有易于编程、容易控制权限、通用性比较强的优点。

2. FTP/ 文件共享服务器

如图 7-12 所示,FTP/ 文件共享服务器方式适合对于大数据量的交互。系统 A 和系统 B 约定文件服务器地址、文件命名规则、文件内容格式等内容,通过上传文件到文件服务器进行数据交互。地方不动产登记信息平台接入部平台进行登记信息上报,采用的就是这种方式。

最典型的应用场景是批量处理数据。例如系统 A 把 12 点之前

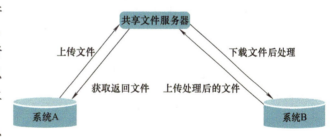

图 7-12 FTP/ 文件共享服务器

把要处理的数据生成到一个文件,系统 B 第二天凌晨 1 点进行处理,处理完成之后,把处理结果生成到一个文件,系统 A 对 12 点再进行结果处理。这种状况经常发生在 A 是事物处理型系统,对响应要求比较高,不适合做数据分析型的工作,而系统 B 是后台系统,对处理能力要求比较高,适合做批量任务系统。这种方式在数据量大的情况下,可以通过文件传输,不会超时,不占用网络带宽。同时,方便简单,避免了网络传输。

3. 数据库共享数据

数据库共享数据方式指系统 A 和系统 B 通过连接同一个数据库服务器的同一张表进行数据交换。当系统 A 提供数据,请求系统 B 进行处理时,系统 A 使用 Insert 语句向共享表插入数据,系统 B 通过数据库 trigger 触发或者数据库镜像等策略,自动读取数据进行处理,保证了数据的一致性。

这种方式相比文件方式传输来说,因为使用同一个数据库,交互更加简单。而且,

交互方式比较灵活,通过数据库的事务机制,还可以做成可靠性的数据交换。但是存在一定缺陷,由于数据库的连接池是有限的,导致每个系统分配到的连接不会很多,当连接 B 的系统越来越多的时候,可能导致无可用的数据库连接;一般情况下,来自两个不同公司的系统,不太会开放自己的数据库给对方连接,因为这样会有安全性影响。

4. message

message 方式是指系统 A 和系统 B 通过一个消息服务器进行数据交换。系统 A 发送消息到消息服务器,如果系统 B 订阅系统 A 发送过来的消息,消息服务器会将消息推送给 B。双方约定消息格式即可。Java 消息服务(Java Message Service,JMS)是 message 数据传输的典型实现方式。目前市场上有很多开源的 JMS 消息中间件,如 ActiveMQ、OpenJMS 等。

这种方式由于 JMS 定义了规范,有很多开源的消息中间件可以选择,而且比较通用。接入起来相对也比较简单。同时,通过消息方式比较灵活,可以采取同步,异步,可靠性的消息处理,消息中间件也可以独立出来部署。但是在大数据量的情况下,消息可能会产生积压,导致消息延迟,消息丢失,甚至消息中间件崩溃。

7.4 数据存储

数字孪生体采集物理实体及环境数据,依据通信协议进行数据传输,在数字孪生体的"后台"需要将这些数据存储,用于数据分析。数据存储对象包括数据流在加工过程中产生的临时文件或加工过程中需要查找的信息,以某种格式记录在计算机内部或外部存储介质上。数据存储反映系统中静止的数据,表现出静态数据的特征。

由于数字孪生数据量大,数据异构性高,数据存储离不开数据库技术。本章案例数据存储采用的是关系型数据库,对其进行简要的讲述。

7.4.1 概述

数据库是"按照数据结构来组织、存储和管理数据的仓库"。是一个长期存储在计算机内的、有组织的、可共享的、统一管理的大量数据的集合。数据库是一个按数据结构来存储和管理数据的计算机软件系统,这包括两个层次的含义,第一,数据库是一个实体,它是能够合理保管数据的"仓库",用户在该"仓库"中存放要管理的事务数据,"数据"和"库"两个概念结合成为数据库;第二,数据库是数据管理的新方法和技术,它能更合适的组织数据、更方便的维护数据、更严密的控制数据和更有效的利用数据。

数据库是存放数据的仓库。它的存储空间很大,可以存放百万条、千万条、上亿条数据。但是数据库并不是随意地将数据进行存放,是有一定的规则的,否则查询的效率会很低。当今世界是一个充满着数据的互联网世界,充斥着大量的数据。即这个互联网世界就是数据世界。数据的来源有很多,比如出行记录、消费记录、浏览的网页、发送的消息等。除了文本类型的数据,图像、音乐、声音都是数据。

1. 数据库的类型

数据库有多种分类,一般分为关系型数据库、非关系型数据库、分布式数据库。

（1）关系型数据库（RDB）

关系型数据库存储的格式可以直观地反映实体间的关系。关系型数据库和常见的表格比较相似，关系型数据库中表与表之间有很多复杂的关联关系。常见的关系型数据库有 Mysql、SqlServer 等。在轻量或者小型的应用中，使用不同的关系型数据库对系统的性能影响不大，但是在构建大型应用时，需要根据应用的业务需求和性能需求，选择合适的关系型数据库。

（2）非关系型数据库（NoSQL）

非关系型数据库是分布式的、非关系型的、不保证遵循 ACID 原则的数据存储系统。NoSQL 数据库技术与 CAP 理论、一致性哈希算法有密切关系。所谓 CAP 理论，简单来说就是一个分布式系统不可能满足可用性、一致性与分区容错性这三个要求，一次性满足两种要求是该系统的上限。而一致性哈希算法则指的是 NoSQL 数据库在应用过程中，为满足工作需求而在通常情况下产生的一种数据算法，该算法能有效解决工作方面的诸多问题但也存在弊端，即工作完成质量会随着节点的变化而产生波动，当节点过多时，相关工作结果就无法那么准确。这一问题使整个系统的工作效率受到影响，导致整个数据库系统的数据乱码与出错率大大提高，甚至会出现数据节点的内容迁移，产生错误的代码信息。但尽管如此，NoSQL 数据库技术还是具有非常明显的应用优势，如数据库结构相对简单，在大数据量下的读写性能好；能满足随时存储自定义数据格式需求，非常适用于大数据处理工作。

NoSQL 数据库适合追求速度和可扩展性、业务多变的应用场景。对于非结构化数据的处理更合适，如文章、评论，这些数据如全文搜索、机器学习通常只用于模糊处理，并不需要像结构化数据一样，进行精确查询，而且这类数据的数据规模往往是海量的，数据规模的增长往往也是不可能预期的，而 NoSQL 数据库的扩展能力几乎也是无限的，所以 NoSQL 数据库可以很好地满足这一类数据的存储。NoSQL 数据库利用 key-value 可以获取大量的非结构化数据，并且数据的获取效率很高，但用它查询结构化数据效果就比较差。

（3）分布式数据库（DDB）

所谓的分布式数据库技术，就是结合了数据库技术与分布式技术的一种结合。具体指的是把那些在地理意义上分散开的各个数据库节点、但在计算机系统逻辑上又是属于同一个系统的数据结合起来的一种数据库技术。既有着数据库间的协调性也有着数据的分布性。这个系统并不注重系统的集中控制，而是注重每个数据库节点的自治性，此外为了让程序员能够在编写程序时可以减轻工作量以及系统出错的可能性，一般都是完全不考虑数据的分布情况，这样的结果就使得系统数据的分布情况一直保持着透明性。

2. 关系型数据库与非关系型数据库的区别

二者在存储方式、存取结构、存储规范、扩展方式、查询方式、规范化、读写性能和授权方式等诸多方面都有所区别。

3. 数据库的发展现状

在数据库的发展历史上，数据库先后经历了层次数据库、网状数据库和关系型数据库等各个阶段的发展，数据库技术在各个方面快速地发展，特别是关系型数据库已经成为目前数据库产品中最重要的一员，20 世纪 80 年代以来，几乎所有的数据库厂商新出的数据库产品都支持关系型数据库，即使一些非关系数据库产品也几乎都有支持关系型数据库的接口。这主要是传统的关系型数据库可以比较好地解决管理和存储关系型数据的问题。

随着云计算的发展和大数据时代的到来，关系型数据库越来越无法满足需要，这主要是由于越来越多的半关系型和非关系型数据需要用数据库进行存储管理，与此同时，分布式技术等新技术的出现也对数据库的技术提出了新的要求，于是越来越多的非关系型数据库开始出现，这类数据库与传统的关系型数据库在设计和数据结构有了很大的不同，它们更强调数据库数据的高并发读写和存储大数据，这类数据库一般被称为 NoSQL（Not only SQL）数据库。而传统的关系型数据库在一些传统领域依然保持了强大的生命力。

7.4.2　关系型数据库

关系型数据库以行和列的形式存储数据，以便于用户理解，关系型数据库这一系列的行和列被称为表，一组表组成了数据库。用户通过查询来检索数据库中的数据，而查询是一个用于限定数据库中某些区域的执行代码。关系模型可以简单理解为二维表格模型，而关系型数据库就是由二维表及其之间的关系组成的数据组织。

1. 特点

（1）存储方式

传统的关系型数据库采用表格的储存方式，数据以行和列的方式进行存储，要读取和查询都十分方便。

（2）存储结构

关系型数据库按照结构化的方式存储数据，每个数据表都必须预先定义好各个字段（即定义好表的结构），再根据表的结构存入数据，这样做的好处就是由于数据的形式和内容在存入数据之前就已经定义好了，所以整个数据表的可靠性和稳定性都比较高，但带来的问题就是一旦存入数据后，如果需要修改数据表的结构就会十分困难。

（3）存储规范

为了规范化数据、避免数据重复以及充分利用好存储空间，关系型数据库把数据按照最小关系表的形式进行存储，这样数据管理就可以变得很清晰、一目了然，当然这主要是一张数据表的情况。如果是多张表情况就不一样了，当数据涉及多张数据表时，数据表之间存在着复杂的关系，随着数据表数量的增加，数据管理会越来越复杂。

（4）扩展方式

由于关系型数据库将数据存储在数据表中，数据操作的瓶颈出现在多张数据表的操作中，而且数据表越多这个问题越严重，如果要缓解这个问题，只能提高处理能力，也就是选择性能更高的计算机，这样的方法虽然可以有一定的拓展空间，但这样的拓展空间非常有限，也就是关系型数据库只具备纵向扩展能力。

（5）查询方式

关系型数据库采用结构化查询语言（即 SQL）来对数据库进行查询，SQL 早已获得了各个数据库厂商的支持,成为数据库行业的标准,它能够支持数据库的增加、查询、更新、删除等操作,具有非常强大的功能,SQL 可以采用类似索引的方法来加快查询操作。

(6) 规范化

在数据库的设计开发过程中,开发人员经常需要对一个或者多个数据实体(包括数组、列表和嵌套数据)进行操作,在关系型数据库中,一个数据实体一般首先要分割成多个部分,然后再对分割的部分进行规范化,然后分别存入多张关系型数据表中,这是一个复杂的过程。好消息是随着软件技术的发展,相当多的软件开发平台都提供一些简单的解决方法,例如,可以利用 ORM(对象关系映射)层来将数据库中对象模型映射到基于 SQL 的关系型数据库中,以及进行不同类型系统的数据之间的转换。

(7) 事务性

关系型数据库强调 ACID 原则,即原子性(Atomicity)、一致性(Consistency)、隔离性(Isolation)和持久性(Durability),可以满足对事务性要求较高或者需要进行复杂数据查询的数据操作,而且可以充分满足数据库操作的高性能和操作稳定性的要求。并且关系型数据库十分强调数据的强一致性,对于事务的操作有很好的支持。关系型数据库可以控制事务原子性细粒度,并且一旦操作有误或者有需要,可以马上回滚事务。

(8) 读写性能

关系型数据库十分强调数据的一致性,并为降低读写性能付出了巨大的代价,虽然关系型数据库存储数据和处理数据的可靠性很不错,但一旦面对海量数据的处理,效率就会变得很差,特别是遇到高并发读写的时候性能会显著下降。

(9) 授权方式

关系型数据库常见的有 Oracle、SQL Server、DB2、MySQL,除了 MySQL 之外大多数的关系型数据库都需要支付一笔价格高昂的使用费用,即使是免费的 MySQL 性能也受到诸多的限制。

2. 设计原则

在关系型数据库的设计过程中,要遵循以下几个原则,借此可以提高数据库的存储效率、数据完整性和可扩展性。

(1) 命名规范化

在概念模型设计中,对于出现的实体、属性及相关表的结构要统一。例如,在数据库设计中,指定学生 Student,专指本科生,相关的属性有:学号、姓名、性别、出生年月等,每个属性的类型、长度、取值范围等都要进行确定,这样就能保证在命名时不会出现同名异义或异名同义、属性特征及结构冲突等问题。

(2) 数据的一致性和完整性

在关系型数据库中可以采用域完整性、实体完整性和参照完整性等约束条件来满足其数据的一致性和完整性,用 check、default、null、主键和外键约束来实现。

(3) 数据冗余

数据库中的数据应尽量减少冗余,这意味着重复数据应尽量减少。例如,若一个部门职员的电话存储在不同的表中,假设该职员的电话号码发生变化时,冗余数据的存在就要求对多个表进行更新操作,若某个表不幸被忽略了,那么就会造成数据不一致的情况。所以在数据库设计中一定要尽可能减少冗余。

（4）范式理论

在关系数据库设计时，一般是通过设计满足某一范式来获得一个好的数据库模式，通常认为 3NF 在性能、扩展性和数据完整性方面达到了最好的平衡，因此，一般数据库设计要求达到 3NF，消除数据依赖中不合理的部分，最终实现使一个关系仅描述一个实体或者实体间一种联系的目的。

3. 设计步骤

关系型数据库设计的过程可大体分为 4 个时期 7 个阶段。

（1）需求分析时期

主要是了解和分析对数据的功能需求和应用需求，是整个设计过程的基础，事关整个数据库应用系统设计的成败。

（2）数据库设计时期

主要是将需求进行综合、归纳与抽象，形成一个独立于具体 DBMS 的数据模型，可用实体—联系模型来表示，然后将其转换为已选好的关系型数据库管理系统 RDBMS 所支持的一组关系模式并为其选取一个适合应用环境的物理结构，包括存储结构和存取方法。

（3）数据库实现时期

包括数据库结构创建阶段和应用行为设计与实现阶段，是根据数据库的物理模型创建数据库、创建表、创建索引、创建聚簇等。

（4）数据库运行与维护阶时期

数据库应用系统经过试运行后即可投入正式运行。

4. 标准 SQL 语句

关系型数据库有很多，但是大多数都遵循 SQL（结构化查询语言，Structured Query Language）标准。常见的操作有查询、新增、更新、删除、去重、排序等。

（1）查询语句

SELECT param FROM table WHERE condition，该语句可以理解为从 table 中查询出满足 condition 条件的字段 param。

（2）新增语句

INSERT INTO table（param1，param2，param3）VALUES（value1，value2，value3），该语句可以理解为向 table 中的 param1，param2，param3 字段中分别插入 value1，value2，value3。

（3）更新语句

UPDATE table SET param=new_value WHERE condition，该语句可以理解为将满足 condition 条件的字段 param 更新为 new_value 值。

（4）删除语句

DELETE FROM table WHERE condition，该语句可以理解为将满足 condition 条件的数据全部删除。

(5) 去重查询

SELECT DISTINCT param FROM table WHERE condition，该语句可以理解为从表 table 中查询出满足条件 condition 的字段 param，但是 param 中重复的值只能出现一次。

(6) 排序查询

SELECT param FROM table WHERE condition ORDER BY param1，该语句可以理解为从表 table 中查询出满足 condition 条件的 param，并且要按照 param1 升序的顺序进行排序。

总体来说，数据库的 SELECT、INSERT、UPDATE、DELETE 对应了常用的增、删、改、查四种操作。

7.4.3 常用关系型数据库

主流的关系型数据库有 Oracle、DB2、MySQL、Microsoft SQL Server、Microsoft Access 等多个品种，每种数据库的语法、功能和特性也各具特色。

1. Oracle 数据库

Oracle 由甲骨文公司开发，并于 1989 年正式进入中国市场。虽然当时的 Oracle 尚名不见经传，但通过多年的发展积聚了众多领先性的数据库系统开发经验，在集群技术、高可用性、安全性、系统管理等方面都取得了较好的成绩。Oracle 产品除了数据库系统外，还有应用系统、开发工具等。在数据库可操作平台上，Oracle 可在所有主流平台上运行，因而可通过运行于较高稳定性的操作系统平台，提高整个数据库系统的稳定性。

2. MySQL 数据库

MySQL 是一种开放源代码的关系型数据库管理系统（RDBMS），可以使用最常用结构化查询语言进行数据库操作。也因为其开源的特性，可以在 General Public License 的许可下下载并根据个性化的需要对其进行修改。MySQL 数据库因其体积小、速度快、总体拥有成本低而受到中小企业的热捧，虽然其功能的多样性和性能的稳定性差强人意，但是在不需要大规模事务化处理的情况下，MySQL 也是管理数据内容好的选择之一。

3. Microsoft SQL Server 数据库

SQL Server 最初是由 Microsoft、Sybase 和 Ashton-Tate 三家公司共同开发，于 1988 年推出了第一个操作系统版本。在 Windows NT 推出后，Microsoft 将 SQL Server 移植到 Windows NT 系统上，因而 SQL Server 数据库伴随着 Windows 操作系统发展壮大，其用户界面的友好和部署的简捷，都与其运行平台息息相关，通过 Microsoft 的不断推广，SQL Server 数据库的占有率随着 Windows 操作系统的推广不断攀升。

7.5 数据分析

在完成了数据采集、传输、存储之后，需要根据数字孪生系统实施的目的对数据进行分析，没有数据分析，数据的采集、传输、存储则毫无意义。根据实施目的的不同，数据分析所采用的算法或使用的工业软件也不同。

本书所依赖的情景是一套智能分拣系统的数字孪生系统，属于工业中的装备制造业，所以本节所讲述的数据分析，属于工业大数据分析范畴。

数据分析是利用统计学分析、机器学习、信号处理等技术手段，结合业务知识对工业过程中产生的数据进行处理、计算、分析并提取其中有价值的信息和规律的过程。大数据分析工作应本着需求牵引、技术驱动的原则开展。在实际操作过程中，要以明确需求为前提，以数据现状为基础，以业务价值为标尺，以分析技术为手段，针对特定的业务问题，制定个性化的数据分析解决方案。

7.5.1 概述

如图 7-13 所示，数据分析涉及工业自动化、工业工程、计算科学、统计学、机器学习等多个领域，体现为多种技术或学科的交叉和深度融合。

1. 数据分析的价值

对于装备制造业数字孪生中的数据分析，其根本目的是为企业创造价值。制造业按照 IEC 62264 国际标准分为现场设备→控制设备→车间→工厂→企业 5 个层级，工业 4.0 参考框架模型（RAMI4.0）中，在 5 个层级的底部加上"产品"，在顶部加上"互联互通"，实现从产品设计、生产一直到价值链之间的相互协作。数据分析贯穿于这条价值链。

（1）设备层级

设备层级所对应的是设备数字孪生，飞机、船舶、机床、发动机等都属于设备，数字孪生实施的目的是提高设备的性能和减少消耗，故障诊断、预测性维护、提高设备的性能都是基于数据，需要对设备状况、流程、工艺和环境数据进行分析。本书所讲述的案例属于这个层级。

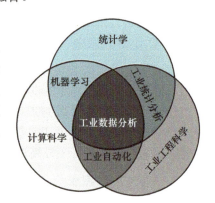

图 7-13 数据分析多领域交叉示意图

（2）车间层级

这个层级所对应的是数字孪生车间，包括设备层级、生产过程、材料与能源等诸多的数据。

（3）企业层级

这个层级对应的是数字孪生企业，包括产品研发、市场营销、订单处理、生产调度、生产控制、材料和能源采购、生产成本等方面的数据分析。

2. 数据分析的类型

根据数字孪生系统不同的实施目的，数据分析可以分为以下不同的类型。

（1）描述性分析

描述性分析用来回答"发生了什么"、体现的"是什么"知识。例如，企业的周报、月报、季报、年报等，就是典型的描述型分析。描述型分析一般通过计算数据的各种统计特征，把各种数据以易于人们理解的可视化方式表达出来。

(2)诊断型分析

诊断型分析用来回答"为什么会发生这样的事情"。针对生产、销售、管理、设备运行等过程中出现的问题和异常情况,找出导致问题的原因所在,诊断分析的关键是剔除非本质的随机关联和各种假象。

(3)预测型分析

预测型分析用来回答"将要发生什么"。针对生产、经营中的各种问题,根据现在可见的因素,预测未来可能发生的结果。

(4)处方型(指导型)分析

处方型分析用来回答"怎么办"的问题。针对已经和将要发生的问题,制订适当的行动方案,有效地解决存在的问题或把工作做得更好。

上述 4 种类型难度是依次递增的,描述型分析的目标只是便于人们理解;诊断型分析有明确的目标和对错;预测型分析不仅有明确的目标和对错,还要区分因果关系;而处方型分析往往要进一步与实施手段和流程的创新相结合。

同一个目标可以有不同的实现路径,还可以转化成不同的数学问题。例如,处方型分析可以用回归、聚类等多种方法来实现。每种方法所采用的变量可以不同,故而得到的知识也不一样,这就要求对实际的业务问题有深刻的理解,并采用合适的数理逻辑关系描述。

7.5.2 数据分析框架

跨行业数据挖掘标准流程(Cross-Industry Standard Process for Data Mining,CRISP-DM)是一种广泛用于数据挖掘分析的方法框架,2014 年数据统计表明,其采用量达到 43%。1999 年欧盟机构联合起草,通过近几年的发展,CRISP-DM 模型在各种 KDD(Knowledge Discovery in Database)过程模型中占据领先地位,已经成为目前的事实标准。

CRISP-DM 模型分为业务理解、数据理解、数据准备、模型构建、模型评估和模型部署 6 个阶段,如图 7-14 所示。

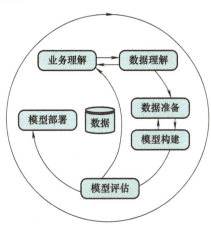

图 7-14 CRISP-DM 模型

1. 业务理解

在业务理解阶段，首先确定业务目标，发现影响结果的重要因素，从商业角度描绘客户的首要目标。随后评估形势，查找所有的资源、局限、设想以及在确定数据分析目标和项目方案时考虑到的各种其他的因素，包括风险和意外、相关术语、成本和收益等，接下来确定数据挖掘的目标，并据此制订项目计划。

2. 数据理解

在数据理解阶段，首先要进行数据的收集工作，随后就是熟悉数据的工作，具体如：检测数据的量，对数据有初步的理解，探测数据中比较有趣的数据子集，进而形成对潜在信息的假设。在原始数据的基础上，对数据进行装载，描绘数据，并且探索数据特征，进行简单的特征统计，检验数据的质量，包括数据的完整性和正确性、缺失值的填补等。

3. 数据准备

数据准备阶段涵盖了从原始粗糙数据中构建最终数据集（将作为建模工具的分析对象）的全部工作。数据准备工作有可能被实施多次，而且其实施顺序并不是预先规定好的。这一阶段的任务主要包括：制表、记录、数据变量的选择和转换，以及为适应建模工具而进行的数据清理等。

根据与挖掘目标的相关性、数据质量以及技术限制，选择作为分析使用的数据，并进一步对数据进行清洗和转换，构造衍生变量、整合数据，并根据工具的要求格式化数据。

4. 模型构建

在这一阶段，各种各样的建模方法将被加以选择和使用，通过建造、评估，将模型参数校准为最为理想的值。比较典型的是，对于同一个数据挖掘的问题类型，可以有多种方法选择使用。如果有多重技术要使用，那么在这一任务中，对于每一个要使用的技术要分别对待。一些建模方法对数据的形式有具体的要求，因此，在这一阶段，重新回到数据准备阶段执行某些任务有时是非常必要的。

5. 模型评估

从数据分析的角度考虑，在这一阶段中，已经建立了一个或多个高质量的模型。但在进行最终的模型部署之前，需要更加彻底的评估模型，回顾在构建模型过程中所执行的每一个步骤，这是非常重要的，这样可以确保这些模型达到了企业的目标。一个关键的评价指标就是看是否仍然有一些重要的企业问题没有被充分地加以注意和考虑。在这一阶段结束时，有关数据挖掘结果的使用应达成一致的决定。

6. 模型部署

模型的建立并不是项目的结尾，通常需要以业务应用的形式发布和部署模型。即使建模仅是为了增加对数据的了解，所获得的洞察通常也需要以一种客户能够理解的方式呈现出来。

如图7-15所示，CRISP-DM对每个阶段的执行内容进行了细化。

第 7 章 数字孪生数据

图 7-15 CRISP-DM 每个阶段的执行内容

7.5.3 机器学习

机器学习是一门多领域交叉学科，涉及概率论、统计学、逼近论、凸分析、算法复杂度理论等多门学科。专门研究计算机怎样模拟或实现人类的学习行为，以获取新的知识或技能，重新组织已有的知识结构使之不断改善自身的性能，机器学习是人工智能的核心，是使计算机具有智能的根本途径。

1. 定义及分类

机器学习是一门多学科交叉专业，涵盖概率论知识，统计学知识，近似理论知识和复杂算法知识，使用计算机作为工具并致力于真实、实时地模拟人类学习方式，并将现有内容进行知识结构划分来有效提高学习效率。

（1）机器学习的定义

机器学习有三种定义：

- 机器学习是一门人工智能的科学，该领域的主要研究对象是人工智能，特别是如何在经验学习中改善具体算法的性能。
- 机器学习是对能通过经验自动改进的计算机算法的研究。
- 机器学习是用数据或以往的经验，以此优化计算机程序的性能标准。

（2）机器学习的分类

机器学习根据强调侧面的不同有多种分类方法，包括基于学习策略的分类、基于学习方法的分类、基于学习方式的分类、基于数据形式的分类和基于学习目标的分类。本节重点介绍基于数据形式的分类：

- 结构化学习：以结构化数据为输入，以数值计算或符号推演为方法。典型的结构化学习有神经网络学习、统计学习、决策树学习、规则学习。

- 非结构化学习：以非结构化数据为输入，典型的非结构化学习有类比学习、案例学习、解释学习、文本挖掘、图像挖掘、Web 挖掘等。

2. 大数据环境下机器学习的研究现状

大数据的价值体现主要集中在数据的转向以及数据的信息处理能力等。在产业发展的今天，大数据时代的到来，对数据的转换、处理、存储等带来了更好的技术支撑，产业升级和新产业诞生形成了一种推动力量，让大数据能够针对可发现事物的程序进行自动规划，实现人类用户与计算机信息之间的协调。

现有的许多机器学习方法是建立在内存理论基础上的。大数据还无法装载进计算机内存的情况下，是无法进行诸多算法处理的，因此应提出新的机器学习算法，以适应大数据处理的需要。大数据环境下的机器学习算法，依据一定的性能标准，对学习结果的重要程度可以予以忽视。采用分布式和并行计算的方式进行分治策略的实施，可以规避掉噪声数据和冗余带来的干扰，降低存储耗费，同时提高学习算法的运行效率。

随着大数据时代各行业对数据分析需求的持续增加，通过机器学习高效地获取知识，已逐渐成为当今机器学习技术发展的主要推动力。大数据时代的机器学习更强调"学习本身是手段"，机器学习成为一种支持和服务技术。如何基于机器学习对复杂多样的数据进行深层次的分析，更高效地利用信息成为当前大数据环境下机器学习研究的主要方向。所以，机器学习越来越朝着智能数据分析的方向发展，并已成为智能数据分析技术的一个重要源泉。

在大数据时代，随着数据产生速度的持续加快，数据的体量有了前所未有的增长，数据种类也在不断涌现，如文本的理解、文本情感的分析、图像的检索和理解、图形和网络数据的分析等。使得大数据机器学习和数据挖掘等智能计算技术在大数据智能化分析处理应用中具有极其重要的作用。

3. 机器学习的常见算法

机器学习有很多算法，如线性回归模型、神经网络、决策树、隐马尔可夫模型等，每种算法各有侧重和应用范围。

（1）决策树算法

决策树及其变种是一类将输入空间分成不同的区域，每个区域有独立参数的算法。决策树算法充分利用了树形模型，根节点到一个叶子节点是一条分类的路径规则，每个叶子节点象征一个判断类别。先将样本分成不同的子集，再进行分割递推，直至每个子集得到同类型的样本，从根节点开始测试，到子树再到叶子节点，即可得出预测类别。此方法的特点是结构简单、处理数据效率较高。

（2）朴素贝叶斯算法

朴素贝叶斯算法是一种分类算法，不是单一算法，而是一系列算法，它们都有一个共同的原则，即被分类的每个特征都与任何其他特征的值无关。朴素贝叶斯分类器认为这些"特征"中的每一个都独立地贡献概率，而不论特征之间的任何相关性。然而，特征并不总是独立的，这通常被视为朴素贝叶斯算法的缺点。朴素贝叶斯算法允许使用概率给出一组特征来预测一个类，与其他常见的分类方法相比，朴素贝叶斯算法需要的训练很少。在进行预测之前必须完成的唯一工作是找到特征的个体概率分布的参数，这通常可以快速且确定地完成。这意味着即使对于高维数据点或大量数据点，朴素贝叶斯分类器也可以表现良好。

（3）支持向量机算法

这种算法先利用一种非线性的变换将空间高维化，然后在新的复杂空间取最优线性分类表面。由此种方式获得的分类函数在形式上类似于神经网络算法。支持向量机是统计学习领域中一个代表性算法，但它与传统方式的思维方法不同，是通过输入空间、提高维度从而将问题简化，使问题转化为线性可分的经典解问题。支持向量机广泛应用于垃圾邮件识别、人脸识别等多种分类问题。

（4）随机森林算法

控制数据树生成的方式有多种，根据前人的经验，大多数时候更倾向选择分裂属性和剪枝，但这并不能解决所有问题，偶尔会遇到噪声或分裂属性过多的问题。基于这种情况，总结每次的结果可以得到袋外数据的估计误差，将它和测试样本的估计误差相结合可以评估组合树学习器的拟合及预测精度。此方法的优点有很多，可以产生高精度的分类器，并能够处理大量的变数，也可以平衡分类资料集之间的误差。

（5）人工神经网络算法

人工神经网络与神经元组成的异常复杂的网络大体相似，是个体单元互相连接而成的，每个单元有数值量的输入和输出，形式可以为实数或线性组合函数。它先要以一种学习准则去学习，然后才能进行工作。当网络判断错误时，通过学习使其减少犯同样错误的可能性。此方法有很强的泛化能力和非线性映射能力，可以对信息量少的系统进行模型处理。从功能模拟角度看，人工神经网络具有并行性，且传递信息速度极快。

（6）Boosting 与 Bagging 算法

Boosting 是一种通用的增强基础算法性能的回归分析算法。它不需构造一个高精度的回归分析，而是从一个粗糙的基础算法开始，通过反复调整基础算法来得到一个较好的组合回归模型。它可以将弱学习算法提高为强学习算法，可以应用到其他基础回归算法，如线性回归、神经网络等，来提高精度。

Bagging 和 Boosting 算法大体相似但又略有差别，主要思想是给出已知的弱学习算法和训练集，通过多轮计算得到一系列预测函数列，最后采用投票方式对示例进行判别。

（7）关联规则算法

关联规则算法是用规则去描述两个变量或多个变量之间的关系，是客观反映数据本身性质的方法。它是机器学习的一大类任务，可分为两个阶段：首先从资料集中找到高频项目组，再去研究它们的关联规则。其得到的分析结果即是对变量间规律的总结。

（8）期望最大化算法

EM（期望最大化）算法在进行机器学习的过程中需要用到极大似然估计等参数估计方法，在有潜在变量的情况下，通常选择 EM 算法，不是直接对函数对象进行极大估计，而是添加一些数据进行简化计算，再进行极大化模拟。它是对本身受限制或比较难直接处理的数据所采用的一种极大似然估计算法。

(9)深度学习

深度学习是机器学习领域中一个新的研究方向,它被引入机器学习使其更接近于最初的目标——人工智能(AI,Artificial Intelligence)。深度学习是学习样本数据的内在规律和表示层次,这些学习过程中获得的信息对诸如文字、图像和声音等数据的解释有很大的帮助。它的最终目标是让机器能够像人一样具有分析学习能力,能够识别文字、图像和声音等数据。深度学习是一种复杂的机器学习算法,其在语音和图像识别方面取得的效果,远远超过先前相关技术。

深度学习在搜索技术、数据挖掘、机器学习、机器翻译、自然语言处理、多媒体学习、语音、推荐和个性化技术以及其他相关领域都取得了显著成果。深度学习使机器能够模仿视听和思考等人类的活动,解决了很多复杂的模式识别难题,极大地推动了人工智能相关技术的进步。

4. 机器学习的应用

机器学习应用广泛,无论是在军事领域还是民用领域,都有机器学习算法施展的机会。

(1)数据分析与挖掘

数据分析与挖掘技术是机器学习算法和数据存取技术的结合,利用机器学习提供的统计分析、知识发现等手段分析海量数据,同时利用数据存取机制实现数据的高效读写。

(2)模式识别

模式识别起源于工程领域,而机器学习起源于计算机科学,这两个不同学科的结合给模式识别领域带来了调整和发展。

(3)生物信息学

随着基因组和其他测序项目的不断发展,生物信息学研究的重点正逐步从积累数据转移到如何解释这些数据。在未来,生物学的新发现将更多地依赖于在多个维度和不同尺度下对多样化的数据进行组合和关联的分析能力,而不仅仅依赖于对传统领域的继续关注。

(4)更广阔的领域

IT巨头正在深入研究和应用机器学习,将目标定位于全面模仿人类大脑,试图创造出拥有人类智慧的机器大脑。这一领域的应用和研究将不断扩展,为机器学习带来更多的发展机遇。

7.6 预测性维护的工程实践

预测性维护在数字孪生系统设计架构中(见图7-1),属于设备数字孪生的系统运行阶段。预测性维护的实现是基于数据和各种算法(如机器学习),内容涉及本章前几节所讲述的业务理解(7.5.2节,CRISP-DM方法论)、数据采集、数据传输、数据储存、数据分析,本节是上述内容的工程实践。

根据数字孪生用于预测性维护的需要,将图7-1中数字孪生系统设计架构(系统运行阶段)"具体化"为执行路径,制定预测性维护流程图,如图7-16所示。

数字孪生体采集物理实体(智能分拣系统)的设备运行数据,数据通过OPC方式进

第 7 章 数字孪生数据

行传输，数据存储于关系型数据库中，使用 OCSVM（单分类算法，7.6.4 节中将进行介绍）算法进行数据分析，对系统即将发生的故障预警。采取对应的手段进行故障处理或安排维修计划，维修完毕后重新启动以恢复正常的生产和数据采集作业。

预测性维护采用的是针对所监测参数的运行趋势，而不是基于可能性的判断方法来防止可能发生的潜在故障。可以说预测性维护其实是一个对设备持续诊断的过程，通过参数变化来了解设备和系统的健康程度，再依据诊断流程在该健康程度低于某临界点时进行干预。

这种维护方式显而易见的好处就是，因为保养工作的介入是完全基于设备和系统当时的状态，所以既避免了多余干涉导致不必要的停工时间，也防止了由于未及时采取措施而导致出现连锁性故障带来的损失。

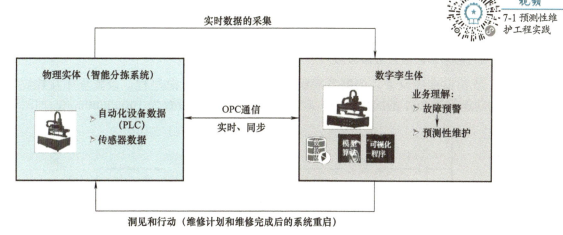

图 7-16　预测性维护流程

7.6.1　数据采集

采集的数据包括设备运行数据（当前位置、当前速度、累计里程、限位传感器信号等）、生产工艺数据（产量数据、生产速度数据、产品品类数据等）、生产工艺执行数据（区域扫描数据、工件识别数据、分拣中的产品、待分拣的产品等）、环境数据（如振动传感器数据、声音传感器数据、网络状态数据等）。

将采集的数据构建成多维度向量，作为输入参数，利用机器学习算法构造数字孪生平台运行状态决策函数。依据决策函数对设备的实时运行参数进行决策判断得出预测结果，最终实现在设备运行时的状态预测。

很多数据来自于传感器，传感器采集现场的电信号，在控制器中将电信号转换成数据的形式进行输出。信号转换与数据计算的程序代码见第 5 章的控制器程序代码。

1. 振动和声音数据采集

设备振动及声音信号分别来自于振动传感器和声音传感器，采集程序在控制器功能程序 FC1 的网络 1 和网络 2 中。采集程序如图 7-17 所示。

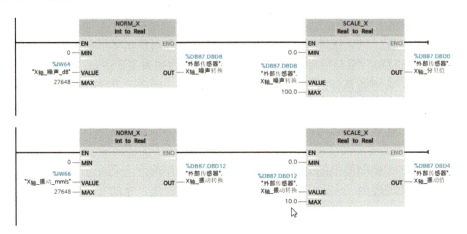

图 7-17 传感器数据采集程序

2. 各轴累计里程数据采集

① 浴盆曲线设置。依据各模组浴盆曲线设置运行总里程，设置程序在控制器程序的功能程序 FC2 的网络 1 中，4 个轴的里程暂时均设置为 10000000mm，如图 7-18 所示。

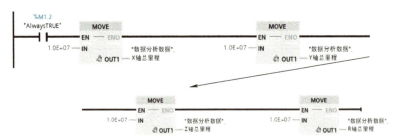

图 7-18 轴运行里程设定

② 异常值滤波。轴里程达到设定值后，对可能产生的负值数据进行滤除，程序代码为控制器程序的功能程序 FC2 的网络 3。异常值滤波如图 7-19 所示。

```
0001 IF  "数据分析数据".X轴剩余百分比< 0.0 THEN
0002     "数据分析数据".X轴剩余百分比 := 0.0;
0003 END_IF;
0004 IF  "数据分析数据".Y轴剩余百分比< 0.0 THEN
0005     "数据分析数据".Y轴剩余百分比 := 0.0;
0006 END_IF;
0007 IF  "数据分析数据".Z轴剩余百分比 < 0.0 THEN
0008     "数据分析数据".Z轴剩余百分比 := 0.0;
0009 END_IF;
0010 IF  "数据分析数据".R轴剩余百分比< 0.0 THEN
0011     "数据分析数据".R轴剩余百分比 := 0.0;
0012 END_IF;
```

图 7-19 异常值滤波

③ 设定初始值。系统初次启动时手动设定初始的参数值，手动初始化程序代码为控制器程序的功能程序 FC2 的网络 2。初始数据设定如图 7-20 所示。

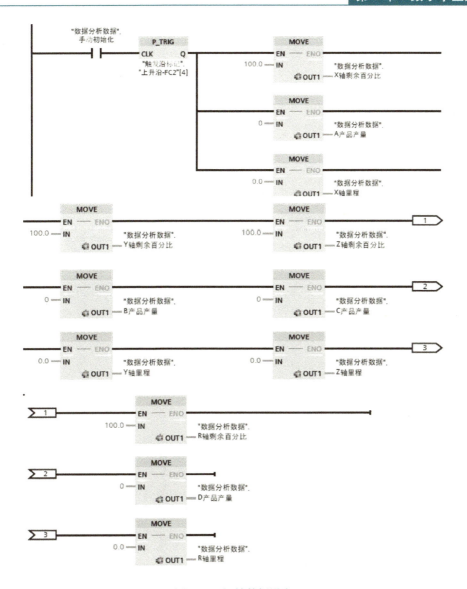

图 7-20 初始数据设定

④ 轴里程数据统计。运动轴里程数据统计的程序代码为控制器程序的功能程序 FC2 的网络 4。X 轴和 Y 轴里程统计如图 7-21 所示。Z 轴和 R 轴里程统计如图 7-22 所示。

⑤ 剩余里程计算。在对 4 个运动轴所走过的里程数据统计之后，进行剩余里程的计算，程序代码为控制器程序的功能程序 FC2 的网络 5，如图 7-23 所示。剩余里程 a 及剩余里程 b 如图 7-23 所示。

⑥ 数据格式化。基于第④、⑤步骤的计算结果，根据后续数据可视化的需要，将其格式化成便于理解的数据格式。程序代码为控制器程序的功能程序 FC2 的网络 6 和网络 7。剩余里程 a 计算（见图 7-23a）转换程序如图 7-24a 所示；剩余里程 b 计算（见图 7-23b）转换程序如图 7-24b 所示。

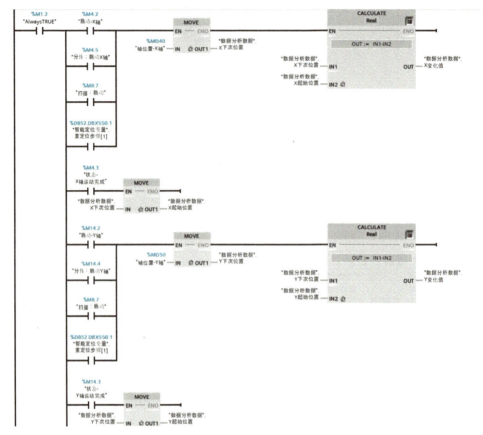

图 7-21　X 轴和 Y 轴里程统计

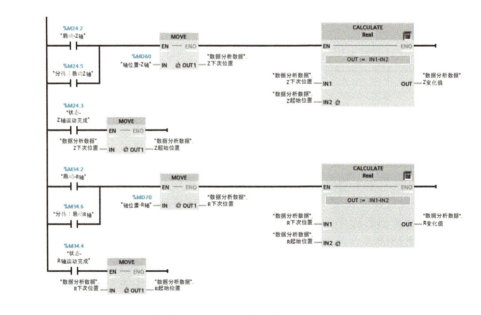

图 7-22　Z 轴和 R 轴里程统计

第 7 章 数字孪生数据

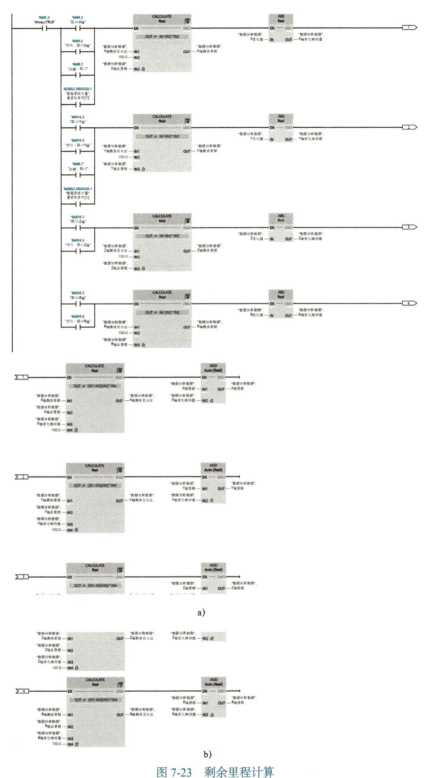

图 7-23 剩余里程计算
a) 剩余里程 a　b) 剩余里程 b

数字孪生在智能制造中的工程实践

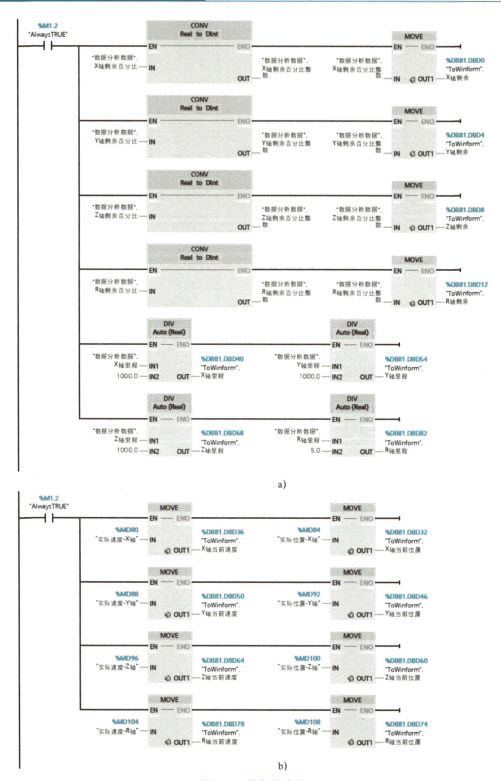

图 7-24 数据格式化

a) 数据格式化 a b) 数据格式化 b

3. 生产数据采集

产品产量统计的程序代码为控制器程序的功能程序 FC2 的网络 8。产品产量数据采集程序如图 7-25 所示。

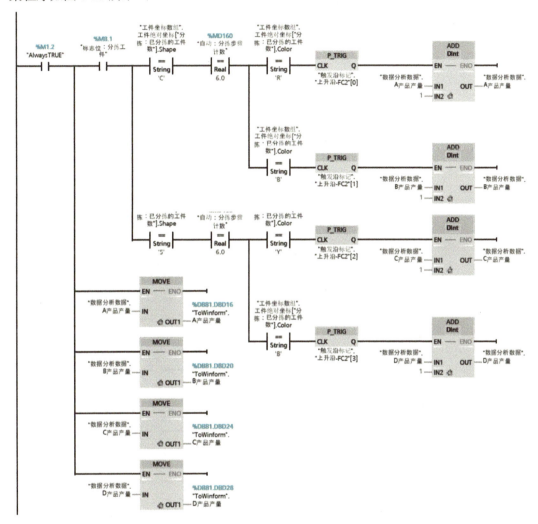

图 7-25　产品产量统计

4. 限位传感器数据采集

程序代码为控制器程序的功能程序 FC2 的网络 9，限位传感器信号采集程序如图 7-26 所示。

5. 轴实时运行速度采集

X、Y、Z、R 轴实时运行速度的采集，程序代码为控制器程序的功能程序 FC2 的网络 10。轴实时运行速度采集程序如图 7-27 所示。

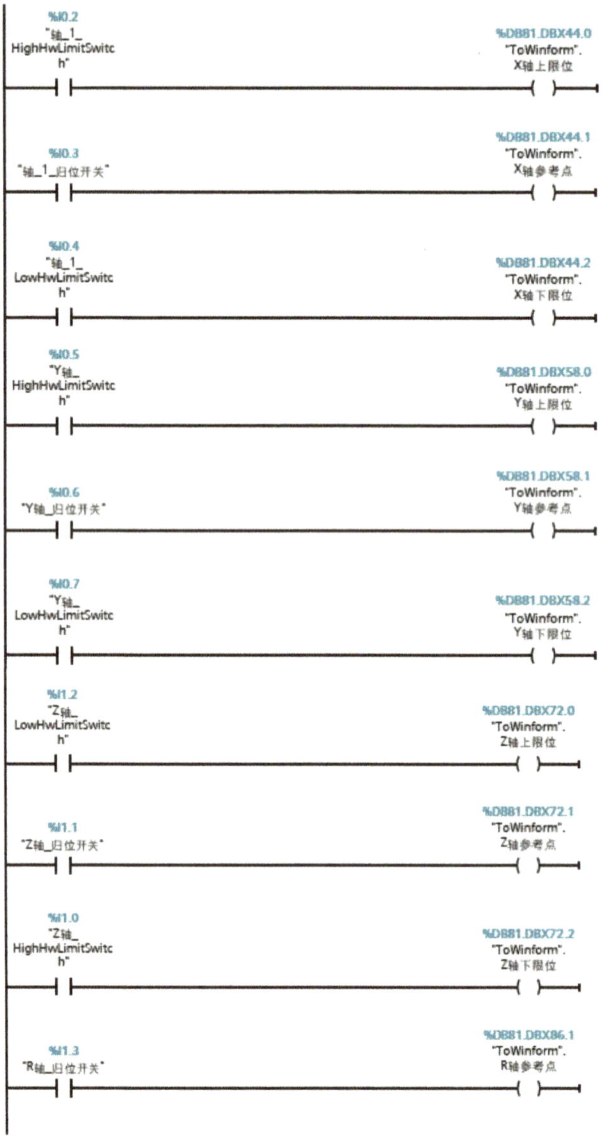

图 7-26 限位传感器信号采集

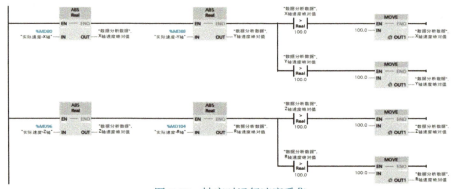

图 7-27 轴实时运行速度采集

6. 网络状态数据采集

网络状态数据采集的程序代码为控制器程序的功能程序 FC2 的网络 12。网络状态数据采集程序如图 7-28 所示。

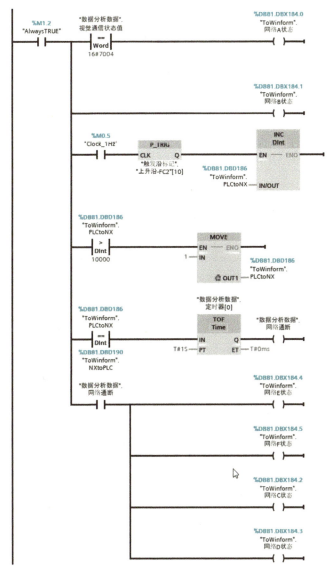

图 7-28 网络状态数据采集

综上,完成了预测性维护及数据可视化所需要数据的采集。这是获取关于生产过程、设备状态、产品质量等方面信息的过程。通过数据采集、实时监测和分析生产环境中的各种指标,以便做出及时的决策和调整,为质量控制和追溯提供了支持。通过采集和记录生产过程中的各种参数和指标,可以对产品质量进行监控和分析。如果出现质量问题,可以通过追溯数据找到问题的原因,并采取相应的纠正措施。数据采集在数字孪生中起着基础性的、至关重要的作用。

7.6.2 基于 OPC 服务器的数据传输

7.6.1 节讲述了数字孪生体如何采集物理实体（智能分拣系统）的设备、流程、运行状况、工艺等数据的程序。本节讲述如何通过 OPC 的通信方式，将采集的数据向数字孪生体中的数据库传输。

传输方式为同步传输，交互的模式采用 socket 方式，即服务器提供服务，通过 IP 地址和端口进行服务访问。客户机通过连接服务器指定的端口进行消息交互。socket 方式具有易于编程、容易控制权限、通用性比较强的优点。

6.3 节讲述了 PLC、OPC 服务器及虚拟端之间的通信连接以及通信测试，本节对 OPC 服务器进行相关配置，完成 OPC 与数据库之间的通信连接。

在 OPC 服务器软件中单击"数据"栏中的"建立数据库连接"，打开数据库连接通道，如图 7-29 所示。BK OPC Digital Twin 软件平台会弹出对话框，数据库连接配置如图 7-30 所示。

图 7-29　打开数据库连接通道

图 7-30　数据库连接配置

OPC 服务器中已经内置了与 Microsoft SQL Server 的连接功能，只需要根据本机数据库类型及数据表的名称进行相关参数配置即可，数据库连接配置如图 7-30 所示。单击"建立连接"按钮，完成 OPC 与 Microsoft SQL Server 数据库的连接。

建立连接后，在"数字孪生系统运行状态"对话框中数据库状态栏显示"连接成功"，如图 7-31 所示。

图 7-31　数字孪生系统运行状态

7.6.3 关系型数据库构建和数据存储

数字孪生体采集物理实体的运行、工艺、环境等数据，通过 OPC 服务器进行数据传输，建立 OPC 服务器与 Microsoft SQL Server 的关联，OPC 服务器会按照所连接数据库对应的连接字符串，自动将 OPC 中的全部数据以固定的刷新频率赋值到对应数据库的数据表中，用于后续的数据分析。

采用 Microsoft SQL Server 关系型数据库，设计需要遵守以下流程或步骤。

1. **本项目需求分析**

本项目案例需采集、存储的数据如表 7-5 所示，这些数据是来自于控制器，经过统计、汇总得出。在数据库设计中需要依据表 7-5 建立采集模板，根据采集模板完成其他数据表的数据类型更新。

表 7-5 数据类型汇总

序列	名称	数据类型	起始值	设定值	序列	名称	数据类型	起始值	设定值
1	X 轴剩余	DInt	100	FALSE	33	评估 X 轴速度	Real	40	FALSE
2	Y 轴剩余	DInt	100	FALSE	34	评估 X 轴精度	Real	90	FALSE
3	Z 轴剩余	DInt	100	FALSE	35	评估 X 轴负载	Real	30	FALSE
4	R 轴剩余	DInt	100	FALSE	36	评估 X 轴温度	Real	50	FALSE
5	A 产品产量	DInt	0	FALSE	37	评估 X 轴振动	Real	10	FALSE
6	B 产品产量	DInt	0	FALSE	38	评估 X 轴声音	Real	10	FALSE
7	C 产品产量	DInt	0	FALSE	39	评估 Y 轴速度	Real	25	FALSE
8	D 产品产量	DInt	0	FALSE	40	评估 Y 轴精度	Real	85	FALSE
9	X 轴当前位置	Real	0	FALSE	41	评估 Y 轴负载	Real	61	FALSE
10	X 轴当前速度	Real	0	FALSE	42	评估 Y 轴温度	Real	45	FALSE
11	X 轴里程	Real	126929.2	FALSE	43	评估 Y 轴振动	Real	10	FALSE
12	X 轴上限位	Bool	FALSE	FALSE	44	评估 Y 轴声音	Real	10	FALSE
13	X 轴参考点	Bool	FALSE	FALSE	45	评估 Z 轴速度	Real	45	FALSE
14	X 轴下限位	Bool	FALSE	FALSE	46	评估 Z 轴精度	Real	88	FALSE
15	Y 轴当前位置	Real	0	FALSE	47	评估 Z 轴负载	Real	60	FALSE
16	Y 轴当前速度	Real	0	FALSE	48	评估 Z 轴温度	Real	45	FALSE
17	Y 轴里程	Real	51173.16	FALSE	49	评估 Z 轴振动	Real	10	FALSE
18	Y 轴上限位	Bool	FALSE	FALSE	50	评估 Z 轴声音	Real	10	FALSE
19	Y 轴参考点	Bool	FALSE	FALSE	51	评估 R 轴速度	Real	40	FALSE
20	Y 轴下限位	Bool	FALSE	FALSE	52	评估 R 轴精度	Real	96	FALSE
21	Z 轴当前位置	Real	0	FALSE	53	评估 R 轴负载	Real	20	FALSE
22	Z 轴当前速度	Real	0	FALSE	54	评估 R 轴温度	Real	30	FALSE
23	Z 轴里程	Real	34243.47	FALSE	55	评估 R 轴振动	Real	10	FALSE
24	Z 轴上限位	Bool	FALSE	FALSE	56	评估 R 轴声音	Real	10	FALSE
25	Z 轴参考点	Bool	FALSE	FALSE	57	网络 A 状态	Bool	FALSE	FALSE
26	Z 轴下限位	Bool	FALSE	FALSE	58	网络 B 状态	Bool	FALSE	FALSE
27	R 轴当前位置	Real	0	FALSE	59	网络 C 状态	Bool	FALSE	FALSE
28	R 轴当前速度	Real	0	FALSE	60	网络 D 状态	Bool	FALSE	FALSE
29	R 轴里程	Real	4001.66	FALSE	61	网络 E 状态	Bool	FALSE	FALSE
30	R 轴上限位	Bool	FALSE	FALSE	62	网络 F 状态	Bool	FALSE	FALSE
31	R 轴参考点	Bool	FALSE	FALSE	63	PLCtoNX	DInt	0	FALSE
32	R 轴下限位	Bool	FALSE	FALSE	64	NXtoPLC	DInt	0	FALSE

2. 数据库设计与实现

依据设计需求，数据库（命名为 DataAnalysis）中需要设计 4 个数据表，分别定义为 DataModel、OpcToDatabase、DataToWinform 及 DataTable，其中数据表 DataModel 是数据类型生成使用的模板文件，用于在数据分析时对数据类型的调用及数据初始化工作。OpcToDatabase 用于存储 OPC 传输来的数据，DataToWinform 用于将实时数据传输到数据分析程序，DataTable 用于将数据分析所需要数据，按照规定的格式进行存储。

本节不对数据库内的数据分析进行直接操作，只进行数据实时存储及转存。

DataAnalysis 数据库设计步骤如下：

① 双击 图标，打开数据库管理软件 Microsoft SQL Server Management Studio（简写为 SSMS），弹出"连接到服务器"对话框，如图 7-32 所示。

② 在上述对话框中，选择计算机的服务器名称和身份验证方式，单击"连接"按钮，SSMS 软件界面如图 7-33 所示。

图 7-32　连接到服务器　　　　　图 7-33　SSMS 软件界面

③ 在对象资源管理器中右键单击"数据库"，在弹出菜单栏中单击新建数据库，如图 7-34 所示。

图 7-34　新建数据库

④ 在"新建数据库"窗口中输入数据库名称（N）DataAnalysis，设定数据库文件的初始大小和容量自增类型，设置完成后单击"确定"按钮，如图 7-35 所示。

⑤ 在对象资源管理器中右键单击"数据库"，在弹出的菜单栏中单击"刷新"如图 7-36 所示。

第 7 章 数字孪生数据

图 7-35 "新建数据库"窗口

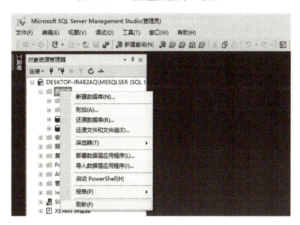

图 7-36 刷新数据库

⑥ 可以看到新建的 DataAnalysis 数据库已经出现在目录树中,在对象资源管理器中将 DataAnalysis 数据库展开,单击"表",右键单击"新建"→"表(T)",如图 7-37 所示。

图 7-37 新建表

275

⑦ 在弹出的表窗口中，填写内容，如图 7-38 所示。

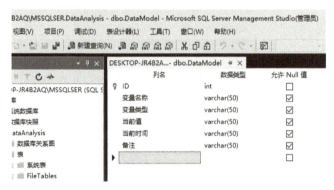

图 7-38　设计数据表

⑧ 单击保存，在弹出的"选择名称"对话框中填写 DataModel，单击"确定"按钮保存数据表，如图 7-39 所示。

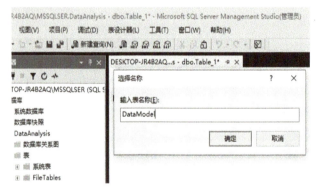

图 7-39　保存数据表

⑨ 在对象资源管理器中将表展开，右键单击"dbo.DataModel"，选择"编辑前 200 行"，打开要编辑的数据表，如图 7-40 所示。

图 7-40　打开要编辑的数据表

⑩ 在弹出的数据表中填写数据模板，编辑数据表，如图 7-41 所示。

DESKTOP-JR4B2A...- dbo.DataModel

ID	变量名称	变量类型	当前值	当前时间	备注
1	X轴剩余	int	50	NULL	NULL
2	Y轴剩余	int	100	NULL	NULL
3	Z轴剩余	int	100	NULL	NULL
4	R轴剩余	int	100	NULL	NULL
5	A产品产量	int	100	NULL	NULL
6	B产品产量	int	100	NULL	NULL
7	C产品产量	int	100	NULL	NULL
8	D产品产量	int	100	NULL	NULL
9	X轴当前位置	float	0	NULL	NULL
10	X轴当前速度	float	0	NULL	NULL
11	X轴里程	float	0	NULL	NULL
12	X轴上限位	bool	false	NULL	NULL
13	X轴参考点	bool	false	NULL	NULL
14	X轴下限位	bool	false	NULL	NULL
15	Y轴当前位置	float	0	NULL	NULL
16	Y轴当前速度	float	0	NULL	NULL
17	Y轴里程	float	0	NULL	NULL
18	Y轴上限位	bool	false	NULL	NULL
19	Y轴参考点	bool	false	NULL	NULL
20	Y轴下限位	bool	false	NULL	NULL
21	Z轴当前位置	float	0	NULL	NULL
22	Z轴当前速度	float	0	NULL	NULL
23	Z轴里程	float	0	NULL	NULL
24	Z轴上限位	bool	false	NULL	NULL
25	Z轴参考点	bool	false	NULL	NULL

图 7-41　编辑数据表

⑪ 重复步骤⑥～⑩，进行数据表 OpcToDatabase、DataToWinform 及 DataTable 的创建。其中数据表 OpcToDatabase、DataToWinform 的设计过程和 DataModel 一致，区别只是名称不同。数据表 DataTable 内容如图 7-42 所示，至此数据表全部设计完成。

DESKTOP-JR4B2A...- dbo.DataTable　DESKTOP-JR4B2A....DataToWinform　DESKTOP-JR4B2A...- dbo.DataModel

ID	振动	声音	X速度	Y速度	Z速度	R速度
1	20	50	100	200	300	400
2	20	50	100	200	300	400

DESKTOP-JR4B2A...- dbo.DataTable　DESKTOP-JR4B2A...- db

列名	数据类型	允许 Null 值
ID	varchar(50)	☑
振动	varchar(50)	☑
声音	varchar(50)	☑
X速度	varchar(50)	☑
Y速度	varchar(50)	☑
Z速度	varchar(50)	☑
R速度	varchar(50)	☑

图 7-42　数据表 DataTable 的设计与编辑

设备运行后，在数据分析程序设计中对此数据库进行操作，即可获取设备的实时数据及历史数据。

7.6.4 构建数据模型和数据分析

在完成了数据存储的基础上，我们将根据数字孪生系统实施的目的来进行数据分析。目的不同，数据分析所采用的算法或使用的工业软件会有所不同。本节数据分析工程实践主要聚焦于数字孪生技术在智能分拣数字孪生系统中的预测性维护，围绕这个目标，我们将进行算法的选择、数据操作及程序设计。

1. 算法模型选择

运用模式学习和统计学等理论对系统采集的大量观测数据进行充分分析，建立系统输入变量、可观察变量以及预期输出变量之间的模型，即以数据为基础去发现系统模型，这种方法被称为数据驱动建模。数据驱动构建模型方法包括统计分析、人工智能等。

7.1.1 节"制造业数据窘境"介绍了物理实体（智能分拣系统）异常工况数据样本量稀缺的现状，因为物理实体在设计、集成中具有高可靠性，而异常工况的数据对数据分析来讲又具有高价值。数字孪生体采集到的数据绝大多数是正常情况下物理实体的运行数据，如何利用这些正常的数据判断物理实体是否需要进行维护，也就是在正负类样本严重失衡的情况下，寻求预测性维护的方法是一个关键问题，数据驱动为解决上述问题提供了解决方案。

数据驱动有时序模型预测法、灰色模型预测法、神经网络预测法、支持向量机预测法、支持向量数据描述等方法。本节工程实践的应用场景是预测性维护，需要考虑到并不是所有的预测都会提供充足有效的数据，应根据数据提供的大小和强度，建立相应的数据挖掘模型。

预测性维护属于物理实体（智能分拣系统）状态评估，数字孪生体对智能分拣系统的运行状态进行监测，如果出现工况异常，数字孪生体会发出警报。数据采集过程中设备运行的速度、振动和声音等数据，绝大多数是在系统正常运行情况下获取的，属于正常数据样本。系统正常工作状态的数据容易获得且成本很低，异常样本数据的获取非常昂贵，因为它要求各种形式的系统破坏。

利用正常数据对系统运行状态进行评估，对于上述的高维数据很难在空间中确定一个边界，来将训练数据与其他数据区分开。为解决上述的困惑，出现了单分类算法（One-Class Classification Support Vector Machine，OCSVM），这种算法将所有的数据点与零点在特征空间上分离开，并且最大化分离超平面到零点的距离，这样可以产生一个 Binary 函数，该函数能够获取特征空间中数据的概率密度区域，当处于训练数据点区域时，返回 +1，处于其他区域时返回 -1。严格来说，单分类 SVM 并不是一个异常点监测算法，而是一个奇异点检测算法。对于高维空间中的样本数据集，在它们做不出有关分布特点的假设时，OCSVM 是一个较好的解决办法。

OCSVM 算法基于开源支持向量机库 libsvm。libsvm 是目前影响力最大、应用最广的支持向量机库，使用 C++ 语言编写，并提供 Java、Python、C# 等语言的接口。libsvm 实现了 5 种类型的支持向量机，用于分类和回归问题，分别为 C-SVC、v-SVC、One Class SVM、e-SVR 及 v-SVR。OCSVM 属于 One Class SVM。

2. OCSVM 算法研究

OCSVM 算法最早是由 Bernhard Schölkopf 等人于 2000 年的论文《Support Vector Method for Novelty Detection》中提出，它与 SVM 的原理类似，更像是将零点作为负样本点，其他数据作为正样本点，来训练支持向量机，它是进行工业数据异常检测的重要工具。

假如现在有 m 个同一分布的观察数据，每条数据都有 n 个特征。如果现在加入一个或多个观察数据，是否这些数据与原有的数据十分相似，如何将其区分呢？这是异常检测工具和方法需要解决的问题。

异常检测是工业领域应对样本不均衡时的常用方法，训练异常检测模型时往往仅运用一类标签数据。在 OCSVM 下实现异常检测时也是仅有一类数据，基本思想是将所有的数据点与零点在特征空间分离开，并且最大化分离超平面到零点的距离。实现的思路是找到一个超平面将所有样本都放在一侧，同时让这个平面与原点的距离更远。也就是找到一个相对于原点来说最"紧致"的平面，在测试数据时，在平面远离原点一侧的数据我们认为是同类数据，反之出现在靠近原点一侧的数据则认为是异常数据。

对智能分拣系统的运行状态进行监测时，采集的设备运行的速度、振动和声音等数据，均为正常运行情况下的运行数据，为正常数据样本。现在只有这些正常的数据，那么当有异常数据加入时，如何使用 OCSVM 将其正确分类呢？首先要学习训练出一个在高维空间上的粗糙封闭的边界线，来分割出初始观测分布的轮廓线；然后观测数据，如果数据位于边界限定的子空间内，则认为它们来自于与初始观测相同的总体。否则，如果它们在边界之外，则认为异常。

假设有 n 个 m 维数据 $x_1, x_2, \cdots, x_n, x \in \mathbb{R}^m$，都是同一类数据，以此建立 OCSVM 模型，如果暂时不加入松弛变量，SVM 模型框架不变，目标是寻找一个超平面，在此处将超平面方程表示为

$$f(x) = w^\mathrm{T} x - \rho = 0$$

由于目的是将现有数据与原点区分开，不妨假设现有数据标签为 1，那么对样本的约束为

$$w^\mathrm{T} x_i - \rho \geqslant 0$$

在满足约束条件的前提下，优化目标是使得原点到超平面的几何间隔最大，这里注意几何间隔是分正负的，原点到超平面的几何间隔为

$$\gamma = \frac{f(x)}{\|w\|} = \frac{\rho}{\|w\|}$$

可以得出如下结论：$w^\mathrm{T} 0 - \rho \geqslant 0$ 时，原点和数据都在"数据侧"，几何间隔非正，要使得几何间隔最大，需要拉近原点和平面的距离。反之，$w^\mathrm{T} 0 - \rho < 0$ 时，超平面可以将原点和数据分开，此时几何间隔为正，那么就要拉远原点和平面的距离。

因此在约束条件下，为了防止参数求解的耦合问题，当前优化问题变为

$$\min_{w, \rho} \|w\| - \rho, \rho > 0$$

$$\min_{w, \rho} -\|w\| - \rho, \rho \leqslant 0$$

针对上述情况，由于 ρ 的符号会左右优化目标，按照数据原始样貌训练 OCSVM 很可能难以优化下去，此时加入核函数 $\varphi(x_i)$ 和软间隔惩罚项 ξ，将原点和数据区分开，此时 $\rho > 0$，这样目标函数就确定为

$$\min_{w,\rho} \|w\| - \rho$$

$$\text{sbject to } w^T \cdot \varphi(x_i) \geqslant \rho - \xi_i, \xi_i \geqslant 0$$

目标函数等价于

$$\min_{w \in F, \xi \in \mathbf{R}^m, \rho \in \mathbf{R}} \frac{1}{2}\|w\|^2 + \frac{1}{vm}\sum_i \xi_i - \rho$$

$$\text{sbject to } w.\varphi(x_i) \geqslant \rho - \xi_i, \xi_i \geqslant 0$$

其中，ξ_i 表示松弛变量，用于软 SVM 模型的训练，给训练数据中的异常留个余地；m 为样本数量。$\varphi(x_i)$ 可看作一个映射函数，它可以将原始数据 $\{x_i\}$ 映射至一个特征空间 F 中。$v \in (0,1)$ 用于调节松弛程度，类似于二分类 SVM 中的 C，表示正则项系数，根据该目标函数进行优化求解得到 w 和 ρ 后，对大部分样本来说，其决策函数 $f(x) = \text{sgn}(w\varphi(x) - \rho)$ 输出为正。

为了使用核技巧求解对偶问题，引入拉格朗日乘子来求解上述约束优化问题，写出拉格朗日方程：

$$L(w,\xi,\rho,\alpha,\beta) = \frac{1}{2}\|w\|^2 + \frac{1}{vm}\sum_i \xi_i - \rho - \sum_i \alpha_i(w \cdot \varphi(x_i) - \rho + \xi_i) - \sum_i \beta_i \xi_i$$

那么根据对参数 w, ξ, ρ 求偏导，可以写出部分 KKT 条件：

$$w = \sum_i \alpha_i \varphi(x_i)$$

$$\alpha_i = \frac{1}{vm} - \beta_i$$

$$\sum_i \alpha_i = 1$$

通过导出对偶问题和使用核技巧 $(k(x_i, x_j) = \varphi(x_i).\varphi(x_j))$，便可以实现通过支持向量 $\{x_i\}$ 求得决策函数：

$$f(x) = \text{sgn}\left(\sum_i \alpha_i k(x_i, x) - \rho\right)$$

调整乘子 α，使得目标函数取得极大值：

$$\max_\alpha -\frac{1}{2}\sum_{ij} \alpha_i \alpha_j k(x_i, x_j), \text{ sbject to } 0 \leqslant \alpha_i \leqslant \frac{1}{vm}, \sum_i \alpha_i = 1$$

这等价于最小化下面的函数：

$$\min_\alpha \frac{1}{2}\sum_{ij} \alpha_i \alpha_j k(x_i, x_j), \text{ sbject to } 0 \leqslant \alpha_i \leqslant \frac{1}{vm}, \sum_i \alpha_i = 1$$

上式使用二次规划求解器求解 α 即可，然后再根据 KKT 条件最终求出 w, ρ。

本次项目的核函数 $k(x_i, x_j)$ 采用高斯核函数，其表达式为

$$K(x_i, x_j) = e^{-\frac{\|x_i - x_j\|^2}{2\sigma^2}}$$

式中，σ 为核函数参数。在模型训练过程中，正则项系数 ν 与核函数参数 σ 为需要手动设定的参数。

当决策函数 $f(x) \leqslant 0$ 时，可判断其为异常值；当决策函数 $f(x) \geqslant 0$ 时，可判断其为正常值。

理论上来说，高斯核将向量映射到无穷维的空间，使用高斯核的 OCSVM 算法，在高维空间上拟合出封闭的边界线，可以解决线性不可分问题。

3. OCSVM 算法的编程实践

本节工程实践项目在 Visual Studio 平台下，采用 C# 语言的 Winform 框架进行程序设计。实现的过程如下：

① 在 7.6.2 节中所建立数据库的基础上，建立数据库与数据分析平台的连接，在 Winform 主程序中建立一个后台子线程 tdSql，并绑定方法 tdSqlMethod 用于数据交互相关程序的运行。在程序发生异常时触发参数设置窗口，重新进行数据库相关的参数设置，正确设置相关参数之后，再次进入线程程序中，程序代码如下：

```
private void uiBtnConnect_Click(object sender, EventArgs e)
{
    try{
        SqlConnection.ClearAllPools(); // 清空连接池
        ReadDatabaseParam();
        Thread tdSql = new Thread(tdSqlMethod);
        tdSql.IsBackground = true;
        tdSql.Start(); // 打开数据刷新线程
        uiBtnConnect.Enabled = false;
        fmNews = new FormNews();
        fmNews.ShowDialog();
    }
    catch (Exception)
    {
        FormParamSet fms = new FormParamSet();
        fms.TraVlaueEventHandler += new FormParamSet.TraValue(ParamSetMethod);
        fms.ShowDialog();
    }
}
```

② 在方法 tdSqlMethod 中将数据复制到数据库。这里使用一种操作数据库的高性能方法 SqlBulkCopy，SqlBulkCopy 中有一个 WriteToServer，可以用来从数据源复制数据到数据的目的地。这里注意 SqlBulkCopy 仅支持 SQL Server 表中批量写入数据。在程序段中调用了 BeginInvoke，在异步线程中调用 fcUpdataView 方法来刷新主界面，防止大量数据刷新时导致的界面卡顿。在线程的内部循环中实时获取数据库的数据表 OpcToDatabase 中的数据进行解码，最终实时刷新到 destTable 中，程序代码如下：

```csharp
private void tdSqlMethod()
{
    string newValue = "";
    string str = "SELECT * FROM OpcToDatabase";
    System.Threading.Thread.Sleep(10);
    dtOnce = updataDatabase.ExecuteQuery(SqlCon, str);
        SqlBulkCopy sqlbulkcopy = new SqlBulkCopy(SqlCon, SqlBulkCopyOptions.UseInternalTransaction);
    sqlbulkcopy.DestinationTableName = SqlTableName; // 数据库中的表名 Table_2
    string strSEL = $"SELECT * FROM  DataModel";
    destTable = updataDatabase.ExecuteQuery(SqlCon, strSEL);
    FlushClient fc = new FlushClient(FormNewsClose);
    BeginInvoke(fc); // 调用代理
    FlushClient fcUpdataView = new FlushClient(UpdataGridView);
    while (true) {
    System.Threading.Thread.Sleep(100); // 刷新周期
    dtOnce = updataDatabase.ExecuteQuery(SqlCon, str);
    if (dtOnce.Rows.Count > 0)
    {
        for (int i = ExitCount; i < dtOnce.Rows.Count; i++)
        {
            newValue = dtOnce.Rows[i][6].ToString();
            writeDatabase(i, newValue);
        }
        string strDel = $"DELETE FROM {SqlTableName}";
        updataDatabase.ExecuteUpdate(SqlCon, strDel); // 清空数据表
        sqlbulkcopy.WriteToServer(destTable);
    }
    BeginInvoke(fcUpdataView); // 调用代理，刷新界面
    }
}
private void writeDatabase(int num, string value)
{
  string setValue = "";
  int setNum = num - ExitCount; // 数据表的 ID 关系
  switch (setNum + 1)// 各个值的计算方法，注意：这里与表格一一对应
  {
      case 1:
      {//X 轴剩余
          int calcValue = Convert.ToInt32(value); // 计算方法
          setValue = Convert.ToString(calcValue);
          break;
      }
      case 2:
      {//Y 轴剩余
          int calcValue = Convert.ToInt32(value); // 计算方法
```

```
                    setValue = Convert.ToString(calcValue);
                    break;
                }
                ················此处省略 case3~case63 的内容················
            case 64:
            {//NXtoPLC
                    int calcValue = Convert.ToInt32(value); // 计算方法
                    setValue = Convert.ToString(calcValue);
                    break;
                }
        }
        destTable.Rows[setNum][3] = setValue; // 结果写入 datatable
    }
```

③ 在主线程中再次建立一个子线程，在子线程中调用方法 tdDataAnalysisMethod，实现将 destTable 中的数据处理成数据分析所需要的格式，并将其存储到数据库的对应数据表 dbo.DataTable 中，程序代码如下：

```
private void tdDataAnalysisMethod()
{
    int ID = 0;              // 序号
    int rows = 10000;        // 数据量
    string Vbrate;           // 振动
    string Voice;            // 声音
    string X_Speed;          //X 轴速度
    string Y_Speed;          //Y 轴速度
    string Z_Speed;          //Z 轴速度
    string R_Speed;          //R 轴速度
    string X_Position;       //X 轴位置
    string Y_Position;       //Y 轴位置
    string Z_Position;       //Z 轴位置
    string R_Position;       //R 轴位置
    string Cur_Pos_New = "";
    string Cur_Pos_Old = "";
    string Cur_Vbrate_New = "";
    string Cur_Vbrate_Old = "";
    DataTable dtCount = new DataTable();
    DataTable dtTemp = new DataTable();
    Thread.Sleep(2000);
    int ListID = 1;    // 历史数据序号
    string currentTime;
    string strListCount = "select count(*) from dbo.DataHistory ";
    string strSlectID = $"select ID from dbo.DataHistory;";
    while (ID < 100000)
    {
        if (destTable.Rows.Count > 36 )
        {
```

```
            Thread.Sleep(2);
            Cur_Pos_New = destTable.Rows[8][3].ToString() +
            destTable.Rows[14][3].ToString() +
            destTable.Rows[20][3].ToString() + destTable.Rows[26][3].ToString(); // 轴当前位置
            Cur_Vbrate_New = destTable.Rows[36][3].ToString();
            if (Cur_Pos_New != Cur_Pos_Old || Cur_Vbrate_New != Cur_Vbrate_Old)
            {
                ID++;
                Vbrate = destTable.Rows[36][3].ToString();          // 振动
                Voice = destTable.Rows[37][3].ToString();           // 声音
                X_Speed = destTable.Rows[9][3].ToString();          //X 轴速度
                Y_Speed = destTable.Rows[15][3].ToString();         //Y 轴速度
                Z_Speed = destTable.Rows[21][3].ToString();         //Z 轴速度
                R_Speed = destTable.Rows[27][3].ToString();         //R 轴速度
                X_Position = destTable.Rows[8][3].ToString();       //X 轴位置
                Y_Position = destTable.Rows[14][3].ToString();      //Y 轴位置
                Z_Position = destTable.Rows[20][3].ToString();      //Z 轴位置
                R_Position = destTable.Rows[26][3].ToString();      //R 轴位置
                currentTime = DateTime.Now.ToLocalTime().ToString();
                string strInsert = $"INSERT INTO dbo.DataTable VALUES ({ID}, {Vbrate}, {Voice}, {X_Speed},
                    $"{Y_Speed},"+{Z_Speed}, {R_Speed}, {X_Position}, {Y_Position},
                    $"{Z_Position}, {R_Position}, '{currentTime}')";
                updataDatabase.ExecuteUpdate(SqlCon, strInsert);
                Cur_Pos_Old = Cur_Pos_New;
                Cur_Vbrate_Old = Cur_Vbrate_New;
            }
            if (ID == rows) ID = 0;
        }
    }
}
```

④ 采用开源支持向量机库 libsvm（可以在 libsvm 官网下载），将 libsvm 文件夹中的动态链接库文件 libsvm.dll 复制到应用程序的 debug 文件夹。然后在解决方案中右键单击"引用"，选择"添加引用"，找到 libsvm.dll 文件进行添加，如图 7-43 所示。

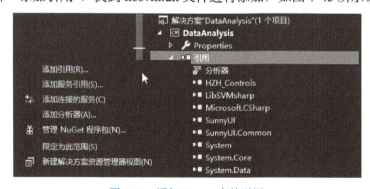

图 7-43 添加 libsvm 库的引用

⑤ 在主程序中添加 LibSVMsharp 和 LibSVMsharp.Helpers 等相关引用，创建 SVMModel 和 SVMNode 类型的变量用于后续使用。其中 SVMNode 是用来存储单个文本向量的，有"下标"和"值"两个属性。

```csharp
using System;
using System.Collections.Generic;
using System.ComponentModel;
using System.Data;
using System.Data.SqlClient;
using System.Drawing;
using System.IO;
using System.Linq;
using System.Text;
using System.Threading.Tasks;
using System.Windows.Forms;
using LibSVMsharp;
using LibSVMsharp.Helpers;
namespace DataAnalysis
{
    public partial class StatusAssessment : Form
    {
        private SVMModel assessment_model; // 读取训练好的模型
        private SqlCommand cmdread = new SqlCommand(); // 存储训练数据的数据库
        public static FormMain FormMain;
        private SVMNode Vibration;                      // 读取实时的振动数据
        private SVMNode Sound;                          // 读取实时的声音数据
        private SVMNode Xspd;                           // 读取实时的 X 轴速度
        private SVMNode Yspd;                           // 读取实时的 Y 轴速度
        private SVMNode Zspd;                           // 读取实时的 Z 轴速度
        private SVMNode Rspd;                           // 读取实时的 R 轴速度
        private SVMNode[] currentdata = new SVMNode[6]; // 将上述数据保存为一个数组，作
                                                        // 为模型的输入
    }
}
```

⑥ 在算法线程程序界面的 load 事件中，加载初始参数值到 SVMNode 实例中，然后将训练好的模型导入到 SVMModel 实例中，程序线程启动时，就会自动给分类器 SVMModel 载入数据，关于分类器 SVMModel 后续还会使用。程序代码如下：

```csharp
private void StatusAssessment_Load(object sender, EventArgs e){
    lb_Xspd.Text = FormMain.lbXspd.Text; // 读取主界面的轴速度、振动、声音数据
    lb_Yspd.Text = FormMain.lbYspd.Text;
    lb_Zspd.Text = FormMain.lbZspd.Text;
    lb_Rspd.Text = FormMain.lbRspd.Text;
    lb_Vibration.Text = FormMain.ucRadarChart1.Lines[0].Values[4].ToString();
    lb_Sound.Text = FormMain.ucRadarChart1.Lines[0].Values[5].ToString();
    Vibration = new SVMNode(1, Convert.ToDouble(lb_Vibration.Text)); // 为变量赋初始值
    Sound = new SVMNode(2, Convert.ToDouble(lb_Sound.Text));
```

```
        Xspd = new SVMNode(3, Convert.ToDouble(lb_Xspd.Text));
        Yspd = new SVMNode(4, Convert.ToDouble(lb_Yspd.Text));
        Zspd = new SVMNode(5, Convert.ToDouble(lb_Zspd.Text));
        Rspd = new SVMNode(6, Convert.ToDouble(lb_Rspd.Text));
        assessment_model =SVM.LoadModel(@"Model\model.txt"); // 导入训练好的模型
    }
```

⑦ 将数据库 dbo.DataTable 中的训练数据保存到 traindata.txt 文本中，程序代码如下：

```
private void ReadDatabase2txt(){
    try{
        string connString = @"Data Source=DESKTOP-SCNOKS9\SQLEXPRESS;Initial
        Catalog=DataAnalysis;Integrated Security=TRUE";// 保存训练数据的服务器名、数据库名
        SqlConnection conn = new SqlConnection(connString);
        conn.Open();
        cmdread.Connection = conn;
        string sqlinfo = "select 振动 ,声音 ,X 速度 ,Y 速度 ,Z 速度 ,R 速度 from
        dbo.DataTable";
        if (conn.State == ConnectionState.Open){
            StreamWriter sw = File.CreateText(@"Dataset\traindata.txt");
            cmdread.CommandText = sqlinfo;
            SqlDataReader myinfo = cmdread.ExecuteReader();
            while (myinfo.Read()){
                sw.Write("1 1:" + myinfo[0].ToString() + " 2:" + myinfo[1].ToString() + " 3:" +
                myinfo[2].ToString() + " 4:" + myinfo[3].ToString() + " 5:" + myinfo[4].ToString() + " 6:" +
                myinfo[5].ToString());
                sw.WriteLine();
            }
            myinfo.Close();
            sw.Close();
        }
        else{
            MessageBox.Show(" 数据库未连接！");
        }
    }
    catch(Exception ex){
        MessageBox.Show(ex.ToString());
    }
}
```

⑧ 在模型训练触发事件的程序代码中，将采集到的速度、振动、声音参数转换为 libsvm 所要求的格式，并保存为 traindata.txt。然后导入训练数据和测试数据。模型的类型选择单分类 SVM、核函数选择 RBF 核函数。读取设定好的惩罚因子和核函数参数。最后将训练好的模型保存到程序目录：Model\model.txt。定义一个 double 类型的数组，其大小为测试数据的行数，用于保存每一行测试数据的识别结果。最后识别每一行测试数据的结果，并保存到 target 数组中，并计算识别准确率。程序代码如下：

```
private void bt_ModelTrain_Click(object sender, EventArgs e){
    try{
```

```
        ReadDatabase2txt();
        SVMProblem problem = SVMProblemHelper.Load(@"Dataset\traindata.txt");
        SVMProblem testProblem = SVMProblemHelper.Load(@"Dataset\traindata.txt");
        SVMParameter parameter = new SVMParameter();
        parameter.Type = SVMType.ONE_CLASS;
        parameter.Kernel = SVMKernelType.RBF;
        parameter.Nu = Convert.ToDouble(tb_Nu.Text);
        parameter.Gamma = Convert.ToDouble(tb_Gamma.Text);
        SVMModel model = SVM.Train(problem, parameter);
        SVM.SaveModel(model, @"Model\model.txt");
        assessment_model = SVM.LoadModel(@"Model\model.txt");
        double[] target = new double[testProblem.Length];
        for (int i = 0; i < testProblem.Length; i++)
        {
            target[i] = SVM.Predict(model, testProblem.X[i]);
        }
        double accuracy = SVMHelper.EvaluateClassificationProblem(testProblem, target);
        lb_Accuracy.Text = accuracy.ToString("f2");
    }
    catch(Exception ex)
    {
        MessageBox.Show(ex.ToString());
    }
}
```

⑨ 新建定时触发线程的程序，对数据进行实时更新，并采用 SVM.Predict 方法对实时数据进行分类，分类结果为 1 表示设备正常；若结果为 -1：表示设备运行异常。程序代码如下：

```
private void timer1_Tick(object sender, EventArgs e){
    try{
        lb_Xspd.Text = FormMain.lbXspd.Text;
        lb_Yspd.Text = FormMain.lbYspd.Text;
        lb_Zspd.Text = FormMain.lbZspd.Text;
        lb_Rspd.Text = FormMain.lbRspd.Text;
        lb_Vibration.Text = FormMain.ucRadarChart1.Lines[0].Values[4].ToString();
        lb_Sound.Text = FormMain.ucRadarChart1.Lines[0].Values[5].ToString();
        Vibration.Index = 1; // 实时更新数据
        Vibration.Value = Convert.ToDouble(lb_Vibration.Text);
        Sound.Index = 2;
        Sound.Value = Convert.ToDouble(lb_Sound.Text);
        Xspd.Index = 3;
        Xspd.Value = Convert.ToDouble(lb_Xspd.Text);
        Yspd.Index = 4;
        Yspd.Value = Convert.ToDouble(lb_Yspd.Text);
        Zspd.Index = 5;
        Zspd.Value = Convert.ToDouble(lb_Zspd.Text);
```

```
            Rspd.Index = 6;
            Rspd.Value = Convert.ToDouble(lb_Rspd.Text);
            currentdata[0] = Vibration;
            currentdata[1] = Sound;
            currentdata[2] = Xspd;
            currentdata[3] = Yspd;
            currentdata[4] = Zspd;
            currentdata[5] = Rspd;
            // 对实时数据进行分类 1：正常；-1：异常
            double result = SVM.Predict(assessment_model, currentdata);
            if (result == 1.0){
                lb_Status.Text = " 正常 ";
            }
            else{
                lb_Status.Text = " 异常 ";
            }
        }
        catch(Exception ex){
            MessageBox.Show(ex.ToString());
        }
    }
```

测试分类预测的准确性，需要不断调整合适的 parameter.Nu 和 parameter.Kernel 参数，直至达到理想的效果，可以尝试手动修改或使用故障模拟器进行异常数据的生成。

本节工程实践数据分析的任务是判断设备的运动轴是否需要维护，通过单分类算法可实现对设备运行数据的分类预测，如果诊断状态为"异常"，且保持时间较长，表示设备需要进行维护。采用单类算法进行数据分析，成功解决了由于故障系统状态的数据收集艰难而导致的无法对设备运行状态进行预测的难题。

7.7 习题

一、简答题

1．数据的采集方式主要有哪几种？对应特点是什么？
2．什么是关系型数据库？其主要特点有哪些？
3．请根据下图所示，在 Microsoft SQL Server Management Studio 中完成下列操作：
（1）删除表中张三的信息。
（2）插入王五的个人信息进表 Student。
（3）更新李四的个人信息（生日信息更改）。

id	name	birth	sex
1	张三	1990-01-01	男
2	李四	1990-01-02	男
3	周梅	1990-01-03	女

4. 完成 Support Vector Machine 的算法推导。采用 3 个数据点，其中正例 $X_1(3,3)$，$X_2(4,3)$，负例 $X_3(1,1)$ 求解拉格朗日乘子：

$$\frac{1}{2}\sum_{i=1}^{n}\sum_{j=1}^{n}\alpha_i\alpha_j y_i y_j(x_i \cdot x_j) - \sum_{i=1}^{n}\alpha_i$$

二、实践题

实验：传感器数据采集与存储

实验目的：

本次实践的主要目的是让学生熟悉控制器如何采集传感器数据以及如何使用数据库对数据进行持久化存储。使用博图软件完成传感器信号采集和转换，使用 Visual Studio 2017 软件和 S7.Net.dll 库完成 PLC 变量的访问以及数据的持久化存储。

实验要求：

1. 采集传感器的实时数据，并开启博图软件在线监视功能，进行数据监视。
2. 将采集的传感器数据保存到数据库中。

第 8 章
设备数字孪生系统的工程应用

本章聚焦于数字孪生系统中的数据分析及其可视化，详细介绍了数据可视化相关的标准体系、模型评估方法及常用数据分析工具等知识，并通过一个完整的项目案例展示了系统运行数据的可视化、数据分析算法的实现及其对系统的反馈控制。

本章目标

➢ 了解工业数据分析的标准体系、方法及常用工具。
➢ 了解算法模型评估的常用方法。
➢ 了解工业大数据可视化的实现方法。
➢ 掌握装备制造业数据分析的内部运行逻辑。
➢ 掌握机器学习算法的结果可视化及其反馈控制。

第 8 章 设备数字孪生系统的工程应用

在第 6 章讲述了利用 OPC 技术建立数字孪生体与物理实体通信,使二者实时、同步;第 7 章讲述了依据 CRISP-DM,在对"业务理解"的基础上进行"数据理解",在"数据理解"的基础上进行"数据准备",这个阶段讲述了采集什么数据,以什么方式采集、传输和存储,利用机器学习算法等对数据进行分析,这个过程即为建立数据模型。

本章所要讲述的是,依据 CRISP-DM,在建立数据模型的基础上使物理实体或流程的实时数据可视化。可视化的目的是对物理实体的实时数据与数据模型进行类比。类比是指用可视化的图表列示一个维度或多个维度,显示物理实体与数据模型中各层级是否出现不可接受的差异,如出现不可接受的差异,数字孪生体会依据洞见,对物理实体实施控制,实现数字孪生系统的闭环。

如图 8-1 所示,本章所讲述的内容属于数字孪生系统设计架构中的"数据分析、可视化、类比"(第⑥模块)和"洞见控制"(第⑦模块)两个模块。

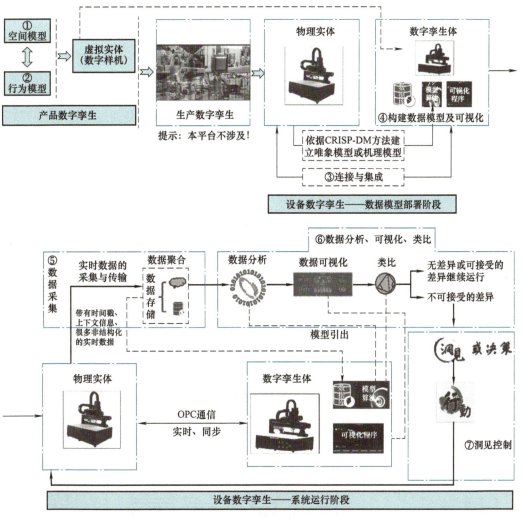

图 8-1 数字孪生系统设计架构

本书中讲解的智能分拣数字孪生系统属于设备数字孪生,如图 8-2 所示。

数字孪生在智能制造中的工程实践

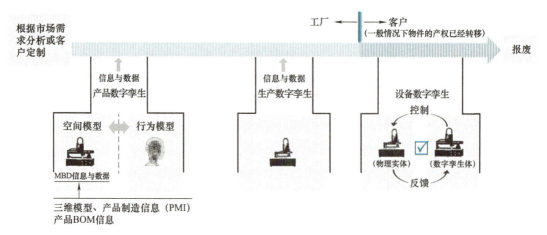

图 8-2　数字孪生在装备制造业中的应用

8.1　概述

对于装备制造业设备数字孪生系统而言，其功能一般体现在对物理实体的健康状态评估、故障检测、预测性维护、性能优化等方面。因为这些功能是通过数据模型对数据进行分析来实现的，所以可以认为对数字孪生系统优劣的评价，就是对数据模型的评价。

制造业的数据与金融、电信、商业购物等方面的数据相比，具有时序性和上下文信息等特点。数字孪生体采集物理实体的运行状况、流程、工艺和环境的实时数据，数据模型对实时数据进行一个维度或多个维度的分析和类比，如果预测到可能出现不可接受的差异，数字孪生体即对物理实体进行预先控制。由此可见，数字孪生系统中的数据模型非常重要，在数字孪生系统的生命周期内，需要不断地完善、优化数据模型。

如图 8-3 所示，数字孪生是智能制造关键技术中的智能赋能技术，为了理解数字孪

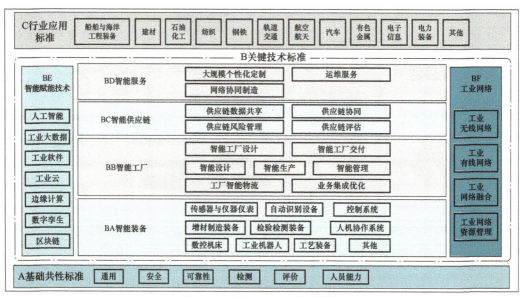

图 8-3　智能制造标准体系结构

生是如何赋能的，需要了解 DIKW（数据、信息、知识、智慧）模型。数字孪生实现赋能是通过数据采集后，将数据转化为信息，将信息转化为知识，将知识转化为智慧。数据是源头，从源头开始，需要理解装备制造业数字孪生是如何进行数据挖掘的。

8.1.1 DIKW（数据、信息、知识、智慧）模型

DIKW 模型（Data-to-Information-to-Knowledge-Wisdom Model）是一个可以很好地帮助理解数据（Data）、信息（Information）、知识（Knowledge）和智慧（Wisdom）之间关系的模型，这个模型展现了数据是如何转化为信息、知识乃至智慧的方式。

如图 8-4 所示，DIKW 模型将数据、信息、知识、智慧纳入到一种金字塔形的层次体系，每一层比上一层都赋予了一些高阶特质。通过原始观察及量度获得了数据，通过分析数据间的关系获得了信息，在行动上应用信息产生了知识，从知识中升华出智慧，智慧关心未来，它具有暗示、指引及滞后影响的意义。

数据直接来自于事实，通过原始的观察或度量来获得。所谓原始数据只是一个相对的概念，数据处理可能包含多个阶段，由一个阶段得到的数据可能是另一个阶段的原始数据。此外，数据可以是定量的，也可以是定性的，比如客户满意度调查中用户反馈的意见。

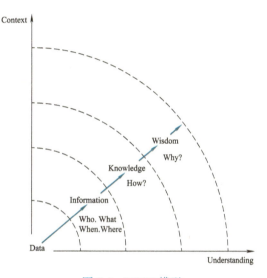

图 8-4　DIKW 模型

1. 数据转化为信息

尽管数据的存在形式多种多样，如数字、文字、图形、符号、视频、声音等，但 DIKW 模型中的数据仅仅代表数据本身，并不包含任何潜在的意义。例如，服务台每个月收集到 5000 个故障单，这些故障单仅仅表示数据的存在，本身没有意义，并不能代表任何事物。

通过某种方式组织和处理数据，分析数据间的关系，数据就有了意义，这就是信息。这些信息可以回答一些简单的问题，例如：谁？什么？哪里？什么时候？所以信息也可以看成是被理解了的数据。

通过对上述故障单的分析处理，可以得知谁在使用服务台？他们遇到的是故障还是服务请求？哪些客户遇到了故障？他们遇到的是什么问题等。进一步分析可能会发现，35% 的呼叫是简单的问题咨询，15% 的呼叫是网络故障，10% 是 ERP 系统故障等。这些就是有效的信息。

2. 信息转化为知识

如果说数据是一个事实的集合，从中可以得出关于事实的结论。那么知识就是信息的集合，它使信息变得有用。知识是对信息的应用，是一个对信息判断和确认的过程，

这个过程结合了经验、上下文、诠释和反省。知识可以回答"如何？"的问题，可以帮助我们建模和仿真。

知识是从相关信息中过滤、提炼及加工而得到的有用资料。特殊背景和语境下，知识将数据与信息、信息与信息在行动中的应用之间建立有意义的联系，它体现了信息的本质、原则和经验。此外，知识基于推理和分析，还可能产生新的知识。

基于前面的数据和信息，可以知道谁使用的服务出了故障？综合过去的经验和上下文信息（如客户使用这些服务的原因、服务级别中对故障响应的约定等）就可以确定故障对业务的影响、故障的优先级、故障是如何影响业务的，以及如何处理故障等。

对于知识我们需要的不仅仅是简单的积累，还需要理解。理解是一个内推和盖然论的过程，是认知和分析的过程，根据已经掌握的信息和知识创造新的知识。

3. 知识转化为智慧

智慧是一种外推的、非确定性的、非盖然论的过程。智慧是哲学探索的本质，是判断是非、对错和好坏的过程，它所提出的问题是还没有答案的问题。与前几个阶段不同，智慧关注的是未来，试图理解过去未曾理解的东西，过去未做过的事，并且智慧是人类所特有的，是唯一不能用工具实现的。智慧可以简单地归纳为做正确判断和决定的能力，包括对知识的最佳使用。智慧可以回答"为什么"的问题。回到前面的例子，根据故障对客户的业务影响可以识别改进点，如制定一个培训计划或着手一个 ERP 服务改进计划等。

随着数据向信息、知识和智慧的发展，理解的深度在不断增加，需要考虑的范围也在扩大。服务台收集数据时只需考虑故障单本身，但到制订改进计划时可能需要考虑整个组织范围内的因素。

8.1.2　CRISP-DM（跨行业数据挖掘标准流程）体系的工程应用

本节是在 7.5.2 节的基础上，对 CRISP-DM 的工程应用进行纲要性的叙述。

1. 工业大数据分析执行路径

工业大数据分析中，不同项目的需求明确度差异很大，主要表现为分析问题成熟度和数据分析师经验知识体系的差异，体现对 CRISP-DM 中的"业务理解"不同，具体表现主要有 3 类典型的场景。

（1）业务规划类

这一类场景只有大概业务愿景或目标，如用大数据提高产品质量、用大数据构建精加工工业互联网（向第三方开放自己的精加工能力）等。此时需要业务分析师与客户一起从业务角度分解业务愿景，并将其总结为若干数据分析问题。

（2）业务问题理解类

这一类场景有明确的业务需求（如备件需求预测等）。需要将组织结构、业务流程、典型业务场景（如促销、囤货、地区公司合并等）等业务上下文信息进行细化并对其进行理解。

（3）数据分析问题定义类

有些问题不涉及业务上下文，如监控图像识别等。此时，将业务期望（如检出率、误报率、处理速度等要求）确认清楚即可。

"业务理解"和"数据准备"阶段往往会占用 75% 以上的时间。很多分析问题的定义需要在迭代中不断理清；数据结构层面的数据预处理（包括数据类型及值域检查、数据集的合并等）通常比较简单，但业务语义层面的数据质量问题只能在数据探索和建模过程中不断发现。

在经典 CRISP-DM 方法论中，假设分析问题是给定的，"业务理解"阶段对该问题的业务背景和含义进行理解。但很多大数据分析项目并不是这样，它们需要分析人员根据业务需求不断对业务进行细化和定义，这在工业大数据分析中更为普遍。

尽管不同项目的需求明确度存在差异，对"业务理解"有所不同，但在数据分析实际执行中路径是相同的，如图 8-5 所示。

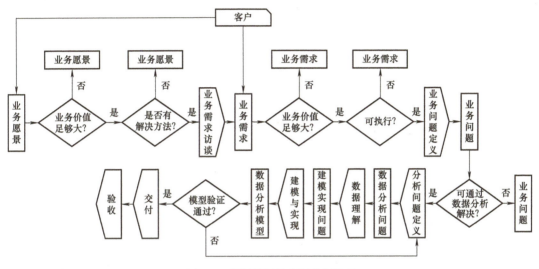

图 8-5 数据分析的实际执行路径

2. 上下文理解

工业系统涉及物理域（Physical，物理世界的运行规律）、业务域（Business，业务经营与管理）和数字域（Cyber，信息领域的刻画）。因此，工业大数据分析的上下文理解也要从这 3 个维度入手，将每个维度细化，并形成工业大数据分析的上下文理解框架，如表 8-1 所示。

表 8-1 工业大数据分析的上下文理解框架

		物理域（Physical）			业务域（Business）		
		本体	环境	管控	经营模式	运作流程	组织体系
数字域（Cyber）	概念	系统原理 工艺设计原理 测量或度量方式	环境要素 外部干扰 异常事件	管控目标 自控逻辑 操控逻辑	业务环境 业务规范 业务模式	业务目标 运作体系 决策逻辑	角色、职责、技能 工作环境 信息获取方式
	数据	测量量、检测量 状态量 动力学方程	环境刻画 传播路径 动力学方程	目标指示量 控制量 动力学方程	业务规范 运营体系 业务指标	业务指标 决策信息 影响关系	组织结构 组织绩效 信息通道
	执行	系统物理结构 测量仪器及点位	环境监测 事件记录	控制系统 管控系统	价值链 供应链	业务流程 决策规则与经验	协同方式 信息流程

在数字域，可以分为概念、数据、执行 3 个层面。概念层面进行定性但全面的了解，数据层面从定量化的角度描述要素，执行层面回到物理世界，从落地的角度进行理解。对于一个具体问题来说，只有从不同颗粒度（至少从当前颗粒度、高颗粒度、低颗粒度）进行具象分析，才能在问题筛选与定义时做到收放自如。

3. 需求转化漏斗

在上下文理解的基础上，通过对比当前状况（As-is）与期望状态（To-be），基于业务理解、行业参考模型（如质量管理中的 PDCA、6-sigma 等方法论框架）、管理工具（如 Value Chain Analysis 等）、分析方法（如 5W2H、MECE 原则等），形成实现跨越差距的若干可行方案。需求转化的考量因素如表 8-2 所示。

表 8-2　需求转化的考量因素

	业务需求（Business）	技术问题（Technology）	数据分析问题（Data Analytics）
可描述（Describable）	业务需求描述 业务场景（正常场景和例外情形）	解决方案描述 系统用例	分析问题 分析场景
可度量（Measurable）	业务指标 系统动力学原理	业务模型 业务规则	因子模型 系统动力学模型
可落地（Feasible）	业务流程 组织架构	数据整合架构 系统整合架构	数据模型 系统上下文

4. 分析问题定义

问题分析定义主要包括以下几个方面。

1) 问题的业务类型。用一个短语（最多一句话）说明问题的业务类型（见表 8-3）。

表 8-3　分析课题定义：问题的技术类型及技术要求

技术类型	技术要求	示例
BI 类	业务目的	历史工况分析
What-If 分析类	服务对象	商业选点的对比分析
规则形式化或自动化类	有哪些 What 有哪些 If	变桨模式异常检测
根因分析类	有哪些规则 规则如何细化 实时处理的性能指标	制程参数异常分析
预测类	目标量类别 范围 精度要求	短期风功率预测（Day-Ahead Forecasting）
运筹优化类	优化目标 约束条件 时效性要求	运维调度优化

2) 问题的技术类型及技术要求。用一个短语（最多一句话）说明问题的技术类型及技术要求，如表 8-3 所示。

3）业务场景包括正常场景和例外情形。总结实际生产或应用过程中可能遇到的业务场景，使分析问题及其结论具有可行性，如表8-4所示。

表8-4 业务场景示例

场景类别	示例
经营类	代理囤货 地区公司合并 宏观市场变化
生产类	定期检修 设备突发故障
设备类	设备典型工况，如风机解缆、管道清空等
监测、检测类	正常监测、异常处理
通用技术类	使用环境：阴雨天、地下阀室

4）当前分析问题的范围。覆盖哪些产品、地区和业务场景。

5）数据列表。可以提供的数据类型、关键字段、数据颗粒度、时效性，以及可以提供的数据范围（如时间、空间等）。

8.2 数据模型评估

在7.5节数据分析中，利用机器学习或其他算法建立了数据模型，这些模型是基于物理实体的历史数据或机理构建的，基于历史数据集的预测可能是准确的、可用的。数字孪生中的数据模型所分析的是未来的数据，数据模型不一定是准确的和最优的，需要对其进行评估后才能进行模型部署。

模型对未来数据集具有预测能力，称之为泛化能力（是指机器学习算法对新鲜样本的适应能力）。利用现有的数据集训练的模型质量很好，但应用到真实业务场景中（未来的数据集）效果很差，称之为过拟合（数学术语，为了得到一致假设而使假设变得过度严格）。

在数据模型评估中，经常将数据集分成训练数据集和测试数据集。训练数据集专门用于训练模型，获得相对最优的模型参数；测试数据集相当于模拟未来的数据集，用于检验模型的泛化能力。数据模型在训练阶段的误差称之为训练误差，在测试集上出现的误差称之为测试误差。

数据模型的评估方法有多种，以下简要讲述原始评估法、留出法和交叉验证法三种。

8.2.1 原始评估法

原始评估法是指原始数据集既是训练数据，也是测试数据集，原始数据集既用来训练模型，又用来评估模型质量，如图8-6所示。

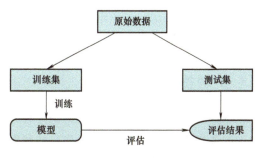

图8-6 原始评估法示意图

这种方法在真实的场景中比较少用，一般仅应用于教学。

8.2.2 留出法

留出法是在样本数据量较大时，将原始数据集分为训练数据集和测试数据集。训练数据集用于生成模型，测试数据集用于测试训练数据集生成模型的误差。使用留出法时需要注意以下两点，第一是训练数据集与测试数据集的划分比例，第二是训练数据集和测试数据集样本的抽样方式。

1. 划分比例

当训练数据集划分比例偏大时，测试数据集中数据样本量就偏少，用于测试的样本信息也就较少（还可能包含了较多噪声），其评估结果准确度就会较低。测试数据集即使包含了比较准确的样本信息，在换成同等数量的新测试数据集时，信息可能就不那么准确，导致评估结果不稳定。

当训练数据集划分比例偏小时，训练数据集样本信息不足，训练数据集所生成的模型本身可信度不足，这种情况比训练数据集比例偏大更加糟糕。

一般情况下，训练数据集占原始数据集的 2/3 ~ 4/5，余下的作为测试数据集，测试集应至少包含 30 个样本。

2. 抽样方式

对原始数据集进行训练数据集和测试数据集抽样时，需要注意信息分布问题，避免训练数据集与测试数据集信息分布不一致的问题。举一个例子，对一个奢侈品进行定价，高收入群体和中低收入群体对价格接受能力是不同的，如果训练数据集里绝大多数为高收入群体，而测试数据集里绝大多数为中低收入群体，这样的模型评估就是失真的。

8.2.3 交叉验证法

留出法中训练数据集与测试数据集的划分是一次性的，带有随机性，不同的划分所获得的模型的质量出现差异的可能性很大，导致模型质量不稳定。为解决上述问题，出现了 K 折交叉验证法（K-fold Cross Validation）。

将原始数据集划分成 K 份，每次选出一份作为测试集，其余留作训练集，训练出不同的模型，得到不同的模型性能指标，最后取多个模型指标的平均值，作为最终模型的性能指标。

K 折交叉验证法相当于做了 K 次留出法，再取性能平均值。其优点是模型评估结果比较稳定，数据的划分对模型的性能影响相对较小，其缺点是实现相对复杂。

8.3 数据可视化

数据可视化并不陌生，学习和工作中经常用到的 Excel 就属于典型的数据可视化，Excel 提供了输入、整理、查看和一些数据分析的工具。

8.1.1 节所讲述的 DIKW 模型，在数据转化为智慧的流程中，可视化借助于人眼快速的视觉感知和人脑的智能认知能力,可以清晰有效地传达、沟通并辅助数据分析。现代的数据可视化技术综合运用计算机图形学、图像处理、人机交互等技术,将采集或模拟的数据变换为可识别的图形符号、图像、视频或动画,并以此呈现对用户有价值的信息。用户通过对可视化的感知,使用可视化交互工具进行数据分析,获取知识,并进一步提升为智慧。

数据可视化在 CRISP-MD 体系(①业务理解→②数据理解→③数据准备→④模型构建→⑤模型评估→⑥模型部署)的 6 个阶段中,属于模型部署阶段,其宗旨主要是借助于图形化手段,清晰有效地传达与沟通信息。

数据可视化基本思想是将数据库中每一个数据项作为单个图元元素表示,大量的数据集构成数据图像,同时将数据的各个属性值以多维数据的形式表示,可以从不同的维度观察数据,从而对数据进行更深入的观察和分析。

8.3.1 数据可视化分类

数据可视化处理的对象是数据,包括处理科学、工程的科学数据和抽象的、非结构化的信息。

1. 科学可视化

数字孪生系统的数据可视化属于科学可视化,科学可视化带有空间坐标和几何信息的三维空间的测量数据、计算模拟数据和医学影响数据等,重点探索如何有效地呈现数据中几何、拓扑和形状特征。如图 8-7 所示。

科学可视化是一个跨学科研究与应用领域,主要关注的是三维现象的可视化,如建筑学、气象学、医学或生物学方面的各种系统。重点在于对体、面以及光源等的逼真渲染,或许甚至还包括某种动态成分。

科学可视化的目标和范围是利用计算机图形学来创建视觉图像,帮助人们理解科学技术概念或结果的那些错综复杂而

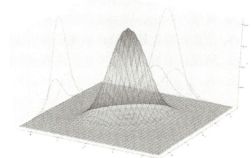

图 8-7 科学可视化

又往往规模庞大的数字表现形式。1982 年 2 月美国国家科学基金会在华盛顿召开了科学可视化技术的首次会议,会议认为"科学家不仅需要分析由计算机得出的计算数据,而且需要了解在计算过程中的数据变换,而这些都需要借助于计算机图形学以及图像处理技术"。

科学可视化本身并不是最终目的,而是许多科学技术工作的一个构成要素。这些工作之中通常会包括对于科学技术数据和模型的解释、操作与处理。对数据加以可视化,旨在寻找其中的种种模式、特点、关系以及异常情况。

2. 信息可视化

信息可视化的处理对象是非结构化、非几何的抽象数据,如金融数据、社交网络、

文本数据等，强调的是如何针对大尺度高维数据减少视觉混淆对有用信息的干扰。

信息可视化致力于创建那些以直观方式传达抽象信息的手段和方法。可视化的表达形式与交互技术则是利用人类眼睛通往心灵深处的广阔带宽优势，使得用户能够目睹、探索甚至立即理解大量的信息。

各种各样数据结构的可视化需要新的用户界面以及可视化技术方法。这已经发展成一门独立的学科，也就是"信息可视化"。信息可视化与经典的科学可视化是两个彼此相关的领域，但二者却有所不同。在信息可视化中，所要可视化的数据并不是某些数学模型的结果或者是大型数据集，而是具有自身内在固有结构的抽象数据。此类数据的例子包括：

- 编译器等各种程序的内部数据结构，或者大规模并行程序的踪迹信息。
- WWW 网站内容。
- 操作系统文件空间。
- 从各种数据库查询引擎所返回的数据，如数字图书馆。

信息可视化领域的另一项特点就是，所要采用的那些工具有意侧重于广泛可及的环境，如普通工作站、WWW、PC 等。这些信息可视化工具并不是为价格昂贵的专业化高端计算设备定制的。

信息可视化按照数据类型可以分为时空数据可视化、层次与网络结构数据可视化、文本与跨媒体数据可视化、多变量数据可视化等。

信息可视化与科学可视化及可视化分析论之间的边界问题，目前还没有达成明确清晰的共识。三个领域之间存在着如下区别：

- 科学可视化处理的是那些具有天然几何结构的数据（如 MRI 数据、气流）。
- 信息可视化处理的是抽象数据结构，如树状结构或图形。
- 可视化分析论尤其关注的是意会和推理。

3. 可视化分析论

可视化分析论是信息可视化与科学可视化领域发展的产物，侧重于借助交互式用户界面而进行的分析推理。基于认知、设计和感知的原则，将新的计算工具与创新的交互技术和视觉表示相结合。这种分析推理科学提供了推理框架，人们可以构建战略和战术可视化分析技术，用于威胁分析、预防和响应。分析推理对于分析师应用人类判断以从证据和假设的组合得出结论的任务至关重要。

可视化分析是一个多学科领域，主要包括：

- 分析推理技术，使用户能够获得直接支持评估、计划和决策的深入见解。
- 数据表示和转换，以支持可视化和分析的方式转换所有类型的冲突和动态数据。
- 支持分析结果的生成，呈现和传播的技术，以便在适当的环境中向各种受众传达信息。
- 可视化表示和交互技术利用人眼的宽带路径进入头脑，允许用户查看、探索和理解大量信息。

可视化分析与信息可视化和科学可视化有一些重叠的目标和技术，对这些领域之间的界限没有明确的共识，但从广义上讲，这三个领域可以区分如下：

- 科学可视化处理具有自然几何结构的数据。
- 信息可视化处理抽象数据结构。
- 可视化分析尤其涉及将交互式可视表示与基础分析过程（如统计过程、数据挖掘技术）耦合，使得可以有效地执行高级复杂活动（如感觉制作、推理、决策制定）。

可视化分析旨在将信息可视化技术与计算转换和数据分析技术相结合，信息可视化构成了用户与机器之间直接接口的一部分，以6种基本方式放大了人类的认知能力：

- 增加认知资源，例如通过使用视觉资源来扩展人类的工作记忆。
- 减少搜索，例如在小空间中表示大量数据。
- 加强对模式的识别，例如信息按时间关系在空间组织。
- 支持容易感知推理的关系，否则更难以诱导。
- 对大量潜在事件的感知监控。
- 提供可操作的介质，与静态图不同，可以探索参数值的空间。

这些信息可视化功能与计算数据分析相结合，可应用于分析推理，以支持感知制作过程。

8.3.2 数据可视化与其他数据技术

数据可视化既与信息图、信息可视化、科学可视化以及统计图形密切相关，也是数据技术中必不可少的环节。数据可视化是制造业设备级数字孪生不可缺少的技术。

1. 数据可视化与数据库

数据库是按照数据结构来组织、存储和管理数据的仓库，它高效地实现数据的录入、查询、统计等功能。尽管现代数据库已经从最简单的存储数据表格发展到海量、异构数据存储的大型数据库系统，但是它的基本功能中仍然不包括复杂数据的关系和规则的分析。数据可视化通过数据的有效呈现，有助于对复杂关系和规则的理解。

面向海量信息的需要，数据库的一种新的应用是数据仓库。数据仓库是面向主题的、集成的、相对稳定的、随时间不断变化的数据集合，用以支持决策制订过程。在数据进入数据仓库之前，必须经过数据加工和集成。数据仓库的一个重要特性是稳定性，即数据仓库反映的是历史数据。

数据库和数据仓库是大数据时代数据可视化方法中必须包含的两个环节。为了满足复杂大数据的可视化需求，必须考虑新型的数据组织管理和数据仓库技术。

2. 数据可视化与数据分析、数据挖掘

数据分析是统计分析的扩展，是指用数据统计、数值计算、信息处理等方法分析数据，采用已知的模型分析数据，计算与数据匹配的模型参数。

常规的数据分析包含三步。第一步，探索性数据分析，通过数据拟合、特征计算和作图造表等手段探索规律性的可能形式，确定相适应的数据模型和数值解法；第二步，模型选定分析，在探索性分析的基础上计算若干类模型，通过进一步分析挑选模型；第三步，推断分析，使用数理统计等方法推断和评估选定模型的可靠性和精确度。

数据挖掘指从数据中通过适合的数据模型，分析和挖掘大量数据背后的知识。它的

目标是从大量的、不完全的、有噪声的、模糊的、随机的数据中，提取隐含在其中的、未知的、潜在有用的信息和知识。数据挖掘的方法可以是演绎的，也可以是归纳的。数据挖掘可发现多种类型的知识：

- 反映同类事物共同性质的广义型知识。
- 反映事物各方面特征的特征型知识。
- 反映不同事物之间属性差别的差异型知识。
- 反映事物和其他事物之间依赖或关联的关联型知识。
- 根据当前历史和当前数据推测未来数据的预测型知识；揭示事物偏离常规出现异常现象的偏离型知识。

数据可视化和数据分析与数据挖掘的目标都是从数据中获取信息与知识，但手段不同。两者已成为科学探索、工程实践与社会生活中不可缺少的数据处理和发布的手段。

数据可视化将数据呈现为用户易于感知的图形符号，让用户交互性地理解数据背后的本质；而数据分析与数据挖掘通过计算机自动或半自动地获取数据隐藏的知识，并将获取的知识直接给予用户。

数据挖掘领域注意到了可视化的重要性，提出了可视数据挖掘的方法，其核心是将原始数据和数据挖掘的结果用可视化方法予以呈现。这种方法糅合了数据可视化的思想，但仍然是利用机器智能挖掘数据，与数据可视化基于视觉化思考的大方针不同。

数据挖掘与数据可视化是处理和分析数据的两种思路，数据可视化更擅于探索性数据的分析，例如，用户不知道数据中包含什么样的信息和知识；对数据模型没有一个预先的探索假设；探寻数据中到底存在何种有意义的信息。

8.3.3　数据可视化软件与开发工具

数据可视化需要使用软件和开发工具，制造业设备数字孪生数据属于科学数据，简要介绍几种用于科学数据可视化的软件和开发工具。

1. OpenDX 数据可视化软件

OpenDX 是 IBM 开发的一款面向科学数据和工程数据的开放可视化环境软件，现已开源。与大部分可视化平台不同的是，OpenDX 允许以工作流的方式实现可视化编程，用户可使用编辑器在界面上拖拽部件、创建部件之间的连接以实现数据的处理和通信。主要部件如下：

- 输入和输出组件：载入数据和保存数据到不同的格式。
- 流程控制组件：创建循环和条件执行。
- 实现组件：将数据映射到绘制可视化实体，例如等值面、网格和流线。
- 绘制组件：控制显示属性，例如光照、相机位置和剪裁。
- 变换组件：对数据做一些操作，例如过滤、数学变换、排序等。
- 交互组件：界面交互的部件，例如文件打开、菜单、按钮或者滑动条等。

2. AVS 数据可视化软件

AVS/Express 是一个可在各种操作系统下开发可视化应用程序的平台，允许快速建立具有交互式可视化与图形功能的科学和商业应用。AVS/Express 产品的用户涉及工程分析、航空航天、石油工业、地理信息系统、气象、有限元分析、流体力学计算、电信、医学、金融和国防等广泛领域。

AVS/Express 提供一个面向对象的可视化编程环境，允许用户在开放和可扩展的环境下快速建立应用程序原型，处理大尺度三维数据。AVS/Express 提供了大量预制的可视化编程对象，开发者除了可以使用这些高级对象外，还可对它们进行重新定制。这种方式大大缩短了编程时间，提高了工作效率。AVS/Express 的主要缺点是内存占用量大。

3. IDL 数据可视化软件

IDL（Interactive Data Language，交互式数据语言）是进行多维数据可视化和分析的可视化语言工具。作为面向矩阵、语法简单的第四代可视化语言，IDL 致力于科学数据的可视化和分析，是跨平台应用开发的最佳选择。它集可视化、交互分析、大型商业开发为一体，为用户提供了完善、灵活、有效的开发环境。

IDL 语言面向矩阵的特性带来了快速分析超大规模数据的能力，它具有的高级图像处理能力、交互式二维和三维图形技术、面向对象的编程、OpenGL 硬件图形加速功能、集成的数学分析与统计软件包、完善的信号分析和图像处理功能、灵活的数据输入输出方式、跨平台的图形用户界面工具包、连接 ODBC 兼容数据库，以及具有多种外部程序连接方式，已使它成为数据分析和可视化的首选工具。

IDL 整合了各种工程所需的可视化和分析工具，用户涵盖 NASA、ESA、NOAA、Siemens、GE Medical、Army Corps of EngineeAR 、医学、空间物理、地球科学、教育、天文学和商业等各个领域。

4. VTK 数据可视化应用程序开发工具

VTK（Visualization Toolkit）是一个开源、跨平台的可视化应用函数库。VTK 的设计目标是在三维图形绘制底层库 OpenGL 基础上，采用面向对象的设计方法，构建用于可视化应用程序的支撑环境。它实现了在可视化开发过程中常用的算法，以 C++ 类库和众多的解释语言封装层（如 Tcl/Tk、Java、Python 类）的形式提供可视化开发功能。

5. ParaView 数据可视化应用程序开发工具

ParaView 是 Kitware 公司等开发的针对大尺度空间数据进行分析和可视化的应用软件。它既可以运行于单处理器的工作站上，又可以运行于分布式存储器的大型计算机中。ParaView 使用 VTK 作为数据处理和绘制引擎，包含一个由 Tcl/Tk 和 C++ 混合写成的用户接口，这种结构使得 ParaView 成为一种功能非常强大并且可行的可视化工具。同时，ParaView 支持并行数据处理，且采用 Qt 等实现敏捷的用户交互界面。

6. Prefuse 数据可视化应用程序开发工具

Prefuse 是美国加利福尼亚大学伯克利分校开发的可扩展的信息可视化程序开发框架。它采用 Java 编写，使用 Java 2D 图形库，可用来建立独立的应用程序、大型应用中的可视化组件和 Web Applets。

Prefuse 为表格、图和树图提供了优化的数据结构,支持众多可视化布局和视觉编码方法,同时支持动画过渡、动态查询、综合搜索等用户交互方式,还提供了与不同数据库链接的接口。Prefuse 遵循 BSD 许可证协议,可自由用于商业和非商业目的。

7. Winform 控件

Winform 控件是可再用的组件,封装了用户界面功能,并且可以用于客户端 Windows 应用程序。Windows 窗体不仅提供了许多现成控件,还提供了自行开发控件的基础结构。可以组合现有控件、扩展现有控件或创作自己的自定义控件。Windows 窗体可用于设计窗体和可视控件,以创建丰富的基于 Windows 的应用程序。提供了一套丰富的控件,并且开发人员可以定义自己有特色的新的控件。

8.4 数字孪生赋能制造

第 3 章利用 MBD 技术构建了空间模型;第 4 章利用数字样机和虚拟调试技术对空间模型进行验证;第 5 章采用内聚原则构建了行为模型,并进行虚拟调试对其验证,已经完成了虚拟实体的构建;第 6 章在讲述通信接口、通信协议的基础上,利用 OPC 技术将虚拟实体与物理实体进行连接与集成,并进行了网络配置、参数调整、系统调试,这个阶段已经初步完成了数字孪生系统的构建;第 7 章在讲述数据采集、数据传输、数据存储的基础上,利用机器学习算法构建数据模型,用于进行数据分析;第 8 章 8.1 节讲述了通过数据分析实现智能的 DIKW 模型和用于工程应用的数据挖掘标准流程 CRISP-DM,8.2 节对第 7 章中构建的数据模型进行评估,8.3 节讲述了数据可视化技术。至此,这套数字孪生系统可以交付给客户。

本节所讲述的是数字孪生系统交付给客户后,属于制造业数字孪生的工程应用。

8.4.1 数字孪生赋能技术的基础

1. 基础或前提

数字孪生系统已交付给客户,由厂家、系统集成商、客户,或三者共同实施,已经完成或确定了以下内容:

- 根据对数字孪生系统实施目的的分析,确定了需要采集哪些数据、如何采集、如何传输等,并且确定了所采集数据之间的关联关系。
- 已经确定并完成了数据分析所使用的数据模型或算法(尽管这些数据模型还需要不断完善)。
- 已经确定并完成了数据聚合(或存储)的方式,是存放在云中还是数据库中。
- 已经确定并完成了数据可视化方案、程序的编写。
- 已经确定了类比的数据和多维度的裕度㊀或差异。
- 出现不可接受的差异,是手动控制还是自动控制等。

㊀ 裕度,统计学术语,是指留有一定余地的程度,允许有一定的误差。

2. 原则或理念

设备交付运行后的数字孪生系统属于设备数字孪生，与产品数字孪生的架构差异很大，主要体现在对物理设备（或系统）实时数据的采集，数据关联产生信息（信息是对数据赋予含义而生成的，是具有特定含义下彼此关联的数据），信息关联产生知识（知识是由对关联的信息加工而成的，具有结构化的特性），建立已有知识的关联产生智慧（制造业中的智能）。上述是 8.1.1 节所讲述 DIKW 模型在制造业数字孪生工程实施的应用。

8.4.2 设备交付运行后的数字孪生系统架构

如图 8-8 所示，数字孪生体包含有形的空间模型和无形的行为模型，也包括存放数据的数据库（或云）、数据模型（用于数据分析的模型或算法）、数据可视化的程序和面板等。物理实体或系统装有传感器，数字孪生体采集物理实体运行、流程、工艺和环境的数据，数据聚合在数据库或云中。利用由机器学习、时序数据挖掘等算法构建的数据模型对数据进行分析，将分析的结果以可视化的形式呈现。对一种或多种信息在一维或多维进行类比，产生洞见，根据洞见产生决策，根据决策实施数字孪生体对物理实体的闭环控制。

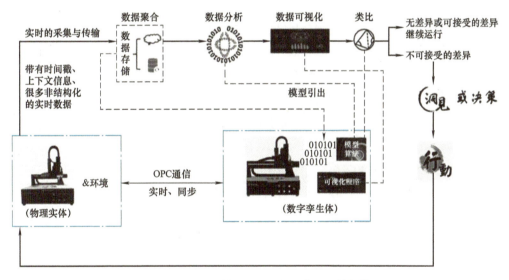

图 8-8 设备交付运行后的数字孪生系统架构

上述体现了数字孪生系统的实时性和闭环，是数字孪生体对物理实体的监控和操控，这正是数字孪生系统在制造业应用中的价值。

8.5 智能分拣数字孪生系统的数据可视化的工程实践

将数据以图形、图表或其他直观的方式呈现出来，更加直观地理解和分析数据，这就是数据可视化的过程。通过数据可视化，数字孪生系统监

视频

8-1 数字孪生系统数据可视化项目实现

控物理实体（智能分拣系统）的运行状态。

如图 8-8 所示，本节是对数字孪生体所采集物理实体的实时数据进行可视化，依据数据分析的结果实现数字孪生体对物理实体的监控和操控。可视化编程平台采用微软公司 Visual Studio 平台下的 Winform 框架，控件采用 C# 的开源控件平台 sunny.lib，进行控件的设计，编程语言为 C#。

8.5.1 设备运行数据可视化

本节讲述智能分拣数字孪生系统的设备运行数据可视化，主要包括网络状态评估、轴运行里程计算、实时生产数据及实时运行数据。

1. 设备当前网络状态评估

网络评估任务主要针对物理设备与数字孪生体之间通信的网络状态评估，评估可以直观地显示出智能分拣数字孪生系统内部的网络连接状况和性能表现。评估方法采用双向数据通信比对的方法。通过发送测试请求，并测量从发送请求到接收到响应所需的时间，可以评估设备之间的通信延迟和响应性能。较低的延迟和快速的响应时间对于实时数据传输和指令执行非常重要。

采用两个变量在物理设备端与数字孪生体的虚拟端双向收发、累加计数的方式进行数据通信测试。程序代码参考数据分析功能中 FC2 的网络 12，数字样机中对应变量连接的设置参考第 4 章的数字样机中的"信号映射"。网络状态可视化效果如图 8-9 所示。

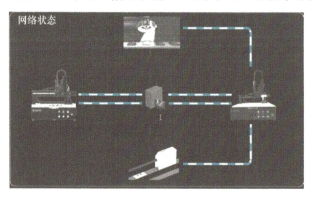

图 8-9 网络状态可视化效果

管道控件（蓝灰色线条）处于流动状态，表示通信正常，管道控件处于静止状态则表示通信异常。数据分析平台中 ucConduit 为动态控件的设计变量，对应动态显示网络状态，控件赋值代码如下：

```
const int RunspdValue = 200;
const int StopspdValue = 20000;
if (Convert.ToBoolean(dt.Rows[56][3].ToString()) == true){
    ucConduit1.LiquidSpeed = RunspdValue; // 网络状态 1
    ucConduit2.LiquidSpeed = RunspdValue;
}
```

```
else
{
        ucConduit1.LiquidSpeed = StopspdValue;
        ucConduit2.LiquidSpeed = StopspdValue;
}
if (Convert.ToBoolean(dt.Rows[57][3].ToString()) == true)
{
        ucConduit3.LiquidSpeed = RunspdValue;   // 网络状态 2
        ucConduit4.LiquidSpeed = RunspdValue;
}
else
{
        ucConduit3.LiquidSpeed = StopspdValue;  // 网络状态 2
        ucConduit4.LiquidSpeed = StopspdValue;
}
if (dt.Rows[62][3].ToString() == dt.Rows[63][3].ToString() || dt.Rows[62][3].ToString() == strPtoN)
{
        PtoN = PtoN + 1;
}
else
{
        PtoN = 0;
}
strPtoN = dt.Rows[62][3].ToString();
if (Convert.ToBoolean(dt.Rows[58][3].ToString()) == true && PtoN < 5)
        ucConduit5.LiquidSpeed = RunspdValue;   // 网络状态 3
else
        ucConduit5.LiquidSpeed = StopspdValue;
if (Convert.ToBoolean(dt.Rows[59][3].ToString()) == true && PtoN < 5)
        ucConduit6.LiquidSpeed = RunspdValue;   // 网络状态 4
else
        ucConduit6.LiquidSpeed = StopspdValue;
if (Convert.ToBoolean(dt.Rows[60][3].ToString()) == true && PtoN < 3)
        ucConduit7.LiquidSpeed = RunspdValue;   // 网络状态 5
else
        ucConduit7.LiquidSpeed = StopspdValue;
if (Convert.ToBoolean(dt.Rows[61][3].ToString()) == true && PtoN < 3)
        ucConduit8.LiquidSpeed = RunspdValue;   // 网络状态 6
else ucConduit8.LiquidSpeed = StopspdValue;
```

2. 轴运行里程计算

物理实体（智能分拣系统）的传动机构是一套三轴（R 轴属于旋转轴，是附加轴）的直角坐标机器人，X、Y、Z 轴是线性模组，滚珠丝杠（轴）是线性模组的主要部件，将电机的旋转运动转化为直线运动。轴（滚珠丝杠）的磨损或故障对智能分拣系统的运行会造成直接影响，智能分拣数字孪生系统需要通过对轴运行里程数据的采集、分析，进行故障诊断、预测性维护和优化物理实体的运行质量。

（1）浴盆曲线

设备的故障率可以看作时间函数，典型故障曲线被称为浴盆曲线，浴盆曲线是指设备在从投入到报废的整个寿命周期内，其可靠性的变化呈现一定的规律。如果取设备的失效率作为产品的可靠性特征值，它是以使用时间为横坐标，以失效率为纵坐标的一条曲线。

失效率随使用时间变化分为三个阶段：早期失效期、偶然失效期和耗损失效期。其中偶然失效期称为设备作业的最佳时期，也是设备的有效寿命期。设备故障主要是由于维护不好和操作失误等偶然因素引起，故障的发生是随机性的，无法预测。本次在运动轴模组的偶然失效期对运动轴里程数据进行设置，并显示当前轴所剩配额，以保证开展适时的维护。

（2）数据可视化

基于第 7 章控制器的功能程序 FC2 中经实际里程数据和轴剩余总里程所计算出的剩余里程参数，在数据分析平台中采用 ucProcessLine1～ucProcessLine4 自定义控件，进行剩余里程参数数据的可视化。属性配置如图 8-10 所示，运动轴剩余里程可视化结果如图 8-11 所示，轴剩余配比趋于 0% 时，维护人员进行适时维护。

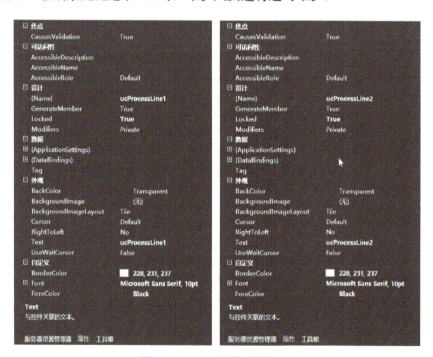

图 8-10　配比进度条控件属性

轴里程数据的变量赋值程序代码如下：

```
ucProcessLine1.Value = Convert.ToInt32(dt.Rows[0][3].ToString()); //X 轴
ucProcessLine2.Value = Convert.ToInt32(dt.Rows[1][3].ToString()); //Y 轴
ucProcessLine3.Value = Convert.ToInt32(dt.Rows[2][3].ToString()); //Z 轴
ucProcessLine4.Value = Convert.ToInt32(dt.Rows[3][3].ToString()); //R 轴
```

3. 生产运行数据可视化

生产运行数据可视化对设备的运行状态和故障有非常重要的影响，通过可视化呈现的这些数据，管理人员可以更好地了解设备当前的运行状态及预测未来情况。这有助于管理人员合理安排生产计划，及时参与到设备检修和维修过程中，以确保设备始终保持在最佳状态下运行。

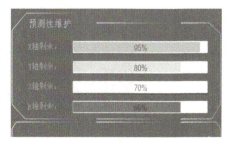

图 8-11　轴剩余配比可视化

生产运行实时数据可视化主要包括生产统计和设备实时运行状态两部分内容，基于第 7 章控制器中数据采集的程序代码 FC2 中产品产量结果、限位传感器状态及所采集的各运动轴的实时速度的结果，进行可视化显示。其中，产量可视化控件采用 lable 控件，参数属性如图 8-12 所示，当前速度采用的 lable 控件参数属性如图 8-13 所示，传感器可视化控件采用 C# winform 的图形界面库 Sunnyui 中调用的指示灯控件，如图 8-14 所示。

图 8-12　产量控件参数属性

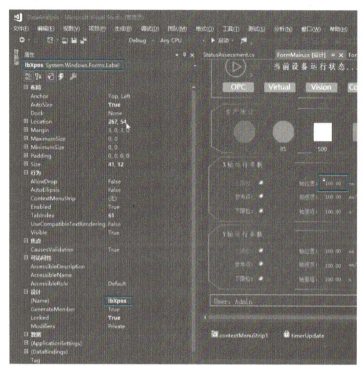

图 8-13 速度控件参数属性

图 8-14 传感器控件参数属性

数据分析平台中生产运行数据可视化部分的程序代码如下：

```
// 产品产量
uitbRedCircle.Text = dt.Rows[4][3].ToString();
uitbBlueCircle.Text = dt.Rows[5][3].ToString();
uitbYellowSquare.Text = dt.Rows[6][3].ToString();
uitbBlueSquare.Text = dt.Rows[7][3].ToString();
//X 轴状态
lbXpos.Text = dt.Rows[8][3].ToString();
```

```
lbXspd.Text = dt.Rows[9][3].ToString();
lbXMil.Text = dt.Rows[10][3].ToString();
uiLedBulb1.On = Convert.ToBoolean(dt.Rows[11][3].ToString());
uiLedBulb2.On = Convert.ToBoolean(dt.Rows[12][3].ToString());
uiLedBulb3.On = Convert.ToBoolean(dt.Rows[13][3].ToString());
//Y 轴状态
lbYpos.Text = dt.Rows[14][3].ToString();
lbYspd.Text = dt.Rows[15][3].ToString();
lbYMil.Text = dt.Rows[16][3].ToString();
uiLedBulb4.On = Convert.ToBoolean(dt.Rows[17][3].ToString());
uiLedBulb5.On = Convert.ToBoolean(dt.Rows[18][3].ToString());
uiLedBulb6.On = Convert.ToBoolean(dt.Rows[19][3].ToString());
//Z 轴状态
lbZpos.Text = dt.Rows[20][3].ToString();
lbZspd.Text = dt.Rows[21][3].ToString();
lbZMil.Text = dt.Rows[22][3].ToString();
uiLedBulb7.On = Convert.ToBoolean(dt.Rows[23][3].ToString());
uiLedBulb8.On = Convert.ToBoolean(dt.Rows[24][3].ToString());
uiLedBulb9.On = Convert.ToBoolean(dt.Rows[25][3].ToString());
//R 轴状态
lbRpos.Text = dt.Rows[26][3].ToString();
lbRspd.Text = dt.Rows[27][3].ToString();
lbRMil.Text = dt.Rows[28][3].ToString();
uiLedBulb10.On = Convert.ToBoolean(dt.Rows[29][3].ToString());
uiLedBulb11.On = Convert.ToBoolean(dt.Rows[30][3].ToString());
uiLedBulb12.On = Convert.ToBoolean(dt.Rows[31][3].ToString());
```

8.5.2 故障诊断及反馈控制

故障诊断及反馈控制采用第 7 章数据分析中构建的算法模型进行实时数据类比，通过采样统计的方法求得异常点数据占比，根据设备运行情况调试出合理的阈值，当阈值（异常点比例）大于设定值时系统故障报警，设备停机检修。

上述功能实现主要包括三个内容，分别为阈值评估程序设计、控制器中 TCP 服务器程序设计和数据分析程序中的 TCP 客户端程序设计。

1. 阈值评估程序设计

在数据分析程序代码中编写获取 50 个数据检测点进行实时评估，并求得异常点比例，程序实现过程如下：

① 新建 ExceptionRateCalculate 方法，计算正常数据所占比例，返回值用于判定系统是否故障需要检修。如果返回值为 true 则为无故障，反之设备故障报警，需停机检修。程序代码如下：

```
private Boolean ExceptionRateCalculate(double ThresholdValue, int NormalValue, int SumCounts)
{
    Debug.WriteLine($" 最终结果：{NormalValue * 100 / SumCounts},{ThresholdValue}");
    if (((NormalValue / SumCounts)*100) < ThresholdValue){
```

```
        return false;    // 故障报警
    }
    Else
    {
        return true;    // 数据正常
    }
}
```

② 在分析界面中添加阈值变量 tbThreshold，用于调试阈值 Winform 画面参数配置，如图 8-15 中的阈值变量配置所示。

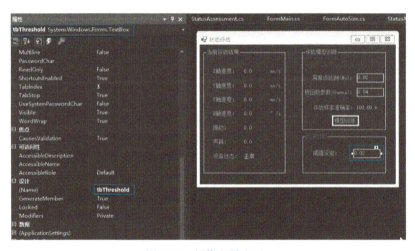

图 8-15　阈值变量配置

③ 基于第 7 章的数据分析代码的数据分类线程的程序，对数据进行实时更新分类，分类结果为 1 表示设备正常；若结果为 -1 表示设备运行异常，增加故障判定程序。程序代码如下：

```
public static volatile Boolean flag = true; // 故障标记
int Sum_Counts = 0; // 检测次数计数初始化
int Normal_Counts = 0; // 正常次数
private void timer1_Tick(object sender, EventArgs e)
{
  Try
  {
        lb_Xspd.Text = FormMain.lbXspd.Text;
        lb_Yspd.Text = FormMain.lbYspd.Text;
        lb_Zspd.Text = FormMain.lbZspd.Text;
        lb_Rspd.Text = FormMain.lbRspd.Text;
        lb_Vibration.Text = FormMain.ucRadarChart1.Lines[0].Values[4].ToString();
        lb_Sound.Text = FormMain.ucRadarChart1.Lines[0].Values[5].ToString();
        // 实时更新数据
        Vibration.Index = 1;
        Vibration.Value = Convert.ToDouble(lb_Vibration.Text);
        Sound.Index = 2;
```

```
            Sound.Value = Convert.ToDouble(lb_Sound.Text);
            Xspd.Index = 3;
            Xspd.Value = Convert.ToDouble(lb_Xspd.Text);
            Yspd.Index = 4;
            Yspd.Value = Convert.ToDouble(lb_Yspd.Text);
            Zspd.Index = 5;
            Zspd.Value = Convert.ToDouble(lb_Zspd.Text);
            Rspd.Index = 6;
            Rspd.Value = Convert.ToDouble(lb_Rspd.Text);
            currentdata[0] = Vibration;
            currentdata[1] = Sound;
            currentdata[2] = Xspd;
            currentdata[3] = Yspd;
            currentdata[4] = Zspd;
            currentdata[5] = Rspd;
            // 对实时数据进行分类 1：正常；-1：异常
            double result = SVM.Predict(assessment_model, currentdata);
            if (result == 1.0)
            {
                lb_Status.Text = " 正常 ";
                Normal_Counts++;
            }
            Else
            {
                lb_Status.Text = " 异常 ";
            }
            Sum_Counts++;   //A 计数统计，小于 50 次
            Debug.WriteLine($" 当前情况：{Normal_Counts * 100 / Sum_Counts}，{Sum_Counts}");
            var currentValue = Normal_Counts * 100 / Sum_Counts;
            lbCurentValue.Text = currentValue.ToString() + "," + Sum_Counts.ToString();
            if (Sum_Counts == 50){
                flag = ExceptionRateCalculate(Convert.ToDouble(tbThreshold.Text), Normal_Counts, Sum_Counts);
                if (flag == false)
                {
                    MessageBox.Show($" 设备故障，需要停机检查。{Normal_Counts},{Sum_Counts}");
                    flag = true;
                }
                Sum_Counts = 0;
                Normal_Counts = 0;
            }
        }
        catch(Exception ex){
            MessageBox.Show(ex.ToString());
        }
    }
```

2. TCP 通信程序设计

在进行上述故障预测得出具体的分析结果之后，建立控制器与数据分析平台直接的

通信连接，以实现数字孪生体对物理实体的实时反馈控制。

在第 5 章视觉伺服中，控制器与机器视觉采用的是 TCP 通信，在视觉程序中编写的通信程序为服务器程序，由于机器视觉程序部署在本地计算机中，也就意味着本地的网卡 IP 已作为 TCP 通信的服务器地址被占用了。

综上，将 PC 端在数据分析程序中作为 TCP 通信的客户端，控制器侧作为 TCP 通信的服务器；完成控制器与数据分析软件的数据通信；进而依据数据分析的结果，实现对控制器的实时控制。

首先在控制器中进行 TCP 服务器程序的设计，设计步骤如下：

① 在控制器程序中添加新块程序 FC3，名称为"反馈控制"，如图 8-16 所示。

图 8-16　添加新块

② 在 FC3 的程序段 1 中，新增 TSEND_C 程序指令，使用"TSEND_C"指令设置和建立通信连接。设置并建立连接后，CPU 会自动保持和监视该连接。程序代码如图 8-17 所示。

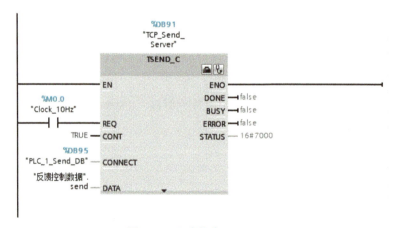

图 8-17　程序指令 TSEND_C

③ 在 FC3 的程序段 2 中，新增 TRCV_C 程序指令，使用"TRCV_C"指令，可异步执行，按顺序实时设置并建立通信连接，然后通过现有的通信连接接收数据及终止或重置通信连接，程序代码如图 8-18 所示。

第 8 章　设备数字孪生系统的工程应用

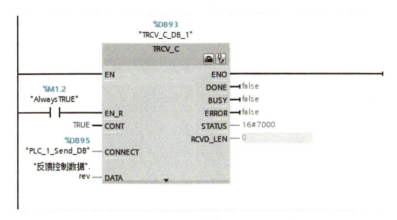

图 8-18　程序指令 TRCV_C

④ 在 FC3 的程序段 3 中，增加反馈控制指令程序，生成 1s 脉冲信号用于关断系统，其中数值 12593 对应的故障报警，12580 对应的系统正常。将数据分析结果用于反馈控制设备的启动和停止，程序代码如图 8-19 所示。

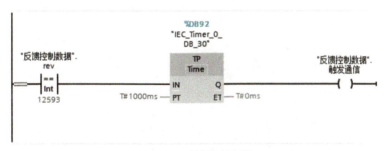

图 8-19　反馈控制逻辑

⑤ 在程序 FC20 中将反馈控制变量加入系统启停控制逻辑程序中，程序代码如图 8-20 所示。

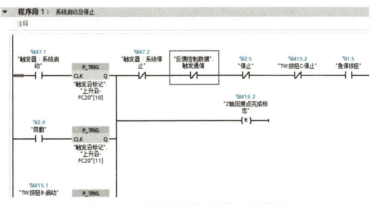

图 8-20　启停控制程序中增加反馈信号

完成了服务器程序的设计之后，在数据分析的现场程序中设计 TCP 的客户端程序设计，实现过程如下：

315

① 在数据分析算法的交互界面上创建一个新的按钮控件，名称为"算法联机"，设计名称为"btnLink"，如图 8-21 所示。

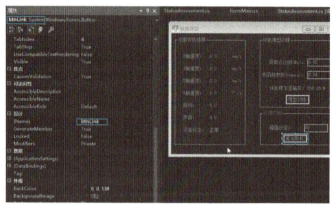

图 8-21　新建算法联机按钮

② 在数据分析界面中新增 Lable 控件，用于实时阈值比例，如图 8-22 所示。

图 8-22　阈值显示控件

③ 双击这个按钮，在打开的事件程序中创建一个客户端套接字，负责监听服务端请求的线程和负责发送控制信号的线程，当联机完成后将按钮失能，防止多次单击出现的多个客户端的数据冲突，在联机失败时，使能按钮，便于再次手动连接。程序代码如下：

```
private void btnLink_Click(object sender, EventArgs e){
    try{
        socketclient = new Socket(AddressFamily.InterNetwork, SocketType.Stream, ProtocolType.Tcp);
        IPAddress address = IPAddress.Parse("192.168.1.10"); // 获取 IP 地址
        IPEndPoint point = new IPEndPoint(address, 2001); // 将获取的 IP 地址和端口号绑定在网络节点上
        socketclient.Connect(point); // 客户端套接字连接到网络节点上，用的是 Connect
        threadclient = new Thread(recv);
        threadclient.IsBackground = true;
        threadclient.Start();
        timer2.Enabled = true;
        btnLink.Enabled = false;
    }
    catch (Exception){
```

```
            btnLink.Enabled = true;
        }
    }
```

④ 负责监听服务端请求的线程的程序代码如下：

```
private void recv(){
    //持续监听服务端发来的消息
    while (true){
        try{
            //定义一个 1MB 的内存缓冲区，用于临时性存储接收到的消息
            byte[] arrRecvmsg = new byte[1024 * 1024];
            //将客户端套接字接收到的数据存入内存缓冲区，并获取长度
            int length = socketclient.Receive(arrRecvmsg);
            //将套接字获取到的字符数组转换为自然语句
            string strRevMsg = Encoding.UTF8.GetString(arrRecvmsg, 0, length);
        }
        catch (Exception e){
            btnLink.Enabled = true;
            MessageBox.Show($" 远程 TCP 服务器已经中断连接，{e.Message}");
            break;
        }
    }
}
```

⑤ 在数据分析界面中新建定时器控件，设定刷新时间为 100ms，状态设定为失能，如图 8-23 所示，使能信号在"算法联机"的按钮事件程序中进行触发。

图 8-23　新建定时器控件

⑥ 双击定时器控件，打开定时器事件程序，在此程序中编写用于发送控制信号的程序，代码如下：

```
private void timer2_Tick(object sender, EventArgs e){
    if (flag == false){
        ClientSendMsg("0x01\r\n"); //控制设备停止运行
    }
    else{
```

```
            ClientSendMsg("0x02\r\n"); // 设备故障停止信号移除
        }
    }
    // 发送字符信息到服务端的方法
    private void ClientSendMsg(string sendMsg){
        try{
            // 将输入的内容字符串转换为机器可以识别的字节数组
            byte[] arrClientSendMsg = Encoding.UTF8.GetBytes(sendMsg);
            // 调用客户端套接字发送字节数组
            socketclient.Send(arrClientSendMsg);
        }
        catch (Exception){
            Debug.WriteLine("TCP 客户端发送数据异常 ");
        }
    }
```

完成上述通信程序设计，数据分析平台开始运行，实时预测当前的数据情况。当弹出故障报警提示时，设备自动停机等待检修。如图 8-24 所示，检修完成后单击"确定"按钮，即可继续对设备进行实时监测。

至此，可视化程序的设计全部完成。

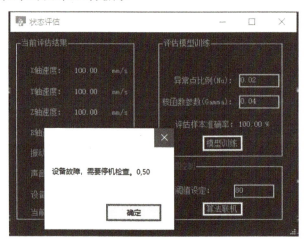

图 8-24　故障报警对话框

8.6　习题

1. 数据模型评估的方法主要有哪些？各有什么特点？
2. 什么是数据可视化？数据可视化的发展方向有哪些？

参考文献

[1] 刘亚威．美国国防部数字工程战略解读 [J]．走向智能制造论坛，2022：1-5．

[2] GROOVER P M．自动化、生产系统与计算机集成制造 [M]．许嵩，李志忠，译．北京：清华大学出版社，2009：1-19．

[3] American National Standards Institute．ANSI/SIA-95．00．05-2007 Enterprise-Control System Integration Part 5: Business-to-Manufacturing Transactions[S]．Los Angeles: ISA, 2007.

[4] 方志刚．复杂装备系统数字孪生 [M]．北京：机械工业出版社，2021．

[5] 梁乃明，方志刚，李荣跃，等．数字孪生实战：基于模型的数字化企业（MBE）[M]．北京：机械工业出版社，2019．

[6] 中国电子技术标准化研究院，树根互联技术有限公司．数字孪生应用白皮书 [R]．2020．

[7] 两机动力控制．2021 年将有 50% 大型工业企业应用数字孪生？数字孪生商业路径详解 [OB/OL]．https://mp.weixin.qq.com/s/8phZ4C-9dhcdwXnJS7BhjA．

[8] 国家工业信息安全发展研究中心，山东大学．工业设备数字孪生白皮书 [R]．2021．

[9] 中科院之声．阿波罗 13 号：一次真实版的太空营救 [EB/OL]．https://zhuanlan.zhihu.com/p/26300584.2017．

[10] 郭沙，等．数字经济的基础支撑：数字孪生 [M]．北京：中国财富出版社有限公司，2021：15-23．

[11] 迈克尔·格里夫斯．智能制造之虚拟完美模型驱动创新与精益产品 [M]．方志刚，等译．机械工业出版社，2019．

[12] 德勤．工业 4.0 与数字孪生：制造业如虎添翼 [EB/OL]．https://www2.deloitte.com/cn/zh/pages/consumer-industrial-products/articles/industry-4-0-and-the-digital-twin.html．

[13] 陶飞，等．数字孪生及车间实践 [M]．北京：清华大学出版社，2021．

[14] 工业互联网联盟．工业数字孪生白皮书 [R/OL]．http://www.aii-alliance.org/index/c318/n2681.html．

[15] 彭俊松．工业 4.0 驱动下的制造业数字化转型 [M]．北京：机械工业出版社，2017．

[16] 罗兰·海德尔，等．工业 4.0 基础知识 RAMI4.0[M]．惠敦炎，译．北京：中国质检出版社 / 中国标准出版社，2018：86-122．

[17] 苏珊娜 A 安布罗斯，等．聪明教学 7 原理 基于学习科学的教学策略 [M]．庞维国，等译．上海：华东师范大学出版社，2012．

[18] 爱德华·克劳利，等．系统结构：复杂系统的产品设计与开发 [M]．爱飞翔，译．北京：机械工业出版社，2021．

[19] BORKY M Borky J，等．基于模型的系统工程有效方法 [M]．高星海，译．北京：北京航空航天大学出版社，2020．

[20] 张霖，陆涵．从建模仿真看数字孪生 [J]．系统仿真学报：中国仿真学会会刊，2021，5:995-1007．

[21] 中华人民共和国国家质量监督检验检疫总局，中国国家标准化管理委员会．GB/T 26099.1—2010、GB/T 26099.2—2010、GB/T 26099.3—2010 机械产品三维建模通用规则 [S]．北京：中国标准出版社，2011．

[22] 高星海．从 MBD 到 MBE：模型驱动促进智能制造新发展 [OB/OL]．e 制造，2017．

[23] 周秋忠，范玉青．MBD 数字化设计制造技术 [M]．北京：化学工业出版社，2019．

[24] 张云杰．UG NX12 完全实训手册 [M]．北京：清华大学出版社，2021:20-70．

[25] 贺建群．UG NX12.0 数控加工典型实例教程 [M]．北京：机械工业出版社，2018．

[26] 蒋华峰．基于 MBD 技术的零件参数化工艺设计及应用 [J]．智能制造，2015（7）．

[27] 基于模型定义的飞机装配工艺设计技术 [OL]．http://www.360doc.com/content/21/1225/08/15913066_1010243660.shtml．

[28] 程振阳，周来水，赵恒．MBD 模式下机加工艺执行可视化文件生成方法 [OL]．https://articles.e-works.net.cn/cad/article142653.htm．

[29] NX 切削加工编程实例 [OL]．https://cloud.tencent.com/developer/article/1670823?areaSource=102001.11&traceId=IMjXvlRM2g7xViu_xTd-e．

[30] 基于特征的加工 [OL]．https://www.ratc.com.tw/Contact．

[31] NX CAM 高度自动化的 CAM 系统 [OL]．https://www.iianews.com/webinar/seminar/852/live.do．

[32] 中华人民共和国国家质量监督检验检疫总局，中国国家标准化管理委员会．GB/T 26100—2010 机械产品数字样机通用要求 [S]．北京：中国标准出版社出版，2011．

[33] 田春华．工业大数据分析算法实战 [M]．北京：机械工业出版社，2022．

[34] 工业互联网联盟 大数据系统软件国家工程实验室．工业大数据分析指南 [M]．北京：电子工业出版社，2021．

[35] 陈为，等．数据可视化 [M]．北京：电子工业出版社，2013．